新编21世纪高等职业教育精品教材
土木建筑类

建筑工程测量

主　编◎吴华君　刘俊琴　黄昌胜
副主编◎李锦辉　赵　玫　邹佐福
任江伟　徐正邦　吴建中

中国人民大学出版社
·北京·

图书在版编目（CIP）数据

建筑工程测量 / 吴华君，刘俊琴，黄昌胜主编. 北京 : 中国人民大学出版社，2025.6. --（新编 21 世纪高等职业教育精品教材）. -- ISBN 978-7-300-33667-1

Ⅰ. TU198

中国国家版本馆 CIP 数据核字第 2025Z7N398 号

新编 21 世纪高等职业教育精品教材 · 土木建筑类

建筑工程测量

主　编　吴华君　刘俊琴　黄昌胜

副主编　李锦辉　赵　玫　邹佐福　任江伟　徐正邦　吴建中

Jianzhu Gongcheng Celiang

出版发行　中国人民大学出版社

社　　址　北京中关村大街 31 号　　**邮政编码**　100080

电　　话　010－62511242（总编室）　010－62511770（质管部）

010－82501766（邮购部）　010－62514148（门市部）

010－62511173（发行公司）　010－62515275（盗版举报）

网　　址　http://www.crup.com.cn

经　　销　新华书店

印　　刷　北京昌联印刷有限公司

开　　本　787 mm×1092 mm　1/16　　**版　　次**　2025 年 6 月第 1 版

印　　张　16　　**印　　次**　2025 年 6 月第 1 次印刷

字　　数　376 000　　**定　　价**　49.50 元

前言

党的二十大报告指出，教育、科技、人才是全面建设社会主义现代化国家的基础性、战略性支撑。教育是国之大计、党之大计。职业教育是我国教育体系的重要组成部分，肩负着“为党育人、为国育才”的神圣使命。本教材以习近平新时代中国特色社会主义思想为指导，深入贯彻落实党的二十大精神，将思想道德建设与专业素质培养融为一体，着力培养爱党爱国、敬业奉献，具有工匠精神的高素质技能人才。

“建筑工程测量”是土建施工类、工程管理类、市政工程类等专业的专业基础课程，本教材根据土建施工类、工程管理类、市政工程类等专业人才培养方案要求，按照《工程测量通用规范》《城市测量规范》及其他相关规范，以岗位职业能力培训为切入点构建知识体系。

本教材重点突出行业岗位对从业人员知识结构和职业能力的要求，注重职业技能与素质的培养，注重理论联系实际，注重案例的实用性和可操作性。本教材充分体现了产教融合理念，邀请施工企业技术人员参与编写，许多实训环节任务设计源于工程实践，工学结合特色显著。

本教材由义乌工商职业技术学院吴华君教授担任第一主编，义乌工商职业技术学院刘俊琴老师担任第二主编，淄博职业学院黄昌胜老师担任第三主编。项目 1 由义乌勘测设计研究院吴建中和义乌工商职业技术学院吴华君合作编写，项目 2 由浙江商贸学校徐正邦和义乌工商职业技术学院刘俊琴合作编写，项目 3 由浙江省东阳市技术学校赵玫和义乌工商职业技术学院吴华君合作编写，项目 4 由金华市建设技工学校任江伟和义乌工商职业技术学院李锦辉合作编写，项目 5 由义乌市国际商贸学校邹佐福和义乌工商职业技术学院吴华君合作编写，项目 6 由义乌工商职业技术学院李锦辉编写，项目 7 由义乌工商职业技术学院吴华君编写，项目 8 由义乌工商职业技术学院刘俊琴编写，项目 9 由淄博职业学院黄昌胜编写。全书由刘俊琴和李锦辉统稿、修改、定稿。

本教材在编写过程中得到浙江川卓建设工程有限公司、浙江亿桥工程技术研究有限公司、春晗环境建设股份有限公司以及义乌市勘测设计研究院有关领导和技术人员的大力支持，在此表示衷心感谢。本教材在编写过程中参考了相关文献和资料，在此对其作者表示诚挚感谢。

由于编者水平有限，书中可能存在疏漏之处，恳请专家、同行和读者批评指正。

编　者

目录

项目1　测量基础

项目导读

建筑工程测量是测量学的一个组成部分，它应用测量学中的基本理论和知识，利用测量仪器和工具帮助解决建筑工程在勘测、设计、施工、运营管理等各个阶段建筑物空间位置准确定位的问题。建筑工程测量主要的任务包括测绘和测设，测绘是指确定地面点的空间位置并按一定比例和规定的符号在图纸上表示出来；测设是指把图纸上设计的构筑物位置在实地准确标定出来。本项目主要介绍测量学的主要内容、测量学的发展和现状、测量坐标系基础知识、测量工作基本概念和测量误差有关知识。

项目重点

1. 测量学的任务与作用。
2. 测量学的分类。
3. 测量学的应用。
4. 地球的形状和大小。
5. 水准面、大地水准面、参考椭球面的概念。
6. 坐标系的建立。
7. 地面点的高程。
8. 用平面代替水准面的限度（距离、角度、高差）。
9. 测量误差知识。

学习目标

本项目通过任务驱动的方式，使学生具备土建工程施工测量的技能和相关理论知识，能描述测量学基本内容和测量工作在土木工程建设各阶段的任务和作用；能正确叙述地球的形状与大小，知道大地水准面与基准线；能正确叙述大地坐标系、高斯平面直角坐标系、独立平面直角坐标系的相关概念；能描述测量工作的基本原则、方法与工作内容。培养学生诚实、守信、善于沟通和合作的品质，以及吃苦耐劳和客观科学的职业精神。

1.1 测量学的任务和主要内容

1.1.1 测量学的概念

测量学是测绘学科的一门基础技术课，也是土木工程、交通工程等专业的一门专业基础课。学习本课程的目的是掌握地形图测绘、地形图应用和建筑工程施工放样的基本理论和方法。测量学是研究地球的形状与大小，以及确定地面（包括空中和海底）点位的科学。它的任务包括测定和测设两个部分。测定是指使用测量仪器和工具，通过测量和计算，得到一系列测量数据，或把地球表面的地形缩绘成地形图，供经济建设、规划设计、科学研究和国防建设使用。测设是把图纸上规划设计好的建筑物、构筑物的位置在地面上标定出来，作为施工的依据。

随着测绘科学的发展和技术手段的不断更新，以全球导航卫星系统（GNSS）、地理信息系统（GIS）和遥感（RS）技术为代表的测绘新技术的迅猛发展与广泛应用，测绘学的产品基本由传统的纸质地图转变为“4D”［数字高程模型（DEM）、数字正射影像图（DOM）、数字栅格地图（DRG）和数字线画地图（DLG）］产品。在网络技术的支持下，“4D”产品成为国家空间数据基础设施（NSDI）的核心基础，大大提高了数据的共享性，为相关领域的研究工作及国民经济建设的各行业、各部门应用地理信息带来了巨大的方便。

1.1.2 测量学的分类

测量学按照研究范围和对象的不同，可分为以下几个分支学科：

1. 普通测量学

普通测量学是研究地球表面小范围测绘的基本理论、技术和方法，不考虑地球曲率的影响，把地球局部当作平面对待，是测量学的基础。

2. 大地测量学

当研究对象是地表上一个较大区域甚至整个地球时，就必须考虑地球曲率的影响，这种以研究广大地区为对象的测绘学科属于大地测量学的范畴。这门学科的基本任务是研究整个地球的形状、大小、重力场和地面点位置及变化的理论，解决大区域控制测量和地球重力场问题。由于人造地球卫星的发射和科学技术的发展，大地测量学又分为常规大地测量学和卫星大地测量学。

3. 摄影测量与遥感学

摄影测量与遥感学是研究利用摄影或遥感技术获取被测物体的信息（影像或数字形式），并进行分析处理，绘制地形图或获得数字化信息的理论和方法的学科。由于获取像片的方法不同，摄影测量与遥感学又可分为地面摄影测量与遥感学、航空摄影测量与遥感学、水下摄影测量与遥感学和航天摄影测量与遥感学等。特别是由于遥感技术的发展，摄影方式和研究对象日趋多样，摄影测量与遥感学的研究范畴不仅包含固体的、静态的对象，还包含液体、气体以及随时间而变化的动态对象。

4. 海洋测绘学

海洋测绘学是以海洋和陆地水域为对象，研究海洋定位及测定海洋大地水准面和平均海面、海底和海面地形、海洋重力等海洋自然与社会地理信息分布以及海图编绘理论与技术的学科。

5. 工程测量学

工程测量学是研究工程建设和自然资源开发中，涵盖规划、勘测设计、施工放样、竣工验收和工程监测保养等各阶段的控制测量、地形测绘和施工放样、设备安装、变形监测的理论、技术和方法的学科。由于建设工程的不同，工程测量可分为建筑工程测量、矿山测量、水利工程测量、公路工程测量和精密工程测量等。

6. 制图学

制图学是利用测量所得的成果资料，研究如何将投影编绘成各种地图，以及地图制作的理论、工艺技术和应用等方面的测绘学科。

测量学应用很广，在国民经济和社会发展规划中，测绘信息是重要的基础信息之一，尤其在各种规划及地籍管理中，地形图和地籍图必不可少。另外，在各项经济建设中，从勘测设计阶段到施工、竣工阶段，都需要进行大量的测绘工作。在国防建设中，军事测量和军用地图是现代大规模的诸兵种协同作战不可缺少的重要保障。对于远程导弹、空间武器、人造卫星和航天器的发射，要保证它们精确入轨，随时校正轨道和命中目标，除应算出发射点和目标点的精确坐标、方位、距离外，还必须掌握地球的形状、大小的精确数据和有关地域的重力场资料。在科学试验方面，诸如空间科学技术的研究、地壳的变形、地震预报、灾情监测、海底资源探测、大坝变形监测、加速器和核电站运营的监测等，以及地极周期性运动的研究，无一不需要测绘工作紧密配合和提供空间信息。即使在国家的各级管理工作中，测量和地图资料也是不可缺少的重要工具。此外，建立各种地理信息系统、数字城市、数字中国，都需要现代测绘科学提供基础数据信息。

1.2 测量学的发展与现状

1.2.1 测量学的发展现状

20世纪中叶，新的科学技术得到了快速发展，特别是电子学、信息学、电子计算机科学和空间科学等，在其自身发展的同时，给测量科学的发展开拓了广阔的道路，创造了发展的条件，推动着测量技术和仪器的变革和进步。1947年，光电测距仪问世。20世纪60年代，激光器作为光源用于电磁波测距，彻底改变了大地测量工作中以角换算距离的方法，使得除用三角测量外，还可用导线测量和三边测量。

测角仪器的发展也十分迅速，它与其他仪器一样，随着科学技术的进步和发展，经纬仪从金属度盘发展为光学度盘、电子度盘和电子读数，且能自动显示、自动记录，完成了自动化测角的进程，自动测角的电子经纬仪问世，并得到应用。同时，电子经纬仪和测距仪结合，形成了电子速测仪（全站仪），其体积小、质量轻、功能全、自动化程度高，为数字测图开拓了广阔前景。

20 世纪 50 年代，自动安平水准仪的问世，标志着水准测量自动化的开端。之后，激光水准仪、激光扫平仪的发展，为提高水准测量的精度创造了条件。近年来，数字水准仪的诞生，也使水准测量中的自动记录、自动传输、存储和处理数据成为现实。

1994 年，全球定位系统全面建成，采用卫星直接进行空间点的三维定位，引起了测绘工作的重大变革。由于卫星定位具有全球性、全天候、快速、高精度和无须建立高标等优点，被广泛应用于大地测量、工程测量、地形测量及军事导航定位。世界上很多国家和地区为了接收全球定位系统的信号，迅速进行了接收机的研制。

由于测量仪器的飞速发展和计算机技术的广泛应用，地面的测图系统由过去的传统测绘方式发展为数字测图。地形图是以数字形式表示的，通过计算机进行绘制和管理，既便捷又迅速，精度可靠。

1.2.2 我国测量事业的发展

我国测绘事业的发展从中华人民共和国成立后才进入了一个崭新的阶段。1956 年成立了国家测绘总局，建立了测绘研究机构，组建了专门培养测绘人才的院校。各业务部门也纷纷成立测绘机构，党和国家对测绘工作给予了很大的关怀和重视。

在测绘工作方面，我国建立和统一了全国坐标系统和高程系统，建立了全国的大地控制网、国家水准网、基本重力网，完成了大地网和水准网的整体平差；完成了国家基本地形图的测绘工作；进行了珠峰和南极长城站的地理位置和高程的测量；同时各种工程建设的测绘工作也取得了显著成绩，如长江大桥、三峡水电站、宝山钢铁厂、正负电子对撞机和同步辐射加速器、核电站等大型和特殊工程的测绘工作。

综上所述，我国在测绘事业上已经做出了大量的工作，为国民经济建设和国防建设做出了不可磨灭的贡献，但是与国际先进水平相比还有一定差距。我们要发奋图强，迅速赶上国际先进水平，为祖国的测绘事业做出更大的贡献。

1.3 测量学的基础知识

1.3.1 地球的形状和大小

测绘工作大多是在地球表面进行的，测量基准的确定、测量成果的计算及处理都与地球的形状和大小有关。古代，由于科学技术不发达，对地球的样子曾流传过许多传说和神话，人类只能通过简单的观察和想象来认识地球。大约从公元前 8 世纪开始，希腊学者们试图通过自然哲学来认识地球。直到公元前 3 世纪，亚历山大学者埃拉托色尼首创子午圈弧度测量法，实际测量纬度差来估测地圆半径，最早证实了“地圆说”。我国东汉时期的天文学家张衡在《浑仪图注》中对“浑天说”作了完整的阐述，也认识到大地是一个球体。

公元 8 世纪，唐朝高僧一行领导组织了一次大规模的天文大地测量活动，太史监南宫说被派往河南平原进行了弧度测量，其距离和纬差都是实地测量的，这在世界尚属首次。并由此得出地球子午线 1 度弧长为 132.3 千米，比现代精确值大 21 千米。之后，阿拉伯也于 9 世纪进行了富有成果的弧度测量。由此确认大地是球形的。但由于那时人类的活动范围很有限，地球真实形状没有得到实践检验。1519—1522 年，航海家麦哲伦率领船队从西班牙出发，一直向西航行，经过大西洋、太平洋和印度洋，最后又回到了西班牙，才以事实证明地球确确实实是一个球体。

随着科学技术的发展和大地测量学科的形成与丰富，人们观测和认识地球形状的方法和手段越来越多。三角测量、重力测量、天文测量等都是重要手段。近代科学家牛顿曾仔细研究了地球的自转，得出地球是赤道凸起、两极扁平的椭球体，形状像个橘子。到 20 世纪 50 年代末期，人造地球卫星发射成功，通过卫星观测发现，南北两个半球是不对称的。南极离地心的距离比北极短约 40 米。以上对地球的认识，仍是根据局部资料和间接手段得来的。1969 年 7 月 20 日，美国登月宇宙飞船“阿波罗”11 号的宇航员登上月球的时候，就看到了蓝色的浑圆的地球。

通过长期的测绘工作和科学调查，了解到地球表面上海洋面积约占 71%，陆地面积约占 29%。世界第一高峰珠穆朗玛峰高出海平面 8 848.86 米，而在太平洋西部的马里亚纳海沟最大深度为海平面下 11 034 米。尽管有这样大的高低起伏，但相对于地球半径 6 371 千米来说仍可忽略不计。因此，测量中把地球总体形状看作是由静止的海水面向陆地延伸所包围的球体。

由于地球的自转运动，地球上任意一点都要受到离心力和地球引力的双重作用，这两个力的合力称为重力，重力的方向线称为铅垂线。铅垂线是测量工作的基准线。静止的水面称为水准面，水准面是受地球重力影响而形成的，是一个处处与重力方向垂直的连续曲面，并且是一个重力场的等位面。与水准面相切的平面称为水平面。水准面相对于不同的参考基准可能会有高低变化，因此，符合上述特点的水准面有无数个，其中与平均海水面吻合并向大陆岛屿内延伸而形成的闭合曲面，称为大地水准面。大地水准面是测量工作的基准面。由大地水准面包围的地球形体，称为大地体。

大地水准面和铅垂线是测量外业所依据的基准面和基准线。用大地体表示地球形体是恰当的，但由于地球内部质量分布不均匀，引起铅垂线的方向产生不规则的变化，致使大地水准面是一个复杂的曲面，如图 1－1 所示，无法在这个曲面上进行测量数据处理。为了计算方便，通常用一个非常接近于大地水准面，并可用数学式来表示的几何形体来代替地球的形状，作为测量计算工作的基准面，称为参考椭球面，如图 1－2 所示。地球椭球是一个椭圆绕其短轴旋转而成的形体，故地球椭球又称为旋转椭球体。

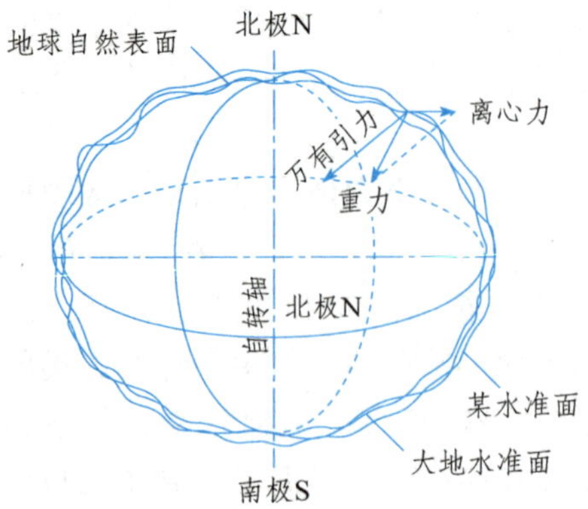

图 1－1　大地水准面

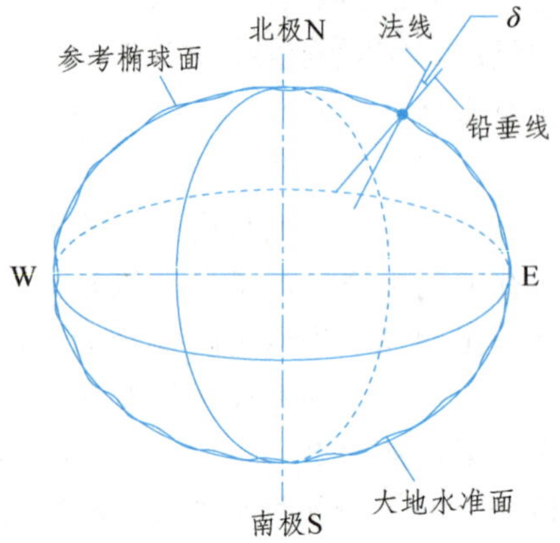

图 1－2　参考椭球面

旋转椭球体的形状和大小是由其基本元素长半轴 a、短半轴 b 和扁率 f 所决定的。

$$f=\frac{a-b}{a} \tag{1-1}$$

几个世纪以来，许多学者分别测算出了很多椭球体元素值，表 1－1 列出了几个著名的椭球体。我国 1954 北京坐标系采用的是克拉索夫斯基椭球体，1980 国家大地坐标系采用的是 1975 国际椭球，而全球定位系统采用的是 WGS-84 椭球体。

表 1－1　地球椭球体的几何参数

椭球体名称	长半轴 a（m）	短半轴 b（m）	扁率 f	计算年代	备注
贝塞尔	6 377 397	6 356 079	1∶299.152	1841	
海福特	6 378 388	6 356 912	1∶297.0	1910	1942 年国际第一个推荐值
克拉索夫斯基	6 378 245	6 356 863	1∶298.3	1940	中国 1954 北京坐标系采用
1975 国际椭球	6 378 140	6 356 755	1∶298.257	1975 国际第三个推荐值	中国 1980 国家大地坐标系采用
WGS-84	6 378 137	6 356 752	1∶298.257	1979 国际第四个推荐值	美国 GPS 采用

1.3.2　测量坐标系

为了确定地面点的空间位置，需要建立测量坐标系。一个点在空间的位置需要用三个量来表示。在一般测量工作中，常将地面点的空间位置用经度、纬度（或高斯平面直角坐标）和高程表示，它们分别属于地理坐标系（或高斯平面直角坐标系）和指定的高程系统，即使用一个二维坐标系（椭球面或平面）与一个一维坐标系的组合来表示。由于卫星大地测量的迅速发展，地面点的空间位置也可采用三维的空间直角坐标表示。

1. 地理坐标系

地理坐标系又可分为天文地理坐标系和大地地理坐标系两种。

(1) 天文地理坐标系。

天文地理坐标系又称为天文坐标系，表示地面点在大地水准面上的位置，它的基准线是铅垂线，基准面是大地水准面，它用天文经度 λ 和天文纬度 ϕ 两个参数来表示地面点在球面上的位置。如图 1－3 所示，NS 为地球旋转轴，N 表示北极，S 表示南极。过地面上任一点 A 的铅垂线与地球旋转轴 NS 所组成的平面称为该点的天文子午面，天文子午面与大地水准面的交线称为天文子午线，也称经线。称过英国格林尼治天文台 G 的天文子午面为首子午面。过 A 点的天文子午面与首子午面的二面角称为 A 的天文经度。在首子午面以东为东经，以西为西经，取值范围为 0°～180°。同一子午线上各点的经度相同。

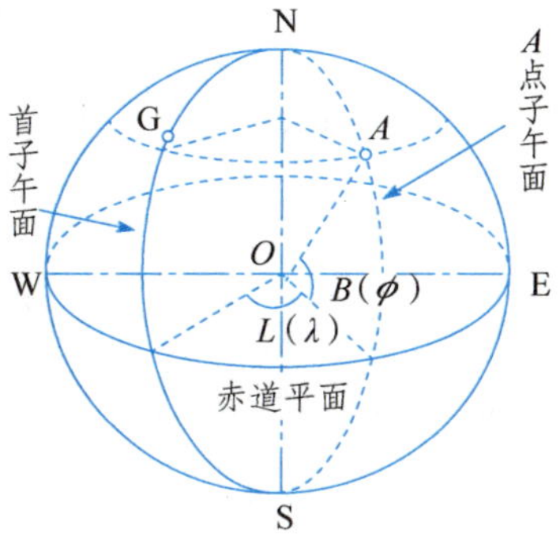

图 1－3　地理坐标系

过 A 点且垂直于地球旋转轴的平面与地球表面的交线称为 A 点的纬线，过球心 O 的纬线称为赤道，在赤道以北为北纬，在赤道以南为南纬，取值范围为 0°～90°。过 A 点的铅垂线与赤道平面的夹角称为 A 点的天文纬度。

(2) 大地地理坐标系。

大地地理坐标系又称大地坐标系，用于表示地面点在参考椭球面上的位置，它的基准是法线和参考椭球面，大地坐标用大地经度和大地纬度表示。如图 1－3 所示，过 A 点的大地子午面和首子午面所夹的两面角称为 A 点大地经度，用 L 表示。规定从起始子午面起算，大地经度向东为正，0°～180°称为东经；向西为负，0°～180°称为西经。过 A 点的法线与赤道面的夹角称为 A 点大地纬度，用 B 表示。规定从赤道面起算，大地纬度由赤道面向北为正，0°～90°称为北纬；由赤道面向南为负，0°～90°称为南纬。

大地经纬度是根据起始大地点（又称大地原点，该点的大地经纬度与天文经纬度一致）的大地坐标，按大地测量所得的数据推算而得的。由于天文坐标和大地坐标选用的基准线和基准面不同，所以同一点的天文坐标与大地坐标不一样，不过这种差异很小，在普通测量工作中可以忽略。

2. 空间直角坐标系

以椭球体中心 O 为原点，起始子午面与赤道面交线为 X 轴，赤道面上与 X 轴正交的方向为 Y 轴，椭球体的旋转轴为 Z 轴，指向符合右手规则。在该坐标系中，A 点的点位用 OA 在这个坐标轴上的投影 X、Y、Z 表示，如图 1－4 所示。

3. 独立平面直角坐标系

在小区域范围内进行测量工作时，采用大地坐标来表示地面点位置是不方便的，通常采用独立平面直角坐标系。大地坐标表示的位置，是该点在参考椭球面上的投影，但当测区范围较小时，常把球面投影面近似为平面，这样地面点在投影面上的位置就可以用平面直角坐标来确定。测量工作中采用的独立平面直角坐标系如图 1－5 所示，南北方向为纵轴（X 轴），向北为正；东西方向为横轴（Y 轴），向东为正。为了方便使用，坐标原点有时是假设的，通常选择坐标原点的位置应使测区内点的 X、Y 值为正。

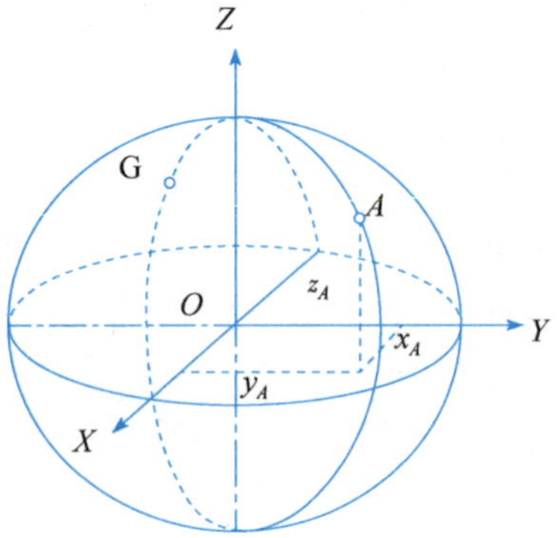

图 1-4 空间直角坐标系

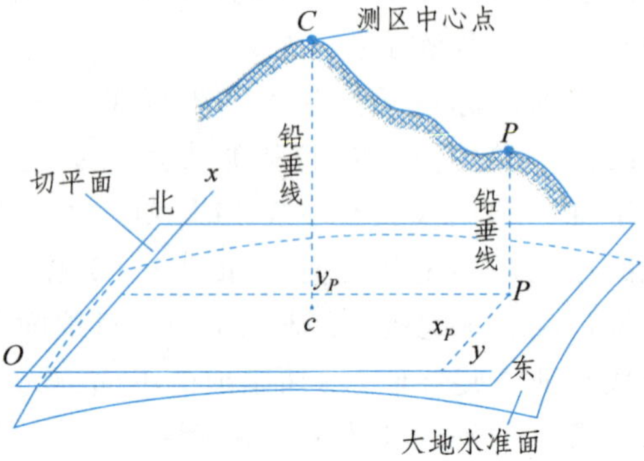

图 1-5 独立平面直角坐标系

测量工作中所采用的平面直角坐标系与解析几何中采用的平面直角坐标系有所不同，测量平面直角坐标系的坐标纵轴为 X 轴，表示南北方向，向北为正；横轴为 Y 轴，表示东西方向，向东为正。象限顺序按顺时针方向排列，如图 1-6 所示。这是因为在测绘工作中，极坐标表示点位时其角度值是以北方向为起按顺时针方向计算的，解析几何中则从横轴起按逆时针方向计算的缘故。当 X 轴和 Y 轴如此互换后，三角函数计算公式均可用于测绘计算中。

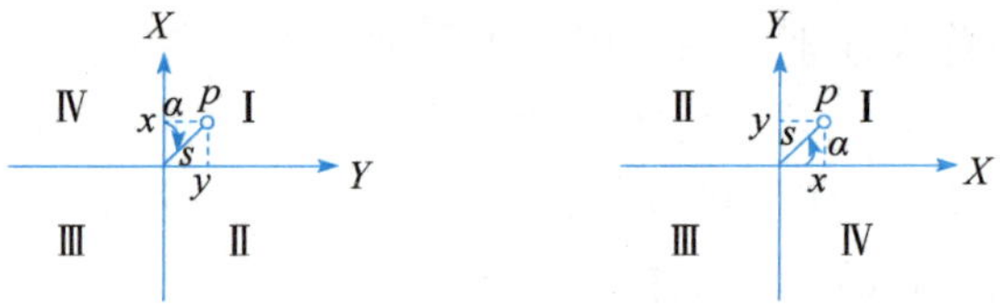

（a）测量平面直角坐标系　（b）解析几何平面直角坐标系

图 1-6 两种平面直角坐标系

4. 高斯平面直角坐标系

（1）高斯投影。

高斯平面直角坐标系采用高斯投影方法建立。高斯投影最初由德国测量学家高斯于 19 世纪 20 年代提出，到 1912 年，德国测量学家克吕格推导出实用的坐标投影公式，所以该投影又称为高斯-克吕格投影。

如图 1-7 所示，设想有一个椭圆柱体横套在地球椭球体外面，使它与椭球上某一子午线（该子午线称为中央子午线）相切，椭圆柱体的中心轴通过地球椭球体中心，然后用一定的投影方法，将中央子午线两侧各一定经差范围内的区域投影到椭圆柱面上，最后将此椭圆柱面展开，即形成投影面。故高斯投影又称为横轴椭圆柱投影。

（2）高斯平面直角坐标系的形成。

在投影面上，中央子午线和赤道的投影形成两条互相正交的直线，以中央子午线和赤道的交点 O 作为坐标原点，以中央子午线的投影为纵坐标轴（x 轴），规定 x 轴向北为

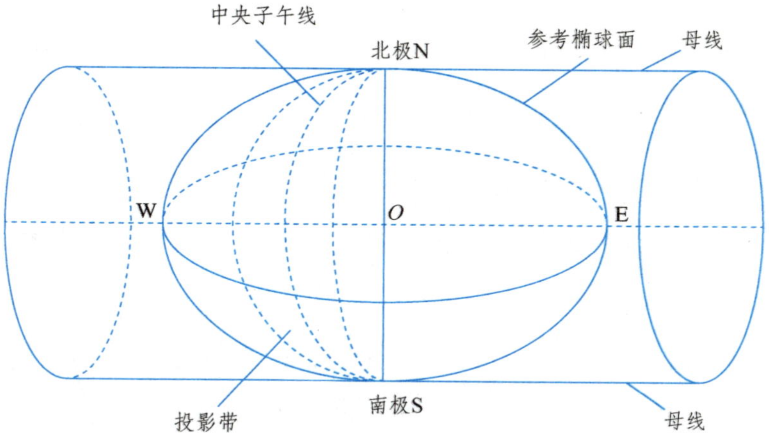

图 1-7　高斯投影

正；以赤道的投影为横坐标轴（y 轴），y 轴向东为正，这样便形成了高斯平面直角坐标系，如图 1-8 所示。

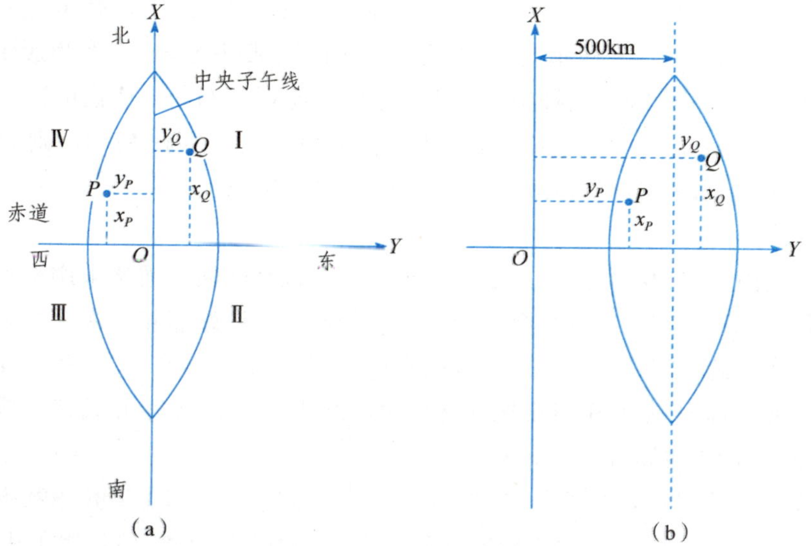

图 1-8　高斯平面直角坐标系和国家统一坐标

（3）投影带。

高斯投影中，除中央子午线外，其他各点均存在长度变形，且距中央子午线越远，长度变形越大。为了控制长度变形，将地球椭球面按一定的精度差分成若干范围不大的带，称为投影带。带宽一般分为经差 6°和 3°，分别称为 6°带和 3°带。6°带投影如图 1-9 所示。

6°带：从 0 子午线起，每隔经差 6°自西向东分带，依次编号 1、2、3、…、60，各带相邻子午线称为分带子午线。

3°带：以 6°带的中央子午线和分带子午线为其中央子午线，即自东经 1°30′子午线起，每隔经差 3°自西向东分带，依次编号 1、2、3、…、120。

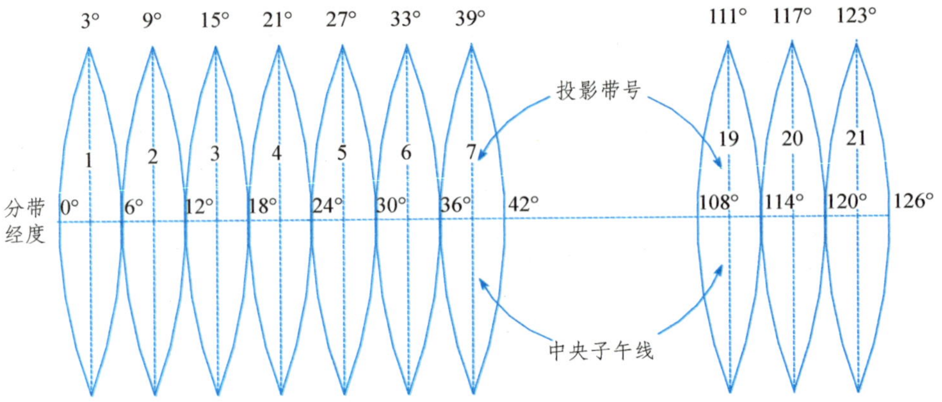

图 1-9　6°带投影

（4）国家统一坐标。

我国位于北半球，在高斯平面直角坐标系内，x 坐标均为正值，而 y 坐标值有正有负。为避免 y 坐标出现负值，规定将 x 坐标轴向西平移 500km，即所有点的 y 坐标值均加上 500km［如图 1-8（b）所示］。此外为了便于区别某点位于哪一个投影带内，还应在横坐标值前冠以投影带带号，这种坐标称为国家统一坐标。例如，P 点的高斯平面直角坐标 x_P=3 275 611.188m、y_P=−376 543.211m，若该点位于第 19 带内，则 P 点的国家统一坐标表示为 x_P=3 275 611.188m、y_P=19 123 456.789m。

5. 高程系统

为了建立全国统一的高程系统，必须确定一个高程基准面。通常采用平均海水面代替大地水准面作为高程基准面，平均海水面的确定是通过验潮站多年验潮资料来求定的。我国确定平均海水面的验潮站设在青岛，根据青岛验潮站 1950 年至 1956 年七年验潮数据确定的高程基准面，称为 1956 年黄海平均高程面，以此建立了 1956 年黄海高程系。我国自 1959 年开始统一采用 1956 年黄海高程系。

由于海洋潮汐长期变化周期为 18.6 年，经对 1952 年至 1979 年验潮数据的计算，确定了新的平均海水面，称为“1985 国家高程基准”。我国自 1987 年开始采用“1985 国家高程基准”。

为维护平均海水面的高程，必须设立与验潮站相联系的水准点作为高程起算点，这个水准点叫水准原点。我国水准原点设在青岛市观象山上，全国各地的高程都以它为基准进行测算。1956 年黄海平均海水面的水准原点高程为 72.289m，“1985 国家高程基准”的水准原点高程为 71.260m。

在一般测量工作中，通常以大地水准面作为高程基准面。某点沿铅垂线方向到大地水准面的距离，称为该点的绝对高程或海拔，简称高程，用 H 表示，如图 1-10 所示。

在局部地区，如果引用绝对高程有困难，可采用假定高程系统。即假定某一个水准面作为高程基准面，地面点至假定水准面的铅垂距离，称为该点的相对高程或假定高程。

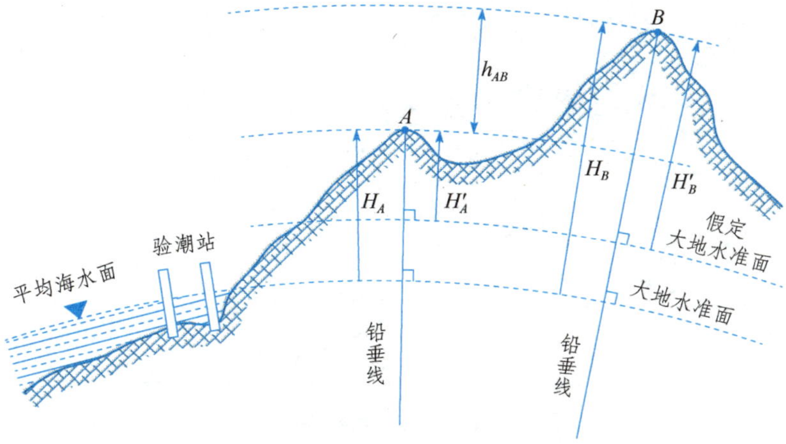

图 1-10　高程系统

地面两点高程之差称为高差。图 1-10 中，H_A、H_B 为 A、B 点的绝对高程，H'_A、H'_B 为相对高程，h_{AB} 为 A、B 两点间的高差，即

$$h_{AB}=H_B-H_A=H'_B-H'_A \tag{1-2}$$

所以，两点之间的高差与高程起算面无关。

1.4 测量工作的基本概念

1.4.1 测量工作的基本原则

地球自然表面高低起伏，形状极其复杂，测量工作中将地球形态分为地物和地貌两类。人工建筑物、道路、地面上的河流水系等称为地物；地面高低起伏的山峰、山沟、谷地等称为地貌。地物和地貌统称为地形。

测量主要包括测绘地形图和施工放样。不论采用何种方法、使用何种仪器进行测定或放样，都会给其成果带来误差。为了防止测量误差的逐渐传递而累计增大到不能容许的程度，要求测量工作遵循在布局上“由整体到局部”，在精度上“由高级到低级”，在秩序上“先控制后碎部”的原则。

1. 测绘地形图

如图 1-11 所示，要在 A 点上测绘该测区所有的地物和地貌是不可能的。在 A 点只能测量附近的地物和地貌，对位于远处的地物和山背后的地貌就观测不到，因此需要在若干点上分区观测，最后才能拼成一幅完整的地形图。实际测量时，应在测区范围内选择若干个具有控制意义的点（如 A、B、C、D、E、F），称为控制点，使用较严密的方法、较精密的仪器测定这些控制点的平面位置和高程，再根据控制点观测周围的地物和地貌。这样可以控制测量误差的大小和传递的范围，使整个测区的地形图精度更均匀。

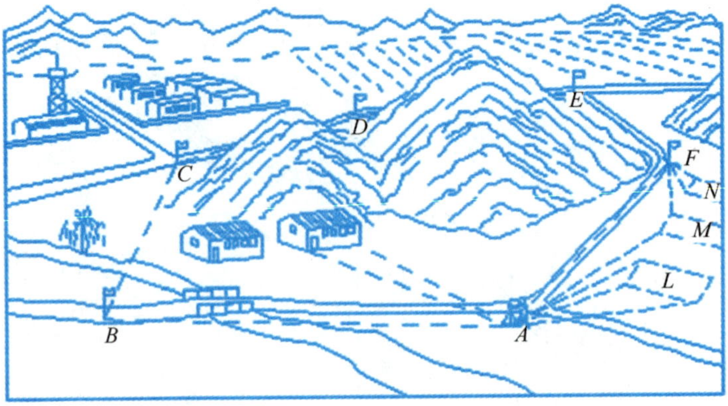

图 1-11　控制测量和碎部测量

2. 施工放样

施工放样（又称施工测量）是指把图上设计的建筑物的位置在实地标定出来。如图 1-12 所示，在控制点 A、F 附近设计的建筑物 L、M、N（图中虚线所示），施工前需在实地标定出它们的位置。根据控制点 A、F 上用仪器定出的水平角所指的方向，并沿这些方向量出水平距离 D_1、D_2 在实地定出 1、2 等点，这就是设计建筑物的实地位置。由于 A、B、…、E、F 是控制点，它们是一个整体，因此不论建筑物的范围多大，由各个控制点定出的建筑物的位置，必能联系成为一个整体。同样可以根据控制点的高程测设建筑物的设计高程。由此可见施工放样同样需要按“由整体到局部”的测量原则。

图 1-12　施工放样

1.4.2　控制测量的概念

控制测量是指在整个测区内选定若干个具有控制意义的点，采用精度较高的测量仪器和方法，测定这些点的位置，并作为下一步测量工作的依据。

控制测量包括平面控制测量和高程控制测量。

1. 平面控制测量

平面控制测量又分为三角测量和导线测量，如图 1-13 所示。

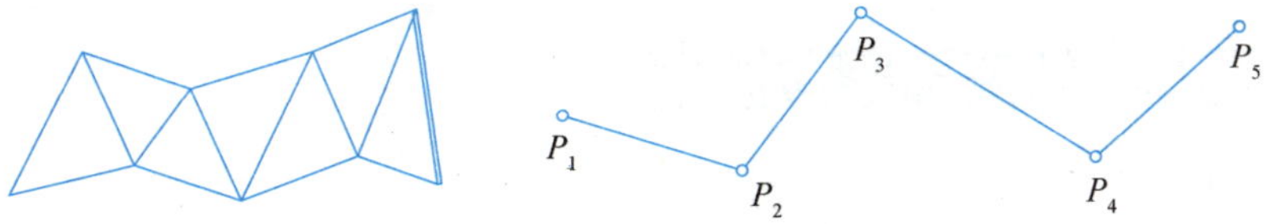

图 1-13　平面控制测量

三角测量是将选择的控制点连成三角形，并构成锁状和网状。测定三角形的三内角和其中某些边长（称为基线），然后推算控制点（三角点）的坐标；或测定三角形的三内角和三边长，同样可推算三角点的坐标。我国基本的平面控制网，主要是采用三角测量的方法建立的。三角测量分成四个等级，一等精度最高，由纵横交叉的三角锁组成，锁段长 200km，两端基线长不小于 5km。二等三角网布置在一等三角锁内，构成网状，边长为 13km 左右。三、四等三角网为二等三角网加密，三等三角网的边长一般为 8km，四等的为 2～6km，是在二等三角网的基础上加密。三、四等三角网是地形测量和工程测量的基础。

导线测量是指将控制点依次连成折线或多边形，测定所有转折角和边长，从而计算导线点的坐标。导线测量按其精度分为精密导线测量和图根导线测量。精密导线测量可以代替同级的三角测量；图根导线测量则直接用于加密测图控制点，在小区域内，也可以作为独立的测图控制。

2. 高程控制测量

高程控制测量分为水准测量和三角高程测量。

我国高程控制测量是用水准测量的方法建立的，按其精度分为四等。一等水准测量的精度最高，三、四等水准测量除用于加密二等水准以外，还直接为地形测量和工程测量提供高程控制点。

1.4.3 测量的基本工作

上述测量工作有些是在野外完成的，有些是在室内完成的。在野外利用测量仪器和工具测定地面上两点的水平距离、角度和高差，称为测量的外业工作。在室内将外业的测量成果进行数据处理、计算和绘图，称为测量的内业工作。点和点之间的相对空间位置可以根据其距离、角度和高差来确定，因此角度、距离和高差称为基本观测量。这些数据是研究地球表面上点与点之间相对位置的基础，即确定地面点位的三要素。测量的基本工作是角度观测、距离测量和高程测量。测图、放样和用图是土木工程专业工程技术人员的基本功。

1.5 测量误差基本知识

1.5.1 测量误差的概念和误差分类

1. 测量误差的概念

自然界中任何客观事物或现象都具有不确定性，同时因科学技术的发展水平，导致人们认识能力的局限性，使人们对客观事物的认识会存在不同程度的误差。在实际的测量工作中发现：一种情况是，当对某个确定的量进行多次观测时，所得到的各个结果之间往往存在着一些差异，例如重复观测两点的高差，或者是多次观测一个角或丈量若干次一段距离，其结果都互有差异。另一种情况是，当对若干个量进行观测时，如果已经知道在这几个量之间应该满足某一理论值，实际观测结果往往不等于其理论上的应有值。例如，一个平面三角形的内角和等于180°，但三个实测内角之和并不等于180°，而是有一定差异，这些差异称为不符值。像这些在同一条件下，对某一观测量进行多次观测，各次测量结果间存在着差异，以及某些观测量间存在着某种确定的理论关系，但观测后所得观测结果却不满足理论上确定的关系等问题，就是我们常讲的测量误差。

2. 观测和观测值的分类

（1）同精度观测和不同精度观测。

按观测时所处的条件，观测可以分为同精度观测和不同精度观测。

构成测量工作的要素包括观测者、观测仪器和外界环境，通常将这些测量工作的要素统称为观测条件。在相同的观测条件下所进行的观测称为同精度观测，其观测值通常称为等精度观测值。反之，当观测条件不同时所进行的观测称为不同精度观测，其观测值称为非等精度观测值。例如两个相同熟练程度的人在相同的工作环境下用 DJ_6 经纬仪各自测得一测回水平角度属于等精度观测值；若一人用 DJ_2 经纬仪，一人用 DJ_6 经纬仪各自测得一测回水平角度则属于不等精度观测值。

（2）直接观测和间接观测。

按观测量与未知量之间的关系，观测可分为直接观测和间接观测，相应的观测值可分为直接观测值和间接观测值。为确定某未知量而直接进行的观测，称为直接观测。通过被观测量与未知量的函数关系来确定未知量的观测称为间接观测。例如，为确定两点的距离，用钢尺直接量距属于直接观测，用视距测量则属于间接观测。

（3）独立观测和非独立观测。

按各观测值之间相互独立或依存关系可分为独立观测和非独立观测。各观测量之间无任何依存关系，彼此之间相互独立的观测，称为独立观测，其观测值为独立观测值。若各观测值之间存在一定的几何条件或物理条件约束，则称为非独立观测，其观测值为非独立观测值。

3. 测量误差的分类和特性

（1）测量误差的定义。

测量中的被观测量在客观上都存在一个真实值，简称真值。对被观测对象进行观测则得到观测值。被观测对象的观测值与其真实值或理论值之间的差距，称为测量误差，也称为真误差，记为：

$$\Delta_i = L_i - X_i \tag{1-3}$$

式中，X_i 为真值，即代表某个客观事物真正大小的数值；L_i 为观测值，即对某个客观事物观测得到的数值；Δ_i 为测量误差，即真误差。

（2）测量误差的来源。

产生测量误差的原因很多，其来源概括起来有以下三个方面：

1）测量仪器：一是仪器本身的精度是有限的，不论精度多高的仪器，观测结果总是达不到真值。二是仪器在装配和使用的过程中，仪器部件老化、松动或装配不当使得仪器存在着自身的误差。如水准仪的水准管轴不平行于视准轴，使得水准管气泡居中后，视线并不水平；水准尺分划不均匀使得读数不准确；又如经纬仪的视准轴误差、横轴误差和竖盘指标差都是仪器本身的误差。

2）观测者：观测者自身的因素所引起的误差，例如观测者的视力、经验甚至责任心都会影响观测的结果。如水准尺倾斜、气泡未严格居中、估读不准确和未精确照准目标都是观测者误差。

3）外界环境：测量工作都是在一定的外界环境下进行的。例如，温度、风力、大气折光、地球曲率和仪器下沉等都会对观测结果带来影响。

测量工作总受到上述三方面因素的影响，上述三项影响测量精度的因素统称为观测条件。根据观测条件可分为：

①等精度观测：在相同的观测条件下进行的各次观测。

②非等精度观测：在不同的观测条件下进行的各次观测。

（3）测量误差的分类。

根据测量误差性质不同，误差可分为系统误差、偶然误差和粗差。

1）系统误差：在相同观测条件下，对某一观测量进行多次观测，若各测量误差在大小和符号上表现出系统性，或者在观测过程中表现出一定的规律性，或为一个常数，那么这种误差就称为系统误差。系统误差的符号和大小保持不变或者按一定规律变化。例如钢尺的尺长误差：一把钢尺的名义长度为 30m，实际长度为 30.005m，那么用这把钢尺量距时每量一个整尺段距离就量短了 5mm，也就是会带来－5mm 的量距误差，且量取的距离越长，尺长误差就会越大。再如水准仪的 i 角误差，由于水准管轴与视准轴不平行，两者之间形成了夹角 i，使得中丝在水准尺上的读数不准确。水准仪离水准尺越远，i 角误差就会越大。由于 i 角误差是有规律的，因此它也是系统误差。

系统误差具有累积性，它随着单一观测值观测次数的增多而积累。系统误差会对观测结果带来显著的偏差，必须采取适当的措施消除或减弱系统误差的影响。对于系统误差来说，虽然正负符号一致使得误差积累，但由于系统误差具有一定的规律性，因此只要找到这种规律性，采取一定的措施进行改正，就可以消除或削弱系统误差的影响从而获取较为正确的观测值。具体措施有：

①采用观测方法消除误差。如水准仪置于距前后水准尺等距的地方可以消除 i 角误差和地球曲率的影响；通过后前前后的观测顺序可以减弱水准仪下沉的影响；通过盘左盘右的方式观测水平角和竖直角可以消除经纬仪的横轴误差、视准轴误差、照准部偏心差和竖盘指标差的影响。

②测定系统误差的大小，计算改正数，对观测值进行改正。例如精密钢尺量距中的尺长改正：$\Delta D_{长}=D\times\Delta l_0/l$；三角高程测量中的球气差改正数：$f=0.43D^2/R$；光电测距仪的加常数和乘常数的改正：$\Delta D=K+R\cdot D$。

③校检仪器：将仪器的系统误差降低到最小限度或限制在一个允许的范围内，以减弱其对观测结果的影响。如水平角观测中经纬仪照准部水准管轴不垂直于竖轴的误差，可通过精密检校仪器并在观测中仔细整平来减弱其影响。

2）偶然误差：在相同观测条件下，对某一观测量进行多次观测，若各测量误差在大小和符号上表现出偶然性，即从单个误差看，该列误差的大小和符号没有规律性，表现出偶然性，但就大量的误差而言，具有一定的统计规律，这种误差就称为偶然误差。偶然误差的符号和大小是无规律的，具有偶然性。如度盘分划不均匀引起的误差就是偶然误差，因为在度盘上有的地方可能分划的密度大一些，有的地方分划的密度要稀疏一些。又如我们在读数的时候，最后一位要估读，有时可能估读得大一些，有时可能估读得小一些，这是没有规律的。虽然单个的偶然误差没有规律，但大量的偶然误差具有统计规律。偶然误差反映了观测结果的精密度，即观测结果之间的离散程度。

3）粗差：由于观测条件不好，使得观测值中含有的误差较大或超过了规定的数值，这种误差就称为粗差。在严格意义上，粗差并不属于误差的范围。

在测量工作中，粗差可以通过检核（包括测站检核、计算检核以及内业工作阶段的检核）发现，并从测量成果中剔除（如水平角观测实验中角度闭合差为十几分）。而系统误差和偶然误差，是同时存在的。对于系统误差，通过找到其规律性，采用一定的观测方法来消除或减小。当系统误差很小，而误差的主要组成为偶然误差时，则可以根据其统计规律进行处理，测量上称为“平差计算”。

（4）偶然误差的特性。在相同观测条件下，重复观测一个量，也就是等精度观测，经过重复观测所出现的大量的偶然误差具有规律性。这种规律性可根据概率原理，用统计学的方法来分析研究。例如在相同条件下，对三角形的三个内角进行了独立的重复观测，由于每次观测中都含有误差，所以三角形的三个内角的观测值加起来不会等于真值，真值应该是 180°。

在某一测区，在相同条件下，独立地观测了 358 个三角形的全部内角，由于偶然误差的存在，三角形的内角和不等于 180°，由前面的讲述可得到三角形的这种偶然误差为：$W_i=\angle A_i+\angle B_i+\angle C_i-180°$。现取误差区间 $d\Delta=3''$，将 $n=358$ 个真误差以误差值的大小和正负号，分别统计出在各个区间内误差个数 k 及频率 k/n，得到误差统计表，如表 1－2 所示。

表 1-2 误差统计表

误差的区间 dΔ″	Δ 为负值		Δ 为正值		绝对误差	
	个数 k	频率 k/n	个数 k	频率 k/n	个数 k	频率 k/n
0～3	45	0.126	46	0.128	91	0.254
3～6	40	0.112	41	0.115	81	0.226
6～9	33	0.092	33	0.092	66	0.184
9～12	23	0.064	21	0.059	44	0.123
12～15	17	0.047	16	0.045	33	0.092
15～18	13	0.036	13	0.036	26	0.073
18～21	6	0.017	5	0.014	11	0.031
21～24	4	0.011	2	0.006	6	0.017
24 以上	0	0	0	0	0	0
Σ	181	0.505	177	0.495	358	1.000

由这个表格可以看出：

1）小误差区间误差的个数和频率都大于大误差区间误差的个数和频率。0″～3″的负误差个数为 45，频率为 0.126；21″～24″的负误差个数为 4，频率为 0.011。对于正误差也有这样的趋势。

2）绝对值相等的正负误差的个数和频率大体相当，正负误差合计大致相等。0″～3″的负误差个数为 45，频率为 0.126；正误差的个数为 46，频率为 0.128。21″～24″的负误差个数为 4，频率为 0.011；正误差个数为 6，频率为 0.017。

3）最大的误差不超过某一限值。本例中不超过 24″。

对大量的实验数据进行统计分析后，特别是当观测次数足够多时，就可以得出偶然误差具有以下的规律性：

1）有界性。在一定的观测条件下，误差的绝对值有一定的限值，即偶然误差是有界的。

2）小误差大概率特性。绝对值较小的偶然误差比绝对值大的偶然误差出现的可能性要大。

3）对称性。绝对值相等的正负偶然误差出现的可能性相等。

4）均值零特性。当观测次数无限增多时，偶然误差的算术平均值会趋近于零。即：

$$\lim_{n\to\infty}\frac{\Delta_1+\Delta_2+\cdots+\Delta_n}{n}=\lim_{n\to\infty}\frac{[\Delta]}{n}=0$$

注意：偶然误差统计特性的研究必须在观测次数足够多的条件下进行。

（5）误差分布直方图。

误差的分布除采用表格的形式表示外，还可以采用图形的形式表示。由统计表格的数据我们可以绘制出一个直方图，以横坐标表示误差 Δ 大小，纵坐标表示各区间误差出现的频率除以区间的间隔值 $(k/n)/\mathrm{d}\Delta$。这样，每一个区间（$\mathrm{d}\Delta=3''$）上的长方形面积就代表误差出现在该区间的频率 k/n。误差频率直方图如图 1-14 所示。

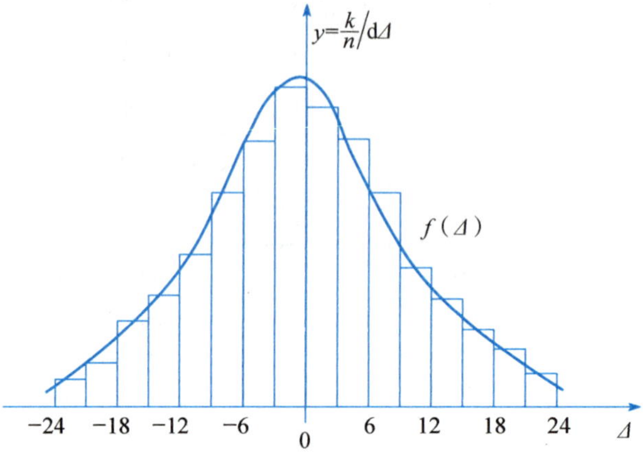

图 1-14 误差频率直方图

由前面的分析可知，在相同条件下得到的一组独立观测值的误差，只要误差的个数足够多，那么误差出现在各区间的频率将稳定在某一常数（理论频率）的附近。如果独立观测值的个数 $n\to\infty$，误差出现的频率将趋于完全稳定，这时把误差区间间隔无限缩小，可以想象到直方图中长方形的顶边将会变成一条光滑的曲线，这种曲线就是误差概率分布曲线，也叫误差分布曲线。

误差分布曲线是一条正态分布曲线，可用正态分布概率密度函数表示：

$$f(\Delta)=\frac{1}{\sqrt{2\pi}\sigma}e^{-\frac{\Delta^2}{2\sigma^2}} \tag{1-4}$$

其中参数 $\sigma^2=\lim\frac{[\Delta^2]}{n}$，$\sigma$ 称为标准差或方根差，σ^2 为方差。

由高等数学知道该方程的最大值为：$\Delta=0$ 时，$f(\Delta)=\frac{1}{\sqrt{2\pi}\sigma}$。$\sigma$ 越小，$f(\Delta)$ 越大。并且通过计算知道 σ 是该方程的拐点，即 σ 越小，曲线越陡，小误差出现的个数越多且越集中；σ 越大，曲线越平缓，小误差出现的个数较少且分布较分散。

1.5.2 衡量精度的标准

精度是指误差分布的集中与离散程度。若误差分布集中，则观测精度高；若误差分布离散，则观测精度就低。误差分布的集中与离散程度可以用方差 σ^2 或标准差 σ 来表示。如果 σ 越小，误差偏离数学期望的程度就越低，则误差集中程度就会越高，即精度越高；反之如果 σ 越大，则误差的离散程度越高，精度越低，因此我们可以用 σ 来衡量观测的精度。

1. 方差和中误差

由偶然误差的特性分析知，偶然误差遵循正态分布，误差分布曲线可由正态分布概率密度函数［式（1-4）］表达，式中参数 $\sigma^2=\lim\frac{[\Delta^2]}{n}$ 称为方差，σ 实际上就是一个观测误差，并且能反映观测质量的好坏，所以测量中用它作为评定精度的重要指标。但 σ 需在观测次数 n 趋向无穷多时求解得到，而这在测量中是不现实的，故测量中用有限次的 n 值来估算 σ 值，并用字母 m 来代替 σ 作为它的估值，计算式为：

$$m=\pm\sqrt{\frac{[\Delta\Delta]}{n}} \tag{1-5}$$

式中，$[\Delta\Delta]=\Delta_1^2+\Delta_2^2+\cdots+\Delta_n^2$。

2. 极限误差

极限误差又称为容许误差或限差，通过对大量偶然误差的分析，发现绝对值大于 σ 的误差出现的概率为 32.7%，大于 2σ 的误差出现的概率为 4.5%，大于 3σ 的误差出现的概率仅为 0.3%，因此，测量中常把 3 倍中误差作为偶然误差的极限值，称之为极限误差。即：

$$\Delta_{限}=3m \tag{1-6}$$

在对精度要求较高时，常取 2 倍中误差作为极限误差，即：

$$\Delta_{限}=2m \tag{1-7}$$

3. 相对误差

距离测量中常用相对误差来表示测量的精度。例如，丈量两段距离 $L_1=1\,000\text{m}$，$L_2=80\text{m}$，中误差分别为 $m_1=\pm2\text{cm}$，$m_2=\pm2\text{cm}$，两者精度并不相等。相对误差公式为：

$$K=\frac{|m_D|}{D}=\frac{1}{D/|m_D|} \tag{1-8}$$

1.5.3 误差传播定律

阐述观测值的中误差与观测值函数的中误差之间关系的定律称为误差传播定律。

首先分析线性函数的误差传播定律。

1. 线性函数

设 $x_1,x_2,\cdots,x_t$ 为独立观测值，其中误差分别为 $m_1,m_2,\cdots,m_t$；z 为不可直接观测的未知量，其真误差为 Δz，z 为独立观测值 $x_1,x_2,\cdots,x_t$ 的函数，即：

$$z=k_1x_1\pm k_2x_2\pm\cdots\pm k_tx_t \tag{1-9}$$

其中 $k_1,k_2,\cdots,k_t$ 为常数。

设 $x_1,x_2,\cdots,x_t$ 分别含有真误差 $\Delta x_1,\Delta x_2,\cdots,\Delta x_t$，则有：

$$(z+\Delta z)=k_1(x_1+\Delta x_1)+k_2(x_2+\Delta x_2)+\cdots+k_t(x_t+\Delta x_t) \tag{1-10}$$

$$\Delta z=k_1\Delta x_1+k_2\Delta x_2+\cdots+k_t\Delta x_t \tag{1-11}$$

若对 $x_1,x_2,\cdots,x_t$ 均观测 n 次，即：

$$\Delta z_1=k_1\Delta x_{11}+k_2\Delta x_{21}+\cdots+k_t\Delta x_{t1}$$
$$\Delta z_2=k_1\Delta x_{12}+k_2\Delta x_{22}+\cdots+k_t\Delta x_{t2}$$
$$\vdots$$
$$\Delta z_n=k_1\Delta x_{1n}+k_2\Delta x_{2n}+\cdots+k_t\Delta x_{tn} \quad (1-12)$$

若对上面各式平方后求和并除以 n，则有：

$$\frac{\sum_{i=1}^{n}\Delta z_i^2}{n}=\frac{k_1^2\sum_{i=1}^{n}\Delta x_{1i}^2}{n}+\cdots+\frac{k_t^2\sum_{i=1}^{n}\Delta k_{ti}^2}{n}+2\frac{k_1k_2\sum_{i=1}^{n}\Delta x_{1i}\Delta x_{2i}}{n}+\cdots+2\frac{k_{t-1}k_t\sum_{i=1}^{n}\Delta x_{(t-1)i}\Delta x_{ti}}{n} \quad (1-13)$$

由于偶然误差的特性 $\sum\Delta x_{(t-1)i}\Delta x_{ti}=0$，则有：

$$\frac{\sum_{i=1}^{n}\Delta z_i^2}{n}=\frac{k_1^2\sum_{i=1}^{n}\Delta x_{1i}^2}{n}+\frac{k_2^2\sum_{i=1}^{n}\Delta x_{2i}^2}{n}+\cdots+\frac{k_t^2\sum_{i=1}^{n}\Delta k_{ti}^2}{n} \quad (1-14)$$

根据中误差的定义，则有：

$$m_z^2=k_1^2m_1^2+k_2^2m_2^2+\cdots+k_t^2m_t^2 \quad (1-15)$$

2. 一般函数

如图 1－15 所示，由已知点 A 的坐标值求未知点 B 的坐标值，点 A 的坐标值无误差，求点 B 的点位坐标精度。计算公式为式（1－16），观测值为边长 D_{AB} 和角度 α_{AB}，且已知测角中误差 m_β，测距中误差 m_D。

$$\left.\begin{aligned}x_B&=x_A+D_{AB}\cdot\cos\alpha_{AB}\\y_B&=y_A+D_{AB}\cdot\sin\alpha_{AB}\end{aligned}\right\} \quad (1-16)$$

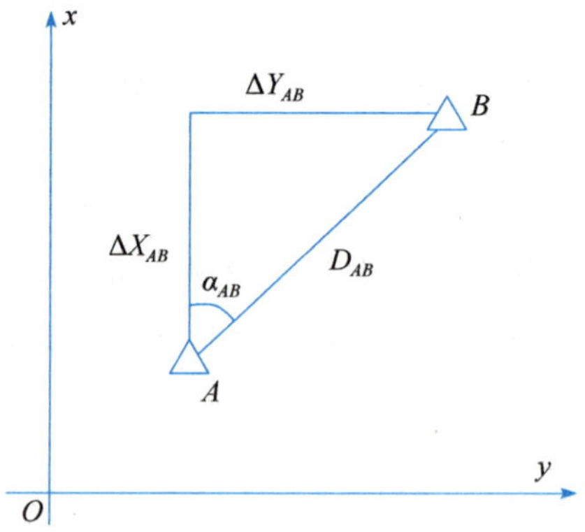

图 1－15　坐标推算

（1）一般函数中误差的求算。

凡是在变量之间用数学运算符号乘、除、乘方、开方、三角函数等组成的函数称为非线性函数，线性函数和非线性函数称为一般函数，其一般形式可写为：

$$z=f(x_1,x_2,\cdots,x_n) \tag{1-17}$$

式中，$x_1,x_2,\cdots,x_n$ 为观测值，且它们的中误差分别为 $m_1,m_2,\cdots,m_n$。

在推导和运用误差传播定律时，函数中的自变量（观测值）间应该是相互独立、互不干扰的。

（2）公式推算。

观测值 $x_1,x_2,\cdots,x_n$ 的误差为 $\Delta x_1,\Delta x_2,\cdots,\Delta x_n$，则：

$$z+\Delta z=f(x_1+\Delta x_1,x_2+\Delta x_2,\cdots,x_n+\Delta x_n) \tag{1-18}$$

由高数分析可知，函数 Z 的误差 Δz 与观测值 x_i 的误差 Δx_i 间的关系可用全微分的形式来表达：

$$z=f(x_1,x_2,\cdots,x_n)$$

$$\mathrm{d}z=\frac{\partial f}{\partial x_1}\mathrm{d}x_1+\frac{\partial f}{\partial x_2}\mathrm{d}x_2+\cdots+\frac{\partial f}{\partial x_n}\mathrm{d}x_n \tag{1-19}$$

所以：

$$\Delta z=\frac{\partial f}{\partial x_1}\Delta x_1+\frac{\partial f}{\partial x_2}\Delta x_2+\cdots+\frac{\partial f}{\partial x_n}\Delta x_n \tag{1-20}$$

又因为：

$$m=\pm\sqrt{\frac{[\Delta\Delta]}{n}},\quad m^2=\frac{[\Delta\Delta]}{n}$$

两边平方并求和且同除以 n 得：

$$\frac{[\Delta z\Delta z]}{n}=\left(\frac{\partial f}{\partial x_1}\right)^2\frac{[\Delta x_1\Delta x_1]}{n}+\left(\frac{\partial f}{\partial x_2}\right)^2\frac{[\Delta x_2\Delta x_2]}{n}+\cdots+\left(\frac{\partial f}{\partial x_n}\right)^2\frac{[\Delta x_n\Delta x_n]}{n}+A \tag{1-21}$$

其中：

$$A=2\left(\frac{\partial f}{\partial x_1}\right)\left(\frac{\partial f}{\partial x_2}\right)\frac{[\Delta x_1\Delta x_2]}{n}+2\left(\frac{\partial f}{\partial x_1}\right)\left(\frac{\partial f}{\partial x_3}\right)\frac{[\Delta x_1\Delta x_3]}{n}+\cdots+2\left(\frac{\partial f}{\partial x_{n-1}}\right)\left(\frac{\partial f}{\partial x_n}\right)\frac{[\Delta x_{n-1}\Delta x_n]}{n}$$

因为 Δx_i 独立，正负出现的概率相同，当 n 趋于足够多时，有：

$$\lim_{n\to\infty}\frac{[\Delta]}{n}=0 \tag{1-22}$$

则对 $[\Delta x_i\Delta x_j]$ 也是相同的，有：

$$\lim_{n\to\infty}\frac{[\Delta x_i\Delta x_j]}{n}=0 \tag{1-23}$$

所以，A 为零。

于是有：

$$m_z^2=\left(\frac{\partial f}{\partial x_1}\right)^2 m_1+\left(\frac{\partial f}{\partial x_2}\right)^2 m_2+\cdots+\left(\frac{\partial f}{\partial x_n}\right)^2 m_n \tag{1-24}$$

所以前例的点 B 的点位精度可为：

$$X_B=X_A+D_{AB}\cdot\cos\beta \qquad dX_B=\cos\beta\cdot dD-D_{AB}\cdot\sin\beta\cdot\frac{d\beta}{\rho}$$

$$\Delta X_B=\cos\beta\cdot\Delta D-S\cdot\sin\beta\cdot\frac{\Delta\beta}{\rho} \qquad m_{X_B}^2=(\cos\beta)^2 m_D^2+(D\cdot\sin\beta)^2\frac{m_\beta^2}{\rho^2}$$

同理得：

$$m_{Y_B}^2=(\sin\beta)^2 m_D^2+(D\cdot\cos\beta)^2\frac{m_\beta^2}{\rho^2}$$

$$m_B=\sqrt{m_{X_B}^2+m_{Y_B}^2}=\sqrt{m_D^2+\frac{D^2 m_\beta^2}{\rho^2}} \tag{1-25}$$

1.5.4 等精度独立观测量的最可靠值与精度评定

1. 算术平均值

设相同条件下对未知量观测了 n 次，观测值为 $L_1,L_2,\cdots,L_n$，未知量的真值为 X，$\Delta_i(i=1,2,\cdots,n)$ 为未知量的真误差。

$$\frac{[\Delta]}{n}=\frac{[L]}{n}-X \tag{1-26}$$

$$X=\frac{[L]}{n}-\frac{[\Delta]}{n} \tag{1-27}$$

若以 x 来代替算术平均值$\frac{[L]}{n}$，Δx 来表示算术平均值与真值间的误差，即：

$$x=\frac{[L]}{n} \tag{1-28}$$

$$\Delta x=\frac{[\Delta]}{n} \tag{1-29}$$

因为 $\lim\limits_{n\to\infty}\Delta x=\lim\limits_{n\to\infty}\frac{[\Delta]}{n}=0$，所以 $x=X$。

可知 n 趋向无穷大时，算术平均值即为真值，可取算术平均值为未知量的最或然值。

2. 算术平均值的中误差

$$x=\frac{[L]}{n}=\frac{L_1}{n}+\frac{L_2}{n}+\cdots+\frac{L_n}{n} \tag{1-30}$$

因为 L_i 是同精度的，故 $m_i=m$。

由误差传播定律得：

$$\Delta x=\frac{1}{n}(\Delta_1+\Delta_2+\cdots+\Delta_n) \tag{1-31}$$

上式两边平方并求和且同除以 n 得：

$$\frac{[\Delta x\Delta x]}{n}=\left(\frac{1}{n}\right)^2\frac{[\Delta_1\Delta_1]}{n}+\left(\frac{1}{n}\right)^2\frac{[\Delta_2\Delta_2]}{n}+\cdots+\left(\frac{1}{n}\right)^2\frac{[\Delta_n\Delta_n]}{n}+A \tag{1-32}$$

其中 $A=2\left(\frac{1}{n}\right)^2\frac{[\Delta_1\Delta_2]}{n}+2\left(\frac{1}{n}\right)^2\frac{[\Delta_1\Delta_3]}{n}+\cdots+2\left(\frac{1}{n}\right)^2\frac{[\Delta_{n-1}\Delta_n]}{n}=0$

所以：

$$m_x^2=\left(\frac{1}{n}\right)^2(m_1^2+m_2^2+\cdots+m_n^2)=\left(\frac{1}{n}\right)^2\cdot n\cdot m^2=\frac{1}{n}\cdot m^2 \tag{1-33}$$

$$m_x=\frac{m}{\sqrt{n}} \tag{1-34}$$

3. 由改正数计算同精度观测值的中误差

（1）改正数。

测量中因观测量的真值往往是未知的，真误差也就不知道，所以中误差无法用 $m=\sqrt{\frac{[\Delta\Delta]}{n}}$ 来计算，但是最或然值可以计算出来，它与观测值的差值也可以求得，所以测量中把最或然值与观测值的差值称为改正数，用 v_i 来表示，即：

$$v_i=x-L_i \tag{1-35}$$

（2）公式推算。

由 $v_i=x-L_i$ 可得：

$$\Delta_i=L_i-X \tag{1-36}$$

两式相加整理得：

$$\Delta_i=-v_i+(x-X)=-v_i+\Delta x$$

上式中 n 个该式平方和除以 n 得：

$$\frac{[\Delta\Delta]}{n}=\frac{[vv]}{n}-2\cdot[v]\frac{\Delta x}{n}+\Delta x^2 \tag{1-37}$$

其中 $[v]=n\cdot x-[L]=n\cdot\frac{[L]}{n}-[L]=0$

$$\Delta x=\frac{[\Delta]}{n}=\frac{1}{n}(\Delta_1+\Delta_2+\cdots+\Delta_n)$$

$$\Delta x^2=\left(\frac{1}{n}\right)^2(\Delta_1^2+\Delta_2^2+\cdots+\Delta_n^2)+2\cdot\frac{1}{n^2}(\Delta_1\Delta_2+\Delta_1\Delta_3+\cdots+\Delta_{n-1}\Delta_n)$$

由前面分析得 $\lim\limits_{n\to\infty}\frac{[\Delta_i\Delta_j]}{n}=0$，所以：

$$2\cdot\frac{1}{n^2}(\Delta_1\Delta_2+\Delta_1\Delta_3+\cdots+\Delta_{n-1}\Delta_n)=0$$

将 $\Delta x^2=\left(\frac{1}{n}\right)^2(\Delta_1^2+\Delta_2^2+\cdots+\Delta_n^2)=\frac{1}{n}\cdot\frac{[\Delta\Delta]}{n}=\frac{1}{n}\cdot m^2$ 代入式（1-37）得：

$$\frac{[\Delta\Delta]}{n}=\frac{[vv]}{n}+\frac{1}{n}\cdot\frac{[\Delta\Delta]}{n}\Rightarrow\frac{[\Delta\Delta]}{n}-\frac{1}{n}\cdot\frac{[\Delta\Delta]}{n}=\frac{[vv]}{n}$$

所以：

$$\frac{[\Delta\Delta]}{n}=\frac{[vv]}{n}+\frac{[\Delta\Delta]}{n^2}\Rightarrow m^2=\frac{[vv]}{n}+\frac{m^2}{n}$$

可得：

$$m=\pm\sqrt{\frac{[vv]}{n-1}} \tag{1-38}$$

由改正数计算最或然值的中误差的公式：

$$m_x=\frac{m}{\sqrt{n}}=\pm\sqrt{\frac{[vv]}{(n-1)n}} \tag{1-39}$$

（3）算术平均值及其误差的计算步骤。

1）计算算术平均值：$x=\frac{[L]}{n}$。

2）计算改正数：$v_i=x-L_i$。

3）精度评定：$m=\sqrt{\frac{[vv]}{n-1}}$，$m_x=\sqrt{\frac{[vv]}{n\ (n-1)}}$。

1.5.5 实例分析

案例 1： 某直角三角形，测量了斜边 $S=163.563\text{m}$，其中误差为 $m_s=\pm0.006\text{m}$，测量了角度 $\alpha=32°15'26''$，误差为 $m_\alpha=\pm6''$。设边长与角度观测独立，求直角边 h 的中误差 m_h。

解： $h=S\sin\alpha$

$$\Delta h=\frac{\partial h}{\partial S}\Delta S+\frac{\partial h}{\partial\alpha}\left(\frac{\Delta\alpha}{\rho''}\right)=\sin\alpha\Delta S+\frac{S\cos\alpha}{\rho''}\Delta\alpha$$

$$m_h^2=\sin^2\alpha\times m_s^2+\left(\frac{S\cos\alpha}{\rho''}\right)^2m_\alpha^2=0.533\,7^2\times6^2+\left(\frac{163\,563\times0.845\,6^2}{206\,265}\right)\times6^2=26.43$$

得到：$m_h=\pm5.14\text{mm}$

注意：为了单位的统一，在计算中要将距离单位化为毫米（mm）。

案例 2： 对某段距离进行一次同精度测量，观测值列于表 1-3 中，试求这段距离的最或然值、观测值中误差、最或然值中误差。

表 1－3 观测记录表

编号	L（m）	ΔL（mm）	v（mm）	vv（mm）	精度评定
1	148.064	+6	−3	9	
2	148.058	0	+3	9	$m=\pm\sqrt{\frac{24}{4}}=\pm 2.4\text{mm}$
3	148.063	+5	−2	4	
4	148.062	+4	−1	1	$m_x=\pm\sqrt{\frac{24}{20}}=\pm 1.1\text{mm}$
5	148.060	+2	+1	1	$x=148.061\text{m}\pm 1.1\text{mm}$
	$x_0=148.058$ $x=x_0+\Delta x$ $=148.061$	$[\Delta L]=+17$ $\Delta x=\frac{17}{5}$ $=+3.4$ $=+3$	$[v]=-2$	$[vv]=+24$	

案例 3：用经纬仪对某角度测了六个测回，其观测值列于表 1－4 中，试求该角度的最或然值、观测值中误差、最或然值中误差。

表 1－4 观测记录

编号	观测值（° ′ ″）	v（″）	vv（″）	计算
1	38 24 32	−3	+9	$x=\frac{[L]}{n}=38°24'29''$
2	38 24 26	+3	+9	
3	38 24 28	+1	+1	$m=\pm\sqrt{\frac{24}{5}}=+2.2''$
4	38 24 31	−2	+4	
5	38 24 28	+1	+1	$m_x=\pm\sqrt{\frac{24}{30}}=\pm 0.9''$
6	38 24 29	0	0	
	$x_0=38°24'29''$	$[v]=0$	$[vv]=24$	

李德仁科学人生与家国情怀

项目实训：等精度独立观测角度精度评定

实训目标

掌握误差处理计算基本理论方法，完成等精度独立观测角度精度评定。

实训器材

每组经纬仪 1 台、三脚架 3 个、棱镜组 2 套、计算器 1 个、记录板 1 块。

实训内容

对同一个角度等精度独立观测 n 次，得到一组观测数据，利用误差处理理论计算观测结果最或然值、观测值中误差、最或然值中误差。

实训步骤

步骤一：用经纬仪对某角度测六个测回，其观测值列于下表中，试求该角度的最或然值、观测值中误差、最或然值中误差。

编号	观测值（° ′ ″）	v（″）	vv（″）	计算
1	38 24 32			
2	38 24 26			
3	38 24 28			
4	38 24 31			
5	38 24 28			
6	38 24 29			

步骤二：利用算术平均值和改正数计算观测结果最或然值、观测值中误差、最或然值中误差。

编号	观测值（° ′ ″）	v（″）	vv（″）	计算
1	38 24 32	−3	+9	$x=\frac{[L]}{n}=38°24'29''$
2	38 24 26	+3	+9	
3	38 24 28	+1	+1	$m=\pm\sqrt{\frac{24}{5}}=\pm 2.2''$
4	38 24 31	−2	+4	
5	38 24 28	+1	+1	$m_x=\pm\sqrt{\frac{24}{30}}=\pm 0.9''$
6	38 24 29	0	0	
	$x_0=38°24'29''$	$[v]=0$	$[vv]=24$	

注意事项

为了单位的统一，在计算中要将距离单位化为 mm。

实训成果

完成表格计算

编号	观测值（° ′ ″）	v（″）	vv（″）	计算
1	38 24 32			
2	38 24 26			
3	38 24 28			
4	38 24 31			
5	38 24 28			
6	38 24 29			

技能检测

一、填空题

1. 测量工作的基准线是__________，野外测量工作的基准面是__________。

2. 高斯平面直角坐标系是以__________为 x 轴，向北为正；__________为 y 轴，向东为正。

3. 我国目前采用的大地坐标系是__________，采用的高程系是__________。

4. 测量工作从布局上遵循__________的原则，从次序上遵循__________的原则。

5. 测量工作的三要素为__________、__________和__________。

6. 绝对高程是地面点沿__________到__________的距离。

二、选择题

1. 在（　　）范围内，可以用水平面代替球面进行距离测量。

A. 以 20 千米为半径　　B. 以 10 千米为半径

C. 50 平方千米　　D. 10 平方千米

2. 测量工作的基准面是（　　）。

A. 高斯投影面　　B. 参考椭球面　　C. 大地水准面　　D. 水平面

3. 以下不属于基本测量工作范畴的一项是（　　）。

A. 高差测量　　B. 距离测量　　C. 导线测量　　D. 角度测量

4. 某地位于东经 130°40′30″，则其所在的高斯投影 6°投影带的中央子午线的经度为（　　）°。

A. 130　　B. 129　　C. 132　　D. 128

5. 某点所在的 6°带的高斯坐标值为 x=366 712.48m，y=21 331 229.75m，则该点位于（　　）。

A. 21 带、在中央子午线以东　　B. 36 带、在中央子午线以东

C. 21 带、在中央子午线以西　　D. 36 带、在中央子午线以西

6. 已知一条图根级闭合导线 1，观测了四个内角分别为∠1=89°18′23″，∠2=97°25′54″，∠3=86°36′16″，∠4=86°39′37″，则方位角闭合差是（　　）。

A. +10″　　B. −10″　　C. +5″　　D. −5″

7. 对某三角形内角之和观测了四次，观测值分别为 180°00′11″、180°00′09″、179°59′48″、180°00′16″，观测中误差为（　　）。

A. ±12.3″　　B. ±3.4″　　C. ±14.2″　　D. ±2.4″

项目2 水准测量

项目导读

地面点位高程是确定地面点位的三要素之一，测定地面点位高程是测量最基本的三项工作之一，测设已知高程地面点位是测设最基本的三项工作之一，它们都利用水准仪进行水准测量。因此，在测定地物、地貌中或在房屋建筑施工放样中都离不开水准仪的使用。本项目主要介绍水准仪的构造和操作、水准测量原理和一测站水准测量操作、普通水准测量、四等水准测量、水准仪的检验与校正这五部分的内容。通过项目实训，学生学习水准仪的使用及测量数据的处理，提高实际操作技能，为今后工作（施工放样）打下基础。

项目重点

1. 水准仪的构造和操作。
2. 水准测量原理和一测站水准测量操作。
3. 普通水准测量。
4. 四等水准测量。
5. 水准仪的检验与校正。

学习目标

本项目通过完成相应的任务，采用实践和理论相结合的教学形式，使学生了解地面点高程测定的几种方法和原理，理解在建筑工程测量中被广泛应用的视线高测量方法，理解转点和测站的意义，掌握水准仪的基本操作程序、读数方法、记录计算和各项检验校正。通过实训，培养学生勤劳肯干的测量精神以及严谨的职业态度。

2.1 水准仪的构造和操作

2.1.1 水准测量的仪器和工具

水准测量所用的仪器是水准仪，与其配套使用的工具有水准尺和尺垫。

水准仪是进行水准测量的主要仪器，它可以提供水准测量所必需的水平视线。目前通用的光学水准仪从构造上可分为两大类：一类是利用水准管来获得水平视线的水准管水准仪，其主要形式为微倾式；另一类是利用补偿器来获得水平视线的自动安平水准仪。此外，还有一种新型水准仪——电子水准仪，它配合条纹编码尺，利用数字化图像处理的方法，可自动显示高程和距离，自动读数和记录，从而使水准测量实现了自动化。

我国的水准仪系列标准按其精度可分为 DS_{05}、DS_1、DS_3 和 DS_{10} 四个等级。D 是大地测量仪器的代号，S 是水准仪的代号，均取“大地”和“水准”汉语拼音的首字母。脚标的数字表示仪器的精度，表示每千米水准测量的高差中误差。其中 DS_{05} 和 DS_1 用于精密水准测量，DS_3 用于一般水准测量，DS_{10} 用于简易水准测量。

1. 微倾式光学水准仪的基本结构

微倾式光学水准仪主要由以下三个主要部分组成：

望远镜：用于精确照准远处目标并对水准尺进行读数。

水准器：用于指示仪器或视线是否处于水平位置，包括圆水准器和管水准器。

基座：可用中心连接螺旋把仪器固定在三脚架上。

DS_3 微倾式光学水准仪构造如图 2－1 所示。

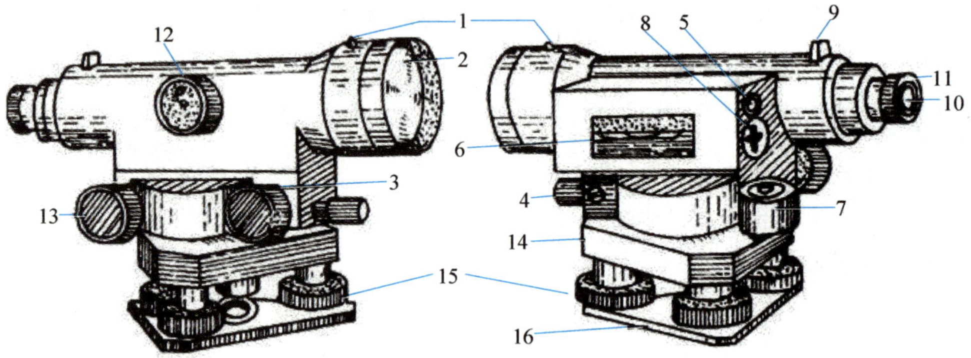

图 2－1 DS_3 微倾式光学水准仪构造

1—准星；2—物镜；3—微动螺旋；4—制动螺旋；5—气泡观察窗；6—管水准器；7—圆水准器；8—校正螺钉；9—照门；10—目镜；11—目镜调焦螺旋；12—物镜调焦螺旋；13—微倾螺旋；14—支架；15—脚螺旋；16—基座底板

基座上有三个脚螺旋，调节脚螺旋可使圆水准器的气泡移至中央，使仪器粗略整平。望远镜和管水准器与仪器的竖轴联结成一体，竖轴插入基座的轴套内，可使望远镜和管水准器在基座上绕竖轴旋转。制动螺旋和微动螺旋用来控制望远镜在水平方向的转动。制动螺旋松开时，望远镜能自由旋转；旋紧时望远镜则固定不动。旋转微动螺旋可使望远镜在水平方向作缓慢的转动，用来精确照准目标，但只有在制动螺旋旋紧时，微动螺旋才能起作用。旋转微倾螺旋可使望远镜连同管水准器作俯仰微量的倾斜，从而可使视线精确整平。因此这种水准仪称为微倾式水准仪。

（1）望远镜。

望远镜主要由物镜、调焦透镜、十字丝分划板和目镜四大光学部件组成，另外还包括一些调节螺旋，如图 2－2 所示。

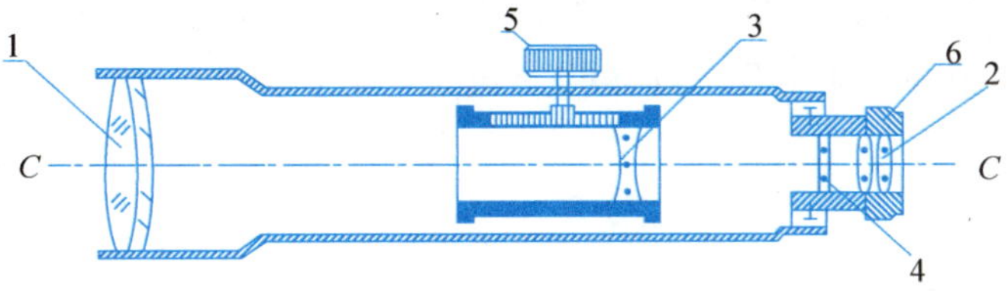

图 2－2　水准仪望远镜的构造

1—物镜；2—目镜；3—对光凹透镜；4—十字丝分划板；5—物镜调焦螺旋；6—目镜调焦螺旋

物镜的作用是使物体在物镜的另一侧构成一个倒立的实像，目镜的作用是使这一实像在同一侧形成一个放大的虚像。为了使物像清晰并消除单透镜的一些缺陷，物镜和目镜都是用两种不同材料的透镜组合而成。

望远镜用于照准远处竖立的水准尺并读取水准尺上的读数，要求望远镜能看清水准尺上的分划和注记并有读数标志。

如图 2－3 所示，十字丝分划板是一块玻璃片，上面刻有两条相互垂直的长丝（十字丝），竖的一条称为竖丝，横的一条称为中丝。在中丝的上下还对称地刻有两条与中丝平行的短横线，用来测量距离，称为视距丝。由视距丝测量出的距离就称为视距。

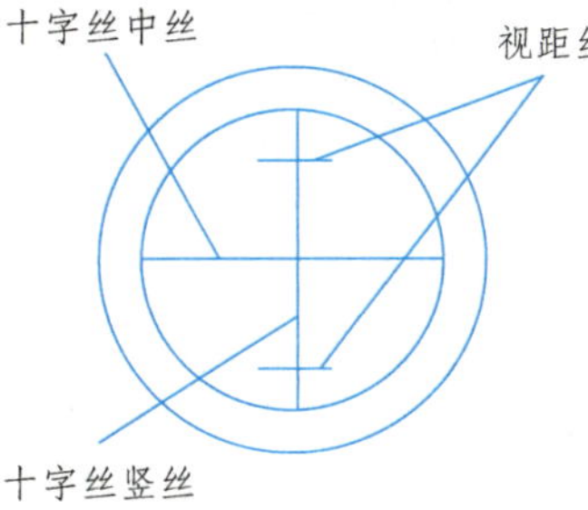

图 2－3　十字丝分划板

十字丝的交点与物镜光心的连线称为视准轴。视准轴是水准仪的主要轴线之一。视准轴的延长线即为视线，水准测量就是在视准轴水平时，用十字丝的中丝在水准尺上截取读数。

为了能准确地照准目标或读数，望远镜内必须同时能看到清晰的物像和十字丝。为此必须使物像落在十字丝分划板平面上。为了使离仪器不同距离的目标能成像于十字丝分划板平面上，望远镜内还必须安装一个调焦透镜。观测不同距离的目标时，可旋转调焦螺旋改变调焦透镜的位置，从而能在望远镜内清晰地看到十字丝和所要观测的目标。

（2）水准器。

水准器是用以置平仪器的一种设备，用来指示视准轴是否水平、仪器竖轴是否竖直，是测量仪器上的重要部件。水准器分为管水准器和圆水准器两种。

1）管水准器（见图 2－4）：管水准器又称为水准管，是一个封闭的玻璃管，管的内壁在纵向磨成圆弧形，其半径可自 0.2m 至 100m。管内盛有酒精或乙醚或两者混合的液体，并留有一气泡。管面上刻有间隔为 2mm 的分划线，分划线的中点称为管水准器的零点。过零点与管内壁在纵向相切的直线称为管水准器轴。当气泡的中心点与零点重合时，称气泡居中，气泡居中时管水准器轴位于水平位置。

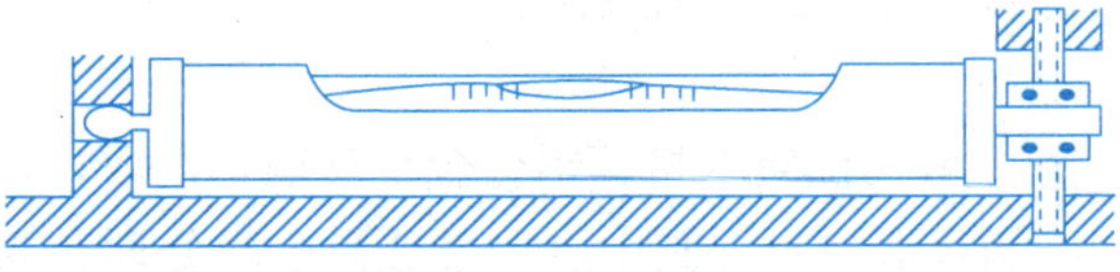

图 2－4　管水准器

在管水准器的外表面，对称于零点的左右两侧，刻划有 2mm 间隔的分划线。定义 2mm 弧长所对应的圆心角值为管水准器的分划值，用 τ 表示。

$$\tau=\frac{2\text{mm}}{R}\rho'' \tag{2-1}$$

式中，$\rho''=206\,265''$；R 为水准管内壁的曲率半径，以毫米（mm）计。

水准仪上管水准器的分划值为 20″，管水准器的分划值越小，视线置平的精度越高。但管水准器的置平精度还与管水准器的研磨质量、液体的性质和气泡的长度有关。在这些因素的综合影响下，使气泡移动 0.1 格时管水准器轴所变动的圆心角值称管水准器的灵敏度。管水准器轴变动的圆心角值越小，管水准器的灵敏度就越高。

为了提高水准气泡的居中精度，在管水准器的上方装有一组符合棱镜（见图 2-5），通过这组棱镜，将气泡两端的影像反射到望远镜旁的气泡观察窗内，旋转微倾螺旋，当窗内气泡两端的影像吻合后，表示气泡居中。故这种水准器称为符合水准器，是微倾式水准仪上普遍采用的水准器。制造水准仪时，使管水准器轴平行于望远镜的视准轴。旋转微倾螺旋使管水准器气泡居中时，管水准器轴处于水平位置，从而使望远镜的视准轴也处于水平位置。

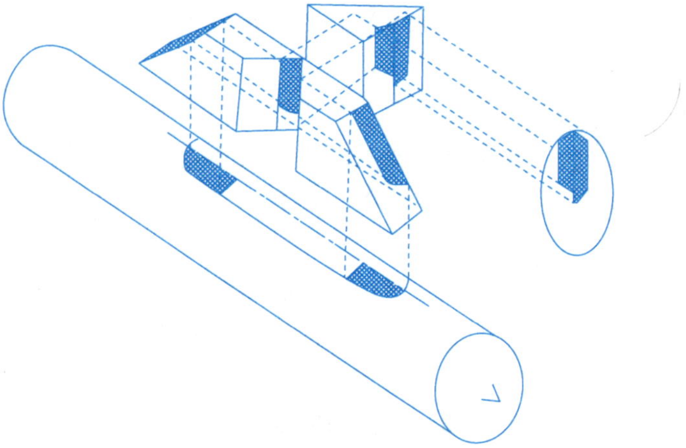

图 2-5　管水准器和符合棱镜组

2）圆水准器（见图 2-6）。圆水准器是一个封闭的圆形玻璃容器，顶盖的内表面为一球面，容器内盛有乙醚类液体，留有一小圆形气泡。容器顶盖中央刻有一小圈，小圈的中心是圆水准器的零点。通过零点的球面法线是圆水准器的轴，当圆水准器的气泡居中时，圆水准器轴位于铅垂位置。圆水准器的分划值是顶盖球面上 2mm 弧长所对应的圆心角值，水准仪上圆水准器的圆心角值为 8′～10′。由于它的精度低，只用于仪器粗略整平。

（3）基座。基座的作用是支承仪器的上部，用中心螺旋将基座连接到三脚架上。基座主要由轴座、脚螺旋、底板和三角压板构成。

2. 水准尺

水准尺（见图 2-7）一般用优质木材、铝合金或玻璃钢制成，长度从 3m 至 5m 不等。根据构造可以分为直尺、折尺和塔尺，其中直尺又分为单面分划和双面分划两种；塔尺有 3m、4m、5m 多种，常用于碎部测量。

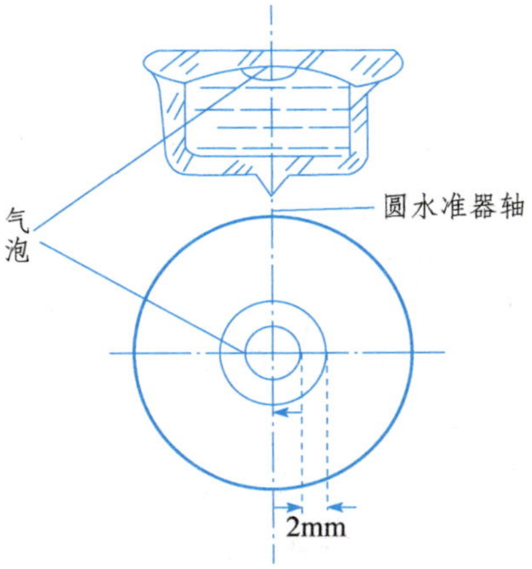

图 2-6　圆水准器

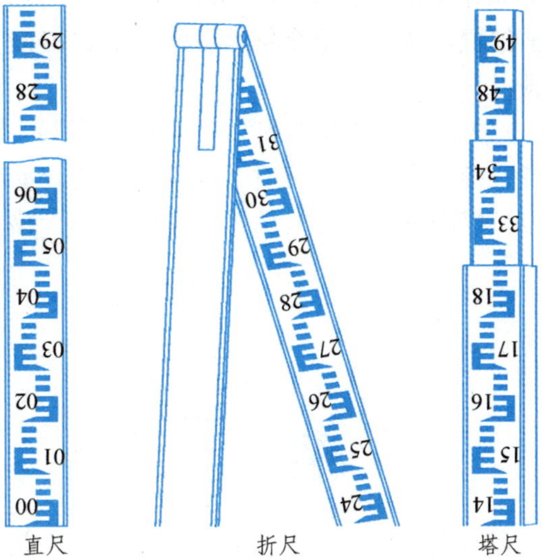

图 2-7　水准尺

双面水准尺，一般长 3m，多用于三、四等水准测量，以两把尺为一对使用。尺的两面均有分划，一面为黑白相间，称为黑面尺；另一面为红白相间，称为红面尺，两面的最小分划均为 1cm，分米处有注记。一般为防止读数错误，等级水准测量均需对黑、红两面进行读数，且黑面注记的零点与红面不一致，二者有个常数差，称为基辅差。“E”的最长分划线为分米的起始。读数时直接读取米、分米、厘米，估读毫米，单位为米或毫米。两把尺的黑面底部起始数字均由零开始分划和注记。红面底部的分划和注记，一把尺由 4.687m 开始分划和注记，另一把尺由 4.787m 开始分划和注记，两把尺红面注记的零点差为 0.1m。

3. 尺垫

尺垫（见图 2-8）用于在转点处放置水准尺，它是用生铁铸成的三角形板座。尺垫中央有一凸起的半球体，以便于放置水准尺，下有三个尖足便于将其踩入土中，以固稳防动。

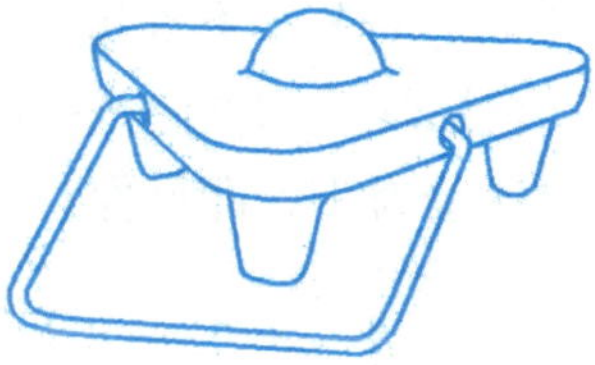

图 2-8　尺垫

2.1.2　DS_3 微倾式水准仪的使用

使用微倾式水准仪进行水准测量的操作步骤为：安置水准仪—仪器的粗略整平—照准水准尺—视线的精确整平—读数。具体操作详细介绍如下：

1. 安置水准仪

首先打开三脚架，安置三脚架要求高度适中、架头大致水平并牢固稳妥，在山坡上应使三脚架的两脚在坡下、一脚在坡上。然后把水准仪用中心连接螺旋连接到三脚架上，取水准仪时必须握住仪器的坚固部位，并确认已牢固地连接在三脚架上之后才可放手。

2. 仪器的粗略整平

仪器的粗略整平是用脚螺旋使圆水准器的气泡居中。不论圆水准器在何位置，先用任意两个脚螺旋使气泡移到通过圆水准器零点并垂直于这两个脚螺旋连线的方向上，如图 2-9（a）所示，如此可使仪器在这两个脚螺旋连线的方向处于水平位置。然后单独用第三个脚螺旋使气泡居中，如图 2-9（b）所示，如此使两个脚螺旋连线的垂线方向亦处于水平位置，从而使整个仪器置平。如仍有偏差可重复进行操作。操作时必须记住以下三条要领：

（1）先旋转两个脚螺旋，然后旋转第三个脚螺旋；

（2）旋转两个脚螺旋时必须作相对地转动，即旋转方向应相反；

（3）气泡移动的方向始终和左手大拇指移动的方向一致。

（a）气泡向左移动　（b）气泡向上移动

图 2-9　使圆水准器气泡居中

3. 照准水准尺

用望远镜照准水准尺，必须先调节目镜使十字丝清晰。然后利用望远镜上的准星从外部照准水准尺，再旋转调焦螺旋使尺像清晰，也就是使尺像落到十字丝平面上。这两步不可颠倒。最后用微动螺旋使十字丝竖丝照准水准尺，为了便于读数，也可使尺像稍偏离竖丝一些。当照准不同距离处的水准尺时，需重新调节调焦螺旋才能使尺像清晰，但十字丝可不必再调。

照准目标时必须要消除视差。当观测时把眼睛稍作上下移动，如果尺像与十字丝有相对移动，即读数有改变，则表示有视差存在。其原因是尺像没有落在十字丝平面上［见图 2-10（a）］。存在视差时不可能得出准确的读数。

消除视差的方法是一边稍旋转调焦螺旋一边仔细观察，直到不再出现尺像和十字丝有相对移动为止，即尺像与十字丝在同一平面上［见图 2-10（b）］。

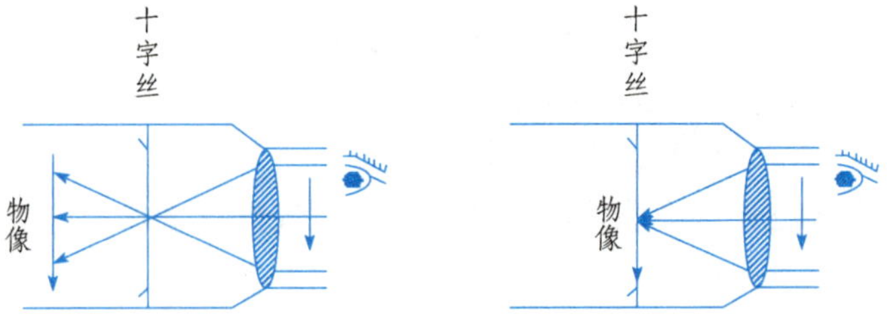

（a）有视差现象　（b）没有视差现象

图 2-10　视差现象

4. 视线的精确整平

由于圆水准器的灵敏度较低，所以通过圆水准器只能使水准仪粗略地整平。因此在每次读数前还必须用微倾螺旋使管水准器气泡符合（见图 2-11），使视线精确整平。由于微倾螺旋旋转时，经常改变望远镜和竖轴的关系，当望远镜由一个方向转变到另一个方向时，管水准器气泡一般不再符合。所以望远镜每次变动方向后，也就是在每次读数前，都需要用微倾螺旋重新使气泡符合。

5. 读数

用十字丝中丝读取水准尺的读数，如图 2－12 所示。从尺上可直接读出米、分米和厘米数，并估读出毫米数，所以每个读数应有四位数。如果某一位数是零，也必须读出并记录，不可省略，如 1.002m、0.007m、2.100m 等。由于望远镜一般都为倒像，所以从望远镜内读数时应由上向下读，即由小数向大数读。读数前应先认清水准尺的分划特点，特别应注意与中丝相对应的分米分划线的位置。为了保证得出正确的水平视线读数，在读数前和读数后都应该检查气泡是否符合。

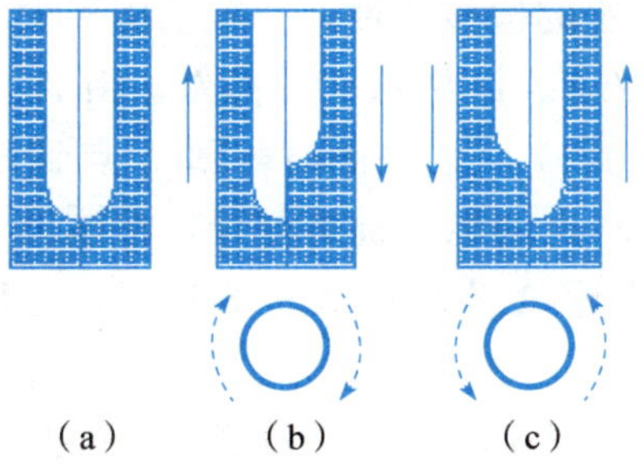

图 2－11 使管水准器气泡符合

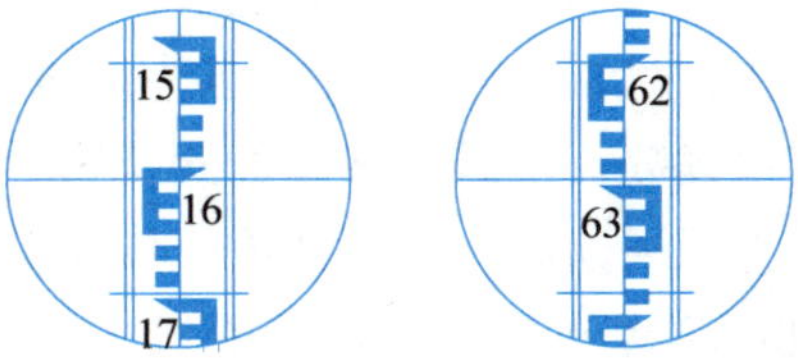

图 2－12 读数

2.2 水准测量原理和一测站水准测量操作

2.2.1 水准测量的原理

水准测量的原理是利用水准仪提供的水平视线，读取竖立于两个点上的水准尺上的读数（即读取水准尺上的刻度）来测定两点间的高差，再根据已知点高程计算未知点高程。如图 2－13 中，为了求出 A、B 两点的高差 h_{AB}，在 A、B 两个点上各竖立一根水准尺，在 A、B 两点之间安置水准仪。当视线水平时，在 A、B 两个点的水准尺上分别读得读数 a 和 b。可由读数 a 和 b 求得 A、B 两点的高差 h_{AB}，然后由已知点 A 点的高程求得未知点 B 点的高程。

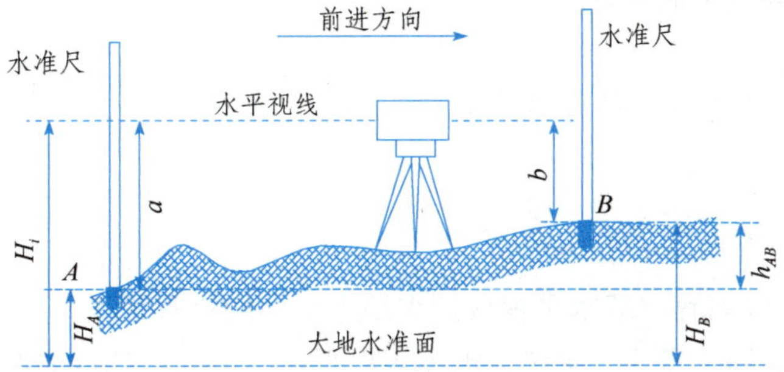

图 2－13 水准测量的原理

从图上可以看出，AB 两点的高差计算公式为：

$$h_{AB}=a-b \tag{2-2}$$

根据两点高差定义，则有：

$$h_{AB}=H_B-H_A \tag{2-3}$$

所以，未知点 B 点高程 H_B 为：

$$H_B=H_A+h_{AB} \tag{2-4}$$

测量中为保证测量成果准确可靠，对测量值有一定的检核条件，一般采用多次测量的办法。水准测量一般测量两次，采用往返测量，即测 A、B 两点间的高差，由 A 点到 B 点为往测时，则由 B 点到 A 点为返测；反之由 B 点到 A 点为往测时，则 A 点到 B 点为返测。往测时，由 A 点到 B 点为前进方向，则靠近 B 点的标尺称为前尺，在该尺上的读数为前视读数，仪器到该尺的距离称为前视距离，靠近 A 点的标尺称为后尺，在该尺上的读数为后视读数，仪器到该尺的距离称为后视距离；返测时，由 B 点到 A 点为前进方向，则靠近 A 点的标尺称为前尺，在该尺上的读数为前视读数，仪器到该尺的距离称为前视距离，靠近 B 点的标尺称为后尺，在该尺上的读数为后视读数，仪器到该尺的距离称为后视距离。高差 h_{AB} 的值可能是正，也可能是负，正值表示待求点 B 高于已知点 A，负值表示未知点 B 低于已知点 A。无论 h_{AB} 值为正或为负，式（2-2）始终成立。为了避免计算中发生正负符号的错误，在书写 h_{AB} 时应注意 h 的下标小字。

2.2.2 水准测量一测站观测方法

水准测量方法可分为高差法和视线高法，两者测量原理是相同的，区别在于计算高程时次序不同。高差法是利用高差直接由已知点高程求出未知点高程，视线高法是利用仪器视线高程计算未知点高程。

1. 高差法

高差即两点间高程之差。A 点到 B 点的高差为 B 点的高程减去 A 点的高程，即假设水准仪在 A 点水准尺上的读数为 a，在 B 点的读数为 b，那么

$$H_B=H_A+h_{AB}=H_A+a-b \tag{2-5}$$

高差法常用于路线水准测量。

2. 视线高法

若通过仪器视线高程 H_i 计算 B 点高程，则

$$H_i=H_A+a \tag{2-6}$$

$$H_B=H_i-b \tag{2-7}$$

式中，H_i 为仪器视线高程（即水平视线到大地水准面的铅垂距离）。

视线高法一般适用于安置一次仪器测定多点高程的情况，如线路高程测量、大面积场地平整高程测量。

2.3 普通水准测量

2.3.1 水准点和水准路线

1. 水准点

水准测量通常是从水准点开始，引测其他点的高程。水准点是国家测绘部门为了统一全国的高程系统和满足各种需要，在全国各地埋设且用水准测量方法测定了高程的固定点。我国水准点的高程是从青岛水准原点起算的，全国范围内国家等级的水准点的高程都属于这个统一的高程系统。国家等级水准点如图 2-14（a）所示，一般用整块的坚硬石料或混凝土制成，深埋到地面冻结线以下。在标石顶面设有用不锈钢或其他不易锈蚀的材料制成的半球状标志。有些水准点也可设置在稳定的墙角上，称为墙上水准点，如图 2-14（b）所示。

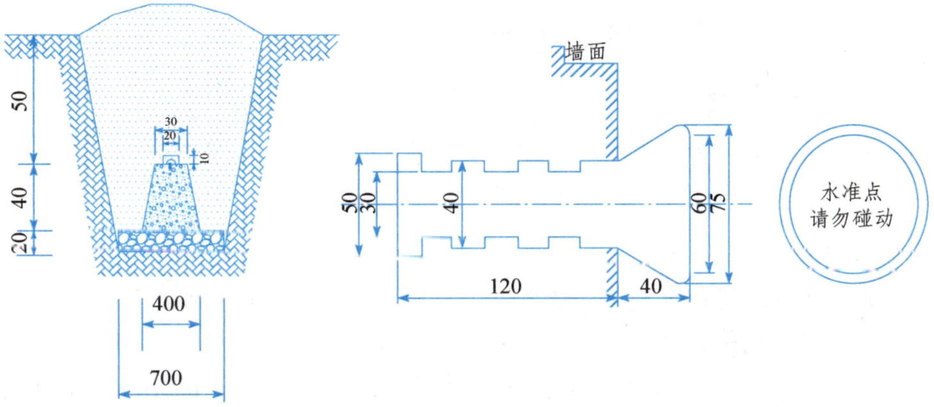

（a）国家等级水准点　　（b）墙上水准点

图 2-14　永久性水准点（单位：mm）

水准点有永久性和临时性两种，无论是永久性水准点还是临时性水准点，均应埋设在便于引测和寻找的地方。埋设水准点后，应绘出水准点附近的草图，在图上还要写明水准点的编号和高程，称为“点之记”，以便于日后查找和使用。

建筑工地上的永久性水准点一般用混凝土或钢筋混凝土制成，其式样如图 2-14 所示；临时性水准点可用地面上突出的坚硬岩石或用大木桩打入地下，桩顶钉入半球形铁钉，如图 2-15 所示。

图 2-15　临时性水准点

2. 水准路线

在水准测量中，通常沿某一水准路线进行施测。进行水准测量的路线称为水准路线。根据测区实际情况和需要，可布置成单一水准路线和水准网。

（1）单一水准路线。

单一水准路线又分为附合水准路线、闭合水准路线和支水准路线。

1）附合水准路线：从一个已知高程的水准点 BM_1 出发，沿一条水准路线测定 1、2、3 等待定点的高程，直到连测到另一已知水准点 BM_2 上，如图 2－16（a）所示，这条水准路线称为附合水准路线。附合水准路线各测段高差之和在理论上应等于起点和终点两水准点间高程之差，这种形式的水准路线，可使测量成果得到可靠的检核。

2）闭合水准路线：由已知高程的水准点 BM_1 出发，沿一条环线进行水准测量，以测定 1、2、3 等待定点的高程，最后回到原水准点 BM_1 上，如图 2－16（b）所示，这条水准路线称为闭合水准路线。闭合水准路线各测段高差之和在理论上应等于零，这种形式的水准路线，也可以使测量成果得到可靠的检核。

3）支水准路线：支水准路线是从一已知高程的水准点 BM_5 出发，既不附合到其他水准点上，也不自行闭合，如图 2－16（c）所示。这种形式的水准路线由于不能对测量成果自行检核，因此必须进行往测和返测，或用两组仪器进行并测。此外，应限制其路线总长，一般在工程测量中不超过 4km。

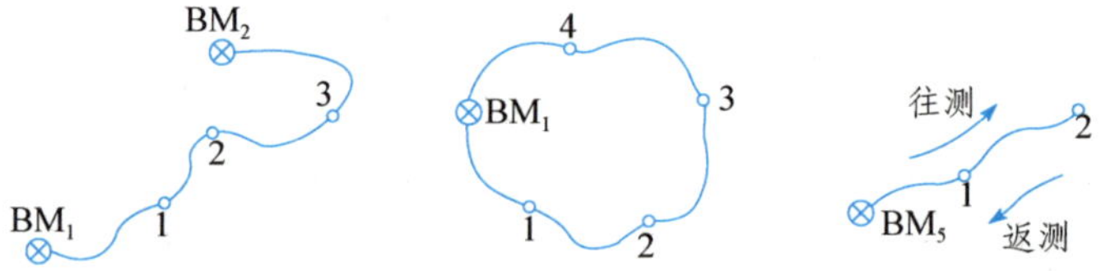

（a）附合水准路线　（b）闭合水准路线　（c）支水准路线

图 2－16　单一水准路线

（2）水准网。

若干条单一水准路线相互连接构成图 2－17 所示的形状，称为水准网。水准网中单一水准路线相互连接的点称为结点。如图 2－17（a）中的点 4，图 2－17（b）中的点 1、点 2、点 3，图 2－17（c）中的点 1、点 2、点 3 和点 4 均为水准网中的结点。水准网可使检核的条件增多，从而提高测量成果的精度。

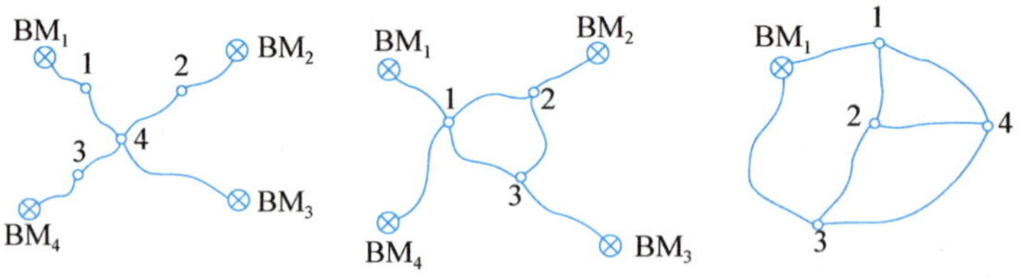

（a）　（b）　（c）

图 2－17　水准网

2.3.2　水准测量的施测方法

水准测量的施测方法如图 2－18 所示，图中 BM_A 为已知高程的点，BM_B 为待求高程的点。首先在已知高程的起始点 BM_A 上竖立水准尺作为后尺，水准仪安置于施测路线附近合适的位置，如图 2－18 中测站Ⅰ，在施测路线前进方向取与仪器至后尺大致相等的距离安放尺垫，作为第一个转点 TP_1，在尺垫上安放水准尺作为前尺。仪器粗略整平后，先照准起始点 BM_A 上的水准尺，用微倾螺旋使气泡符合后，读取 BM_A 点的后视读数。然后照准转点 TP_1 上的水准尺，气泡符合后读取 TP_1 点的前视读数。把读数记入手簿，并计算出这两点间的高差。此后在转点 TP_1 处的水准尺不动，仅把尺面转向前进方向。在 BM_A 点的水准尺和测站Ⅰ的水准仪向前转移，水准尺安置在与测站Ⅰ有同样间距的转点 TP_2，水准仪安置在离 TP_1、TP_2 两转点等距离处的测站Ⅱ。按在测站Ⅰ同样的步骤和方法读取后视读数和前视读数，并计算出高差。如此继续进行直到待求高程的点 BM_B。

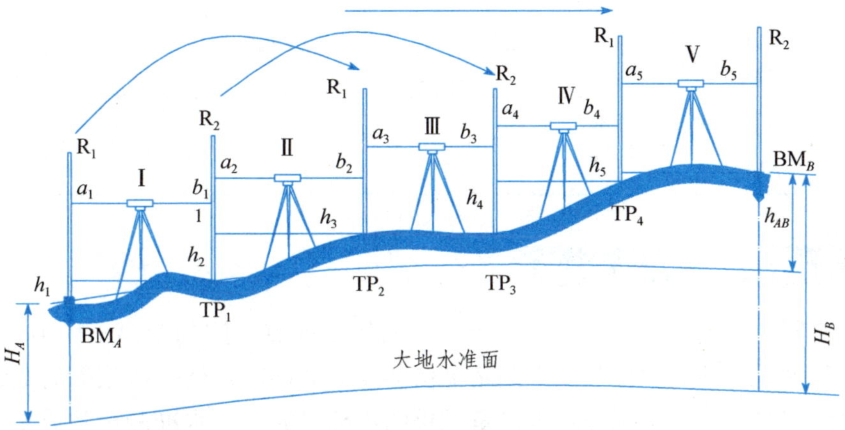

图 2-18　水准测量的施测方法

显然，每安置一次仪器，便可测得一个高差，即有

$$h_1=a_1-b_1$$
$$h_2=a_2-b_2$$
$$\cdots\cdots$$
$$h_n=a_n-b_n$$

将各式相加，得：

$$\sum h=\sum a-\sum b \tag{2-8}$$

B 点高程为：

$$H_B=H_A+\sum h \tag{2-9}$$

表 2-1 为普通水准测量的手簿记录和有关的高差计算示例。

表 2-1　普通水准测量手簿

仪器型号：　　　　观测日期：　　　　天气：　　　　地点：

测站	点号	水准尺读数		高差		高程
		后视	前视	+	−	
Ⅰ	BM_A	1.467		0.343		27.354
	TP_1		1.124			

续表

测站	点号	水准尺读数		高差		高程
		后视	前视	+	−	
Ⅱ	TP_1	1.385			0.289	
	TP_2		1.674			
Ⅲ	TP_2	1.869		0.926		
	TP_3		0.943			
Ⅳ	TP_3	1.425		0.213		
	TP_4		1.212			
Ⅴ	TP_4	1.367			0.365	28.182
	BM_B		1.732			

2.3.3 水准测量的成果检核

水准点之间有一定的距离，例如城市三、四等水准点之间的距离一般为2～4km，中间要设很多测站，若在其中任何一个测站上仪器操作失误或任何一次读数有错误，都会影响高差测量的正确性。为了保证水准测量成果的正确可靠，对水准测量的成果必须进行检核。检核方法有计算检核和测站检核两种。

1. 计算检核

在实际工作中，将水准测量的数据记录在表格中，然后再计算高差。计算过程中难免会出错，为了检查高差是否计算正确，就要进行计算检核。

在每一测段结束后或手簿上每一页之末，必须进行计算检核。检查后视读数之和减去前视读数之和是否等于各测站高差之和（$\sum h=\sum a-\sum b$），并且是否等于终点高程减起点高程。如不相等，则计算中必有错误，应进行检查。但应注意这种检核只能检查计算工作有无错误，而不能检查出测量过程中所产生的错误，如读错、记错等人为错误。

2. 测站检核

计算检核只能检核高差计算的正确性，但如果某一测站的高差由于某种原因测错了，那计算检核就无能为力了。因此，对每一测站的高差都要进行检核，这种检核就称为测站检核，常见的检核方法有双仪高法和双面尺法。

（1）双仪高法。

在每一个测站处分两次用不同高度安置水准仪，前后尺保持不动，测出两次黑面高差，如图2-19所示。在理论上这两次测得的高差应该相同。但由于误差的存在，两次测得的高差存在差值。若差值小于6mm（等外水准），则认为高差正确，取平均值作为该测站高差，否则重测。表2-2所示为用双仪高法进行普通水准测量的手簿记录。

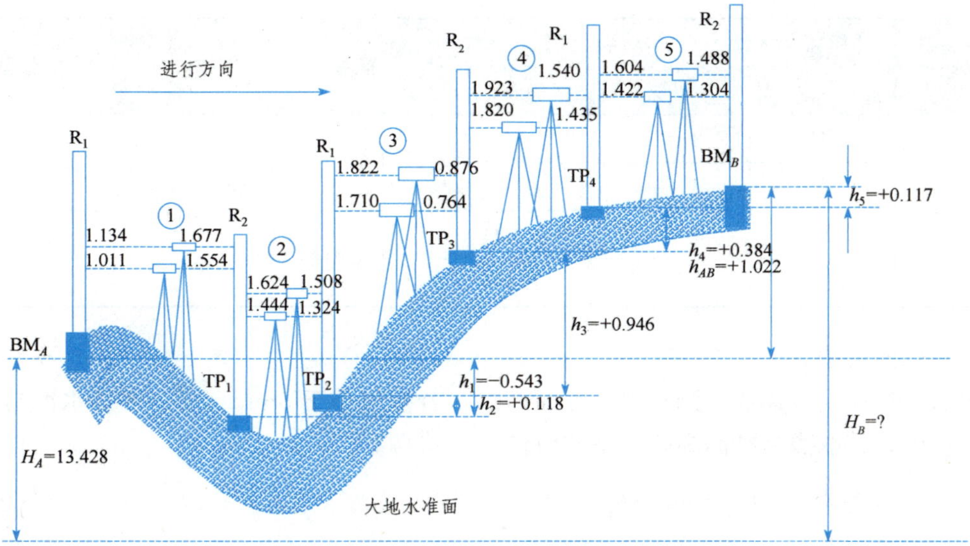

图 2－19　双仪高法

表 2－2　普通水准测量手簿（双仪高法）

仪器型号：　　　　　观测日期：　　　　　天气：　　　　　地点：

测站	点号	水准尺读数		高差	平均高差	高程
		后视	前视			
1	BM_A	1.134		−0.543	−0.543	
	BM_A	1.011				
	TP_1		1.677	−0.543		
	TP_1		1.554			
2	TP_1	1.624		+0.120	+0.118	
	TP_1	1.444				
	TP_2		1.508	+0.116		
	TP_2		1.324			
3	TP_2	1.822		+0.946	+0.946	
	TP_2	1.710				
	TP_3		0.876	+0.946		
	TP_3		0.764			
4	TP_3	1.820		+0.385	+0.384	
	TP_3	1.923				
	TP_4		1.435	+0.383		
	TP_4		1.540			

续表

测站	点号	水准尺读数		高差	平均高差	高程
		后视	前视			
5	TP_4	1.422		+0.118	+0.117	
	TP_4	1.604				
	BM_B		1.304	+0.116		
	BM_B		1.488			

（2）双面尺法。

用黑、红面同时读数，测出黑、红面高差，若差值小于5mm（三、四等水准），则认为高差正确，并取黑、红面高差的平均值作为该站高差。

$$\text{黑面高差为}\quad h_{黑}=a_{黑}-b_{黑} \tag{2-10}$$

$$\text{红面高差为}\quad h_{红}=a_{红}-b_{红} \tag{2-11}$$

2.3.4 水准测量的内业计算

水准测量外业结束之后即可进行内业数据处理，数据处理计算之前应复查外业手簿中各项观测数据是否符合要求，高差计算是否正确。水准测量内业计算主要包括以下几个方面。

1. 高差闭合差计算

（1）附合水准路线。

为使测量成果得到可靠的检核，最好把水准路线布设成附合水准路线。对于附合水准路线，理论上在两已知高程水准点间所测得各站高差之和应等于起点和终点两水准点间高程之差，即

$$\sum h_{理}=H_{终}-H_{始} \tag{2-12}$$

如果它们不相等，其差值称为高差闭合差，用 f_h 表示。附合水准路线的高差闭合差为

$$f_h=\sum h_{测}-(H_{终}-H_{始}) \tag{2-13}$$

（2）闭合水准路线。

在闭合水准路线上亦可对测量成果进行检核。对于闭合水准路线，因为它起讫于同一个点，所以理论上全线各站高差之和应等于零，即

$$\sum h_{理}=0 \tag{2-14}$$

如果高差之和不等于零，则其差值即 $\sum h_{测}$ 就是闭合水准路线的高差闭合差，即

$$f_h=\sum h_{测} \tag{2-15}$$

（3）支水准路线。

支水准路线必须在起终点间用往返测进行检核。理论上往返测所得高差的绝对值应相

等，但符号相反，或者是往返测高差的代数和应等于零，即

$$\sum h_{往}=-\sum h_{返} \tag{2-16}$$

如果往返测高差的代数和不等于零，其值即为支水准路线的高差闭合差，即

$$f_h=\sum h_{往}+\sum h_{返} \tag{2-17}$$

有时也可以用两组并测来代替一组的往返测以加快工作进度。两组所得高差应相等，若不等，其差值即为支水准路线的高差闭合差，即

$$f_h=\sum h_1-\sum h_2 \tag{2-18}$$

高差闭合差的大小反映了测量成果的精度。产生高差闭合差的原因很多，但高差闭合差的数值必须有一个限度。在各种不同性质的水准测量中，都规定了高差闭合差的限值即容许高差闭合差，用 $f_{h容}$ 表示。一般水准测量的容许高差闭合差为

$$\begin{aligned}&平地 \quad f_{h容}=\pm 40\sqrt{L}\ \mathrm{mm}\\&山地 \quad f_{h容}=\pm 12\sqrt{n}\ \mathrm{mm}\end{aligned} \tag{2-19}$$

式中，L 为附合水准路线或闭合水准路线的长度，在支水准路线上，L 为测段的长，均以 km 为单位；n 为测站数。

当实际高差闭合差小于容许高差闭合差时，表示观测精度满足要求，否则应对外业资料进行检查，甚至返工重测。

2. 高差闭合差分配和高程计算

水准测量内业计算的目的是调整整条水准路线的高差闭合差及计算各待定点的高程。当实际的高差闭合差在容许值以内时，可把高差闭合差分配到各测段的高差上。高程测量的误差随水准路线的长度或测站数的增加而增加，所以分配的原则是把高差闭合差以相反的符号根据各测段路线的长度或测站数按比例分配到各测段的高差上。故各测段高差的改正数为：

$$v_i=\frac{-f_h}{\sum L}\times L_i \tag{2-20}$$

$$v_i=\frac{-f_h}{\sum n}\times n_i \tag{2-21}$$

式中，L_i 和 n_i 分别为各测段路线之长和测站数；$\sum L$ 和 $\sum n$ 分别为水准路线总长和测站总数。

得到各测段的高差改正数后，即可按改正后的高差计算各待定水准点的高程。

3. 闭合水准路线成果处理

图 2-20 所示为某闭合水准路线简略图，图中标有各测段高差和测站数，A 点为已知高程水准点，A 点和待定高程点 1、2、3 组成一闭合水准路线。试计算各待定水准点的高程。

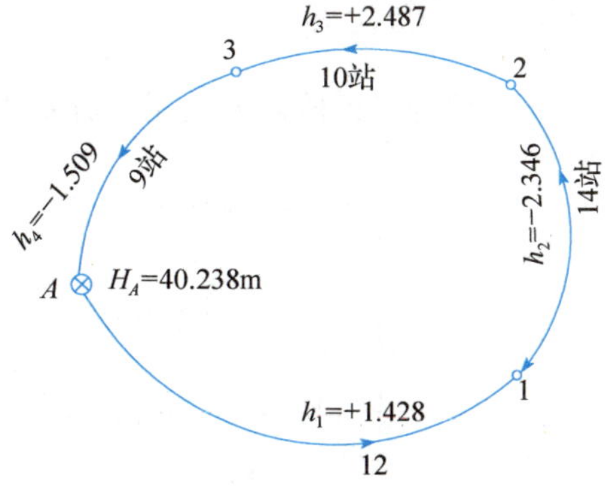

图 2-20　闭合水准路线

（1）将观测数据和已知数据填入计算表格（见表 2－3）。

表 2－3　水准测量成果计算表

测点	测站数	高差栏			高程（m）	备注
		观测值（m）	改正数（mm）	改正后的高差（m）		
A					40.238	
	12	1.428	−16	1.412		
1					41.650	
	14	−2.346	−19	−2.365		
2					39.285	
	10	2.487	−13	2.474		
3					41.759	
	9	−1.509	−12	−1.521		
A					40.238	
Σ	45	+0.060	−60	0.000		

（2）计算高差闭合差。

根据式（2－15）计算出此闭合水准路线的高差闭合差，即

$$f_h=\sum h_{测}=+0.060\text{m}$$

（3）计算容许高差闭合差。

水准路线的容许高差闭合差 $f_{h容}$ 可按下式计算：

$$f_{h容}=\pm 12\sqrt{n}\,\text{mm}=\pm 12\sqrt{45}\,\text{mm}=\pm 80\text{mm}$$

因为 $f_h \leqslant f_{h容}$，其精度符合要求，测量成果合格，可继续进行下一步计算。

（4）高差闭合差的调整。

在整条水准路线上由于各测站的观测条件基本相同，因此可认为各测站产生误差的概率也是相等的，故闭合差的调整按与测站数（或距离）成正比例反符号分配的原则进行。本例中，测站数 $n=45$，故每一站的改正数为：

$$-\frac{f_h}{\sum n}=-\frac{60}{45}=-\frac{4}{3}$$

则第一段至第四段高差改正数分别为：

$$v_1=-\frac{4}{3}\times 12=-16\text{mm}$$

$$v_2=-\frac{4}{3}\times 14=-19\text{mm}$$

$$v_3=-\frac{4}{3}\times 10=-13\text{mm}$$

$$v_4=-\frac{4}{3}\times 9=-12\text{mm}$$

把改正数填入改正数栏中，改正数总和应与高差闭合差大小相等、符号相反，并以此作为计算检核。

（5）计算改正后的高差。

各段实测高差加上相应的改正数，得到改正后的高差，填入改正后的高差栏内。改正后的高差的代数和应等于零，以此作为计算检核。

（6）计算待定点的高程。

由 A 点的已知高程开始，根据改正后的高差，逐点推算 1、2、3 点的高程。算出 3 点的高程后，应再推回 A 点，其推算高程应等于已知 A 点高程。如不等，则说明推算有误。

4. 附合水准路线成果处理

图 2－21 所示为某一附合水准路线简略图，A 和 B 为已知高程的水准点，1～4 为待定高程的水准点。已知点的高程、各点间的路线长度及高差观测值注明于图 2－21 中。试计算各待定水准点的高程。

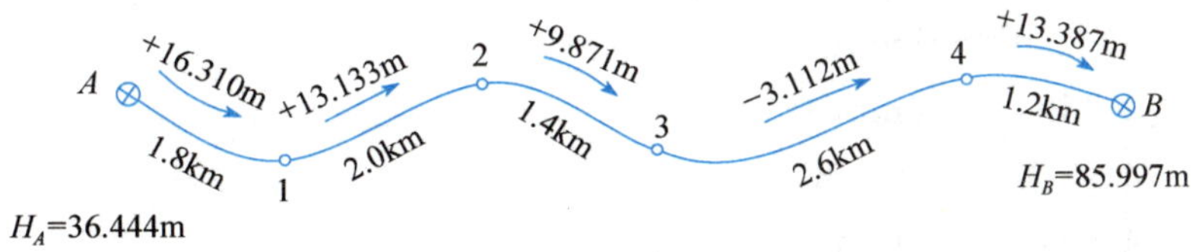

图 2－21　附合水准路线

（1）将观测数据和已知数据填入计算表格（见表 2－4）。

表 2－4　水准测量成果整理

点号	距离（km）	测段观测高差（m）	高差改正值（mm）	改正后的高差（m）	高程（m）
A					36.444
	1.8	+16.310	−7	+16.303	
1					52.747
	2.0	+13.133	−8	+13.125	
2					65.872
	1.4	+9.871	−6	+9.865	
3					75.737
	2.6	−3.112	−10	−3.122	
4					72.615
	1.2	+13.387	−5	+13.382	
B					85.997
Σ	9.0	+49.589	−36	+49.553	

（2）计算高差闭合差。

根据式（2－13）计算出此闭合水准路线的高差闭合差，即

$$f_h=\sum h_{测}-(H_{终}-H_{始})=49.589-(85.997-36.444)=+0.036\text{m}$$

(3) 计算容许高差闭合差。

水准路线的容许高差闭合差 $f_{h容}$ 可按下式计算：

$$f_{h容}=\pm40\sqrt{L}=\pm40\sqrt{9}=\pm120\text{mm}$$

因为 $f_h\leqslant f_{h容}$，其精度符合要求，测量成果合格，可继续进行下一步计算。

(4) 高差闭合差的调整。

高差闭合差的调整按与距离成正比例反符号分配的原则进行。本例中，测站数 $L=9.0$km，故每千米的改正数为：

$$-\frac{f_h}{\Sigma L}=\frac{-36}{9}=-4$$

则第一段至第五段高差改正数分别为（保留至 mm 位）：

$$v_1=-4\times1.8=-7\text{mm}$$
$$v_2=-4\times2.0=-8\text{mm}$$
$$v_3=-4\times1.4=-6\text{mm}$$
$$v_4=-4\times2.6=-10\text{mm}$$
$$v_5=-4\times1.2=-5\text{mm}$$

把改正数填入高差正值栏中，改正数总和应与高差闭合差大小相等、符号相反，并以此作为计算检核。

(5) 计算改正后的高差。

各段实测高差加上相应的改正数，得改正后的高差，填入改正后的高差栏内。改正后高差的代数和应等于理论值，以此作为计算检核。

(6) 计算待定点的高程。

由 A 点的已知高程开始，根据改正后的高差，逐点推算 1、2、3、4 点的高程。算出 4 点的高程后，再推算出 B 点高程，其推算高程应等于已知 B 点高程。如不相等，则说明推算有误。

2.4 三、四等水准测量

在地形测图和施工测量中，多采用三、四等水准测量作为首级高程控制。在进行高程控制测量以前，必须根据精度和需要，在测区布置一定密度的水准点。水准点标志及标石的埋设应符合有关规范要求。

2.4.1 三、四等水准测量的技术要求

三、四等水准测量一般用于国家高程控制网加密（即增加密度，国家一、二等水准控制点比较稀疏，水准点之间的距离较大，因此为满足工程建设的需要，还要在国家一、二等

高程控制网的基础上进行三、四等水准测量，增加国家高程控制网的密度），也可作为小地区首级高程控制。三、四等水准网作为测区的首级控制网，一般应布设成闭合环线，然后用附合水准路线和结点网进行加密。只有在山区等特殊情况下，才允许布设支线水准。

水准路线一般尽可能沿铁路、公路以及其他坡度较小、施测方便的路线布设，尽可能避免穿越湖泊、沼泽和江河地段。水准点应选择土质坚实、地下水位低、易于观测的位置。凡易受淹没、潮湿、震动和沉陷的地方，均不宜选作水准点位置。选定水准点后，应埋设水准标石和水准标志，并绘制点之记，以便日后查寻。

三、四等水准测量的主要技术要求见表 2-5。

表 2-5　三、四等水准测量的主要技术要求

等级	视线长度（m）	前后视距差（m）	前后累计视距差（m）	黑、红面分划读数差（mm）	黑、红面所测高差之差（mm）	路线闭合差（mm）
三等	≤75	≤2	≤5	≤2	≤3	$\pm 12\sqrt{L}$
四等	≤100	≤3	≤10	≤3	≤5	$\pm 20\sqrt{L}$

2.4.2 三、四等水准测量的方法

三、四等水准测量应该在通视良好、望远镜成像清晰稳定的情况下进行观测，在至前后尺视距大致相等处安置水准仪，粗略整平仪器，可按下列观测程序进行一测站观测工作。

1. 测站观测程序

（1）后视水准尺黑面，精平，读下、上、中丝读数，记入表 2-6 中（1）、（2）、（3）位置。

（2）前视水准尺黑面，精平，读下、上、中丝读数，记入表 2-6 中（4）、（5）、（6）位置。

（3）前视水准尺红面，精平后读中丝读数，记入表 2-6 中（7）位置。

（4）后视水准尺红面，精平后读中丝读数，记入表 2-6 中（8）位置。

这种观测顺序简称为后—前—前—后。

2. 测站计算与检核

（1）视距计算与检核（注意单位为 m）。

后视距（9）=［后尺下丝读数（1）−后尺上丝读数（2）］×100。

前视距（10）=［前尺下丝读数（4）−前尺上丝读数（5）］×100。

前、后视距差（11）=后视距（9）−前视距（10），四等应≤±3m，三等应≤±2m。

前、后视视距累积差（12）=上站视距差（12）+本站视距差（11），四等应≤±10m，三等应≤±5m。

（2）水准尺读数检核（单位：mm）。

前尺黑、红面读数差（13）=黑面中丝读数（6）+$K1$−红面中丝读数（7），四等应≤±3mm，三等应≤2mm。

后尺黑、红面读数差（14）=黑面中丝读数（3）+$K2$−红面中丝读数（8），四等应≤±3mm，三等应≤2mm。

(3) 高差计算与检核（单位：m）。

黑面高差 (15)＝后视黑面中丝读数 (3)－前视黑面中丝读数 (6)。

红面高差 (16)＝后视红面中丝读数 (8)－前视红面中丝读数 (7)。

红、黑面高差之差 (17)＝黑面高差 (15)－[红面高差 (16)±0.1] 或后尺黑、红面读数差 (14)－前尺黑、红面读数差 (13)，四等应≤±5mm，三等应≤3mm。

高差中数 (18)＝[黑面高差 (15)＋红面高差 (16)±0.1]/2。

(4) 每页记录计算检核（单位：m）。

为了防止计算上的错误，还要进行计算检核。

高差检核　$\Sigma(3)-\Sigma(6)=\Sigma(15)$

$\Sigma(8)-\Sigma(7)=\Sigma(16)$

$\Sigma(15)+\Sigma(16)=2\Sigma(18)$（偶数站）

$=2\Sigma(18)\pm0.1$（奇数站）

视距检核 $\Sigma(9)-\Sigma(10)=$末站 $\Sigma(12)$

三、四等水准测量的测量记录、计算表见表 2-6。

表 2-6　三、四等水准测量记录、计算表

测量编号	后尺 下丝 / 上丝 / 后距 / 视距差 d	前尺 下丝 / 上丝 / 前距 / Σd	方向及尺号	标尺读数 黑面	标尺读数 红面	K＋黑－红	高差中数	备考
	(1)	(4)	后	(3)	(8)	(14)	(18)	
	(2)	(5)	前	(6)	(7)	(13)		
	(9)	(10)	后－前	(15)	(16)	(17)		
	(11)	(12)						
1	1 571	0739	后 A	1 384	6 171	0	＋0832.5	A尺：K＝4 787
	1 197	0363	前 B	0551	5 239	－1		B尺：K＝4 687
	374	376	后－前	＋0833	＋0932	＋1		
	－0.2	－0.2						
2	2 121	2 196	后 B	1 934	6 621	0	－0074.5	
	1 747	1 821	前 A	2 008	6 796	－1		
	374	375	后－前	－0074	－0175	＋1		
	－0.1	－0.3						
3	1 914	2 055	后 A	1 726	6 513	0	－0140.5	
	1 539	1 678	前 B	1 866	6 554	－1		
	375	377	后－前	－0140	－0041	＋1		
	－0.2	－0.5						
假设第一站后视点高程为 475.537m，则第四站前视点的高程为 476.154m 。								

3. 成果计算

水准测量成果处理是根据已知点高程和水准路线的观测高差，求出待定点的高程值。三、四等附合或闭合水准路线高差闭合差的计算、调整方法与普通水准测量相同。其高差闭合差的限差为：

$$\begin{cases} f_{h容}=\pm 12\sqrt{L}\ \text{mm} \\ f_{h容}=\pm 4\sqrt{n}\ \text{mm} \end{cases} \tag{2-22}$$

2.5 水准仪的检验与校正

2.5.1 水准仪应满足的几何条件

水准仪有四条主要轴线，如图 2－22 所示，分别为水准管轴（LL）、望远镜的视准轴（CC）、圆水准器轴（L_0L_0）和仪器的竖轴（VV）。

1. 水准仪应满足的主要条件

水准仪应满足两个主要条件：一是水准管轴应与望远镜的视准轴平行；二是望远镜的视准轴不因调焦而变动位置。

如不满足第一个主要条件，那么水准管气泡居中后，水准管轴已经水平而视准轴却未水平，不符合水准测量的基本原理。

第二个主要条件是为满足第一个条件而提出的。如果望远镜在调焦时视准轴位置发生变动，就不能设想在不同位置的许多条视线都能够与一条固定不变的水准管轴平行。望远镜调焦在水准测量中是不可避免的，因此必须提出此项要求。

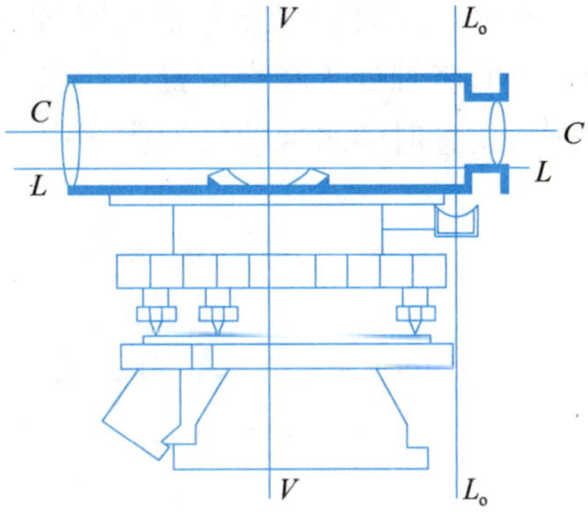

图 2－22　水准仪的主要轴线关系

2. 水准仪应满足的次要条件

水准仪应满足两个次要条件：一是圆水准器轴应与水准仪的竖轴平行；二是十字丝的横丝应垂直于仪器的竖轴。

第一个次要条件的满足在于能迅速地整置好仪器，提高作业速度，即当圆水准器的气泡居中时，仪器的竖轴已基本处于竖直状态，使仪器旋转至任何位置都易于使水准管的气泡居中。

第二个次要条件的满足是指当仪器竖轴已经竖直，在读取水准尺上的读数时就不必严格用十字丝的交点，用交点附近的横丝也可以。

水准仪在出厂时经过检验已满足上述条件，但由于运输中的振动和长期使用，各轴线的关系有可能发生变化，因此在作业之前，必须对仪器进行检验校正。

2.5.2 水准仪的检验与校正

1. 圆水准器的检验与校正

(1) 检验目的。

使圆水准器轴平行于仪器竖轴。

(2) 检验原理。

假设竖轴 VV 与圆水准器轴 L_0L_0 不平行，那么当气泡居中时，圆水准器轴竖直，竖轴则偏离竖直位置 α 角，如图 2-23 (a) 所示。将仪器旋转 180°，如图 2-23 (b) 所示，此时圆水准器轴从竖轴右侧移至左侧，与铅垂线的夹角为 2α。圆水准器气泡偏离中心位置，气泡偏离的弧长所对的圆心角等于 2α。

(3) 检验方法。

转动脚螺旋使圆水准器气泡居中，然后将仪器旋转 180°，若气泡仍居中，则说明此项条件满足；若气泡偏离中心位置，则说明此条件不满足，需要校正。

(4) 校正方法。

用校正针拨动圆水准器下面的三个校正螺钉（见图 2-24），使气泡退回偏离中心距离的一半处，此时圆水准器轴与竖轴平行，如图 2-23 (c) 所示；再旋转脚螺旋使气泡居中，此时竖轴处于竖直位置，如图 2-23 (d) 所示。此项工作须反复进行，直到仪器旋转至任何位置时圆水准器气泡皆居中为止。

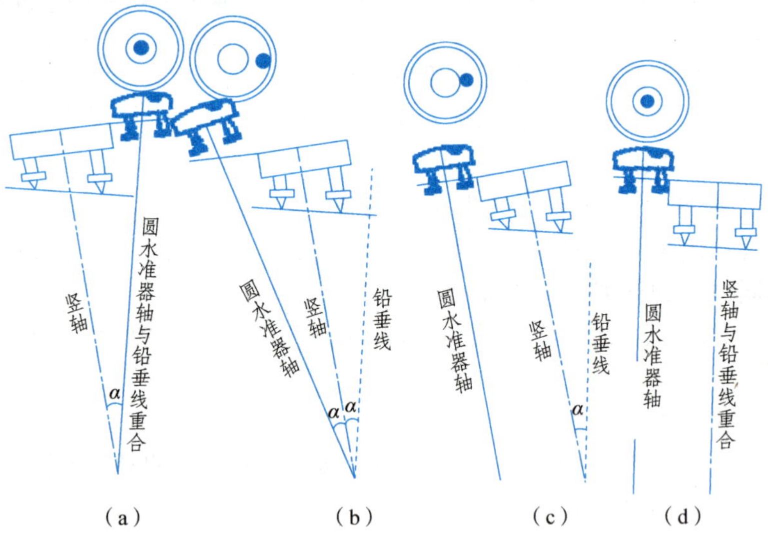

图 2-23 圆水准器的检验与校正原理

2. 十字丝中丝的检验校正

(1) 检验目的。

使十字丝中丝垂直于仪器竖轴。

(2) 检验原理。

如果十字丝中丝不垂直于仪器竖轴，当竖轴处于竖直位置时，十字丝中丝不是水平的，其不同部位在水准尺上的读数不相同。

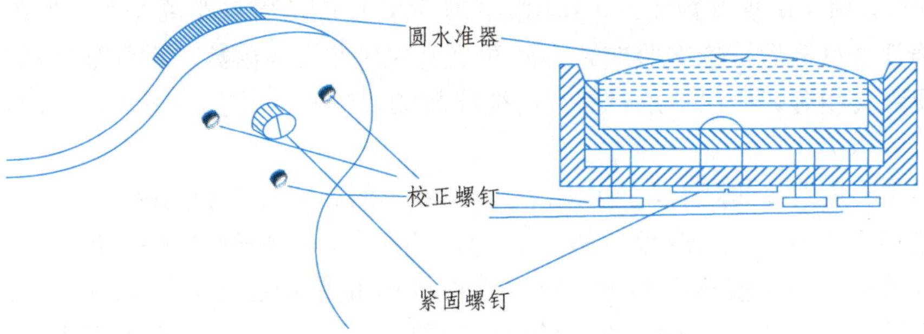

图 2-24　校正螺钉

（3）检验方法。

仪器整平后，从望远镜视场内选择一清晰目标点，用十字丝交点照准目标点，拧紧制动螺旋。转动水平微动螺旋，若目标点始终沿中丝作相对移动，如图 2-25（a）、图 2-25（b）所示，说明十字丝中丝垂直于竖轴；如果目标点偏离中丝，如图 2-25（c）、图 2-25（d）所示，则表明十字丝中丝不垂直于竖轴，需要校正。

（4）校正方法。

松开目镜座上的三个十字丝环固定螺钉（有的仪器须卸下十字丝环护罩），松开四个十字丝环压环螺钉，如图 2-26 所示。转动十字丝环，使中丝与目标点重合，再进行检验，直至目标点始终在中丝上相对移动，最后拧紧固定螺钉，盖好护罩。

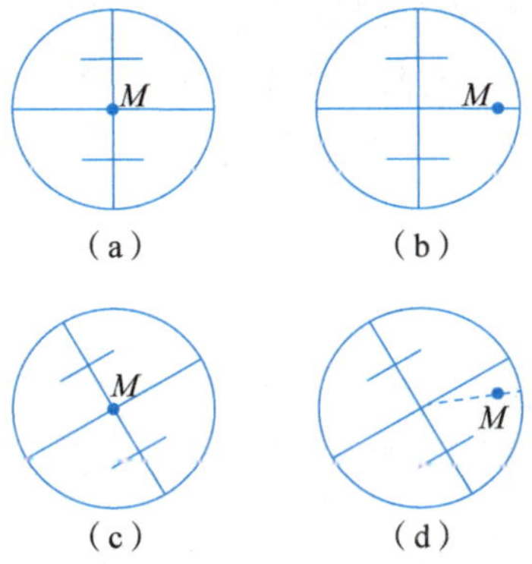

图 2-25　圆水准器

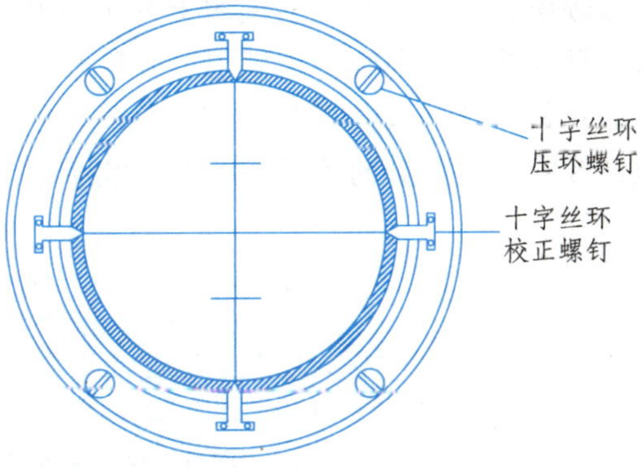

图 2-26　十字丝的校正装置

3. 水准管轴的检验与校正

（1）检验目的。

使水准管轴平行于视准轴。

（2）检验原理。

若水准管轴与视准轴不平行，会出现一个交角 i，由于 i 角的影响产生的读数误差称为 i 角误差，此项检验也称为 i 角检验。在地面上选定两点 A、B，将仪器安置在 A、B 两点中间，测出正确高差 h，然后将仪器移至 A 点（或 B 点）附近，再测高差 h'，若 $h=h'$，则水准管轴平行于视准轴，即 i 角为零；若 $h\neq h'$，则两轴不平行。

（3）检验方法。

在一平坦地面上选择相距 80～100m 的两点 A、B，分别在 A、B 两点打入木桩，在木桩上竖立水准尺，将水准仪安置在A、B 两点的中间，使前、后视距离相等，如图 2－27（a）所示。精确整平仪器后，依次照准A、B 两点上的水准尺并读数，设读数分别为 a_1 和 b_1，因前、后视距离相等，所以 i 角对前、后视读数的影响相等均为 x，A、B 两点的高差为 $h_1=(a_1+x)-(b_1+x)=a_1-b_1$。

因抵消了 i 角误差的影响，所以由 a_1、b_1 算出的高差是正确高差。

将仪器移至离 B 点约 3m 处，如图 2－27（b）所示。精确整平仪器后，读取 B 点上的水准尺读数 b_2，由于仪器离 B 点很近，i 角对 b_2 的影响很小，可认为 b_2 是正确读数。根据正确高差可求出 A 点上的水准尺的正确读数为 $a_2'=h_1+b_2$。设 A 点上的水准尺的实际读数为 a_2，若 $a_2'=a_2$，说明满足条件；若 $a_2'>a_2$，说明视准轴向上倾斜；若 $a_2'<a_2$，说明视准轴向下倾斜。当 $a_2'-a_2>\pm 3$mm 时，需要校正。

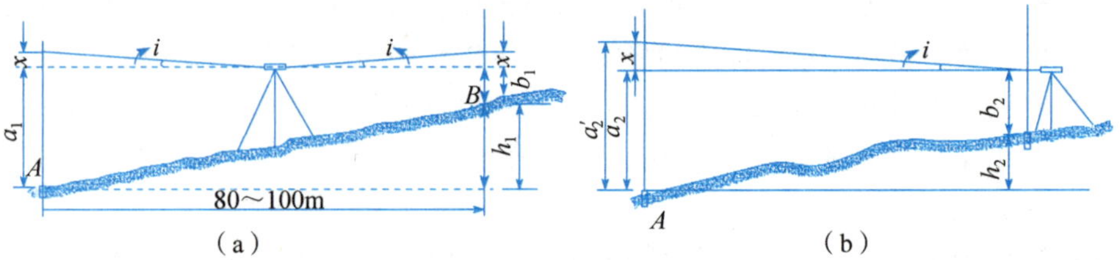

图 2－27　水准管轴的检验

（4）校正方法。

转动微倾螺旋，使十字丝中丝切于 A 点上的水准尺的正确读数 a_2' 处，此时视准轴水平，但水准管气泡偏离中心。用校正针先松开水准管的左右校正螺钉，然后拨动上下校正螺钉，一松一紧，升降水准管的一端，使气泡居中。此项检验需反复进行，符合要求后，将校正螺钉旋紧。水准管的校正如图 2－28 所示。

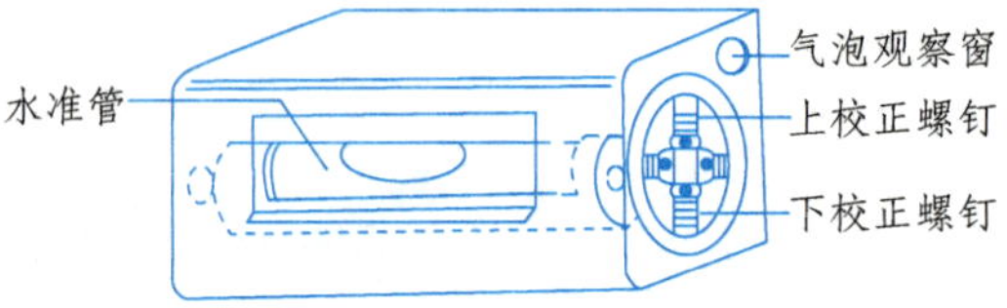

图 2－28　水准管的校正

当 i 角误差不大时，也可用升降十字丝进行校正，方法是：水准仪照准 A 点上的水准尺不动，旋下十字丝护罩，松动左右两个十字丝环校正螺钉（见图 2－26），用校正针拨动上下两个十字丝环校正螺钉，一松一紧，直至十字丝中丝照准正确读数 a_2' 为止。

经纬仪的守护者

项目实训一：水准仪的认识与操作

实训目标

了解水准仪的构造和各部件功能，熟悉水准仪的操作方法和读数。

实训器材

每组 DS_3 微倾式水准仪 1 台、水准尺 1 根、尺垫 1 个、记录板 1 块。

实训内容

（1）熟悉 DS_3 微倾式水准仪各部件名称及作用。

（2）熟练操作 DS_3 微倾式水准仪。

实训步骤

（1）安置仪器，认识 DS_3 微倾式水准仪，了解仪器基本构造、各部件名称和作用。

1）安放三脚架。选择坚固平坦的地面张开三脚架，使架头大致水平，高度适中；三脚架三条腿开度适当，如果地面松软，则将三脚架腿的三个脚尖插牢于土中，使三脚架稳定。

2）安放仪器。打开仪器箱用双手将仪器取出，放在三脚架架头上，一只手握住仪器，另一只手旋转三脚架中心连接螺旋，将仪器固连在三脚架架头上。

3）观察仪器。仔细观察仪器的各个部件，熟悉各螺旋的位置、名称和作用，试着旋拧各个螺旋以了解其功能。

（2）水准仪的使用。

水准仪的操作步骤为：粗平、照准水准尺、精平、读数。

1）粗平。粗平即粗略整平仪器。通过旋转水准仪基座上的三个脚螺旋使圆水准器气泡居中，仪器的竖轴大致铅垂，从而使望远镜的视准轴大致水平。

2）照准水准尺。先进行目镜对光，将望远镜对向明亮背景（如天空或白色明亮物体），转动望远镜目镜调焦螺旋，使望远镜内的十字丝影像清晰。再松开制动螺旋，转动望远镜，用望远镜上的照准器照准水准尺，然后旋紧制动螺旋。从望远镜中观测目标，旋转望远镜物镜调焦螺旋，使水准尺的成像清晰。旋转水平微动螺旋，使十字丝竖丝位于水准尺中心线上或水准尺的一侧。观测员在目镜端上下观测，观察水准尺影像是否与十字丝有相对移动。若有，则说明存在视差，这时应再仔细调节目镜和物镜对光螺旋，直到水准尺影像与十字丝无相对移动为止。若实在难以完全消除视差，则以眼睛平视读数。

3）精平。从气泡观察窗内观察管水准器气泡，旋转微倾螺旋，使气泡两端影像严密吻合（即气泡居中），此时视线即处于水平位置。注意缓慢转动微倾螺旋，不宜太快；微倾螺旋转动方向与符合水准器气泡左侧影像移动方向一致。

4）读数。仪器精平后，应立即用十字丝的中丝在水准尺上读数。读数应根据水准尺分划按由小到大的原则进行。先估读水准尺上的毫米数，然后报出全部读数。读数一般应为四位数，即米、分米、厘米和毫米。如果某一位数是零，也必须读出并记录，不可省略。读数应迅速、果断、准确。读数后应立即查看管水准器气泡两端影像是否仍然吻合，若仍吻合，则读数有效，否则应重新使管水准器气泡两端影像吻合后再读数。

注意事项

（1）安置仪器时，应将仪器中心连接螺旋拧紧，防止仪器从三脚架上脱落。

（2）水准仪为精密光学仪器，在使用中要按照操作规程作业，确保各个螺旋正确使用。

（3）在读数前务必将水准器的符合水准气泡严格符合，读数后应复查气泡符合情况，如果气泡错开，应立即重新将气泡符合后再读数。

（4）转动各螺旋时要稳、轻、慢，不能用力太大。

（5）发现问题，及时向指导教师汇报，不能自行处理。

（6）水准尺必须要有人扶着，决不能立在墙边或靠在电杆上，以防摔坏水准尺。

（7）螺旋转到头要反转回来少许，切勿继续再转，以防脱扣。

实训成果

要求提交下列成果

（1）在下图引出的标线上标明仪器部件的名称。

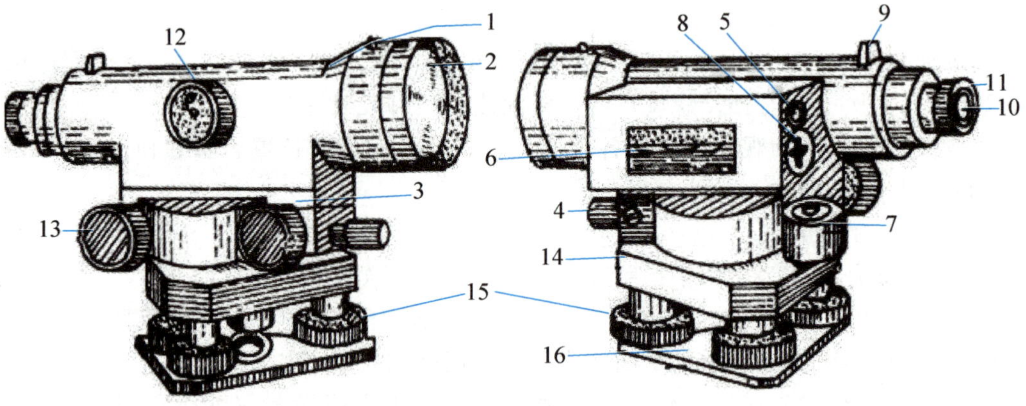

1 ____________　2 ____________　3 ____________　4 ____________

5 ____________　6 ____________　7 ____________　8 ____________

9 ____________　10 ____________　11 ____________　12 ____________

13 ____________　14 ____________　15 ____________　16 ____________

（2）在下图中用箭头标明如何转动三只脚螺旋，使圆水准器气泡居中。

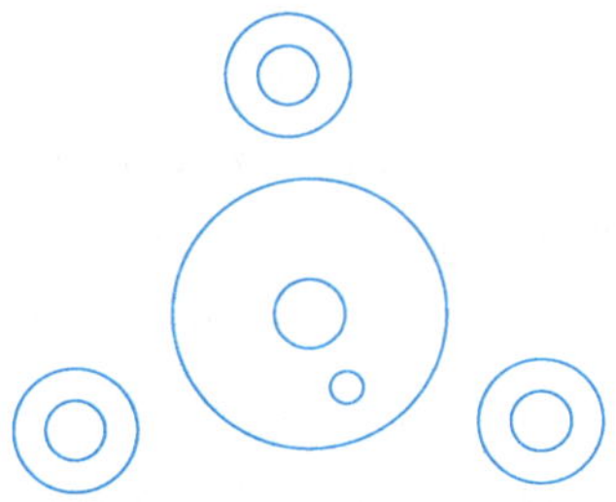

（3）用微倾式水准仪进行水准测量时，除了使____________气泡居中，读数前还必须转动____________螺旋，使____________气泡符合。

若使下图气泡符合，请用箭头标出操作螺旋的转动方向。

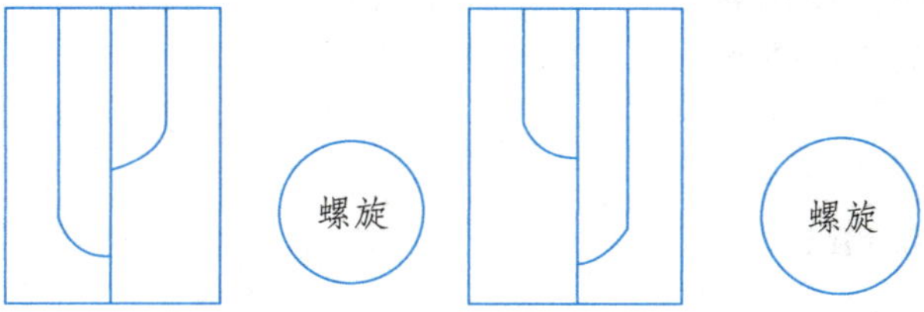

项目实训二：普通水准测量

实训目标

（1）掌握普通水准测量一个测站的工作程序和一条水准路线的施测方法。

（2）掌握普通水准测量的观测、记录、高差及闭合差的计算方法。

实训器材

每组 DS_3 微倾式水准仪 1 台、水准尺 1 对、尺垫 2 个、记录板 1 块。

实训内容

沿学院实训大楼和报告厅做闭合水准路线测量或附合水准路线测量，全组共同施测一条闭合或附合水准路线，水准路线长度以安置 8～10 个测站为宜。确定起始点及水准路线的前进方向。小组成员分工安排：两人扶尺，一人记录，一人观测。施测 1～2 站后轮换工作。

实训步骤

在每一站上，观测者首先应该粗略整平仪器，使水准仪圆水准器气泡居中，仪器粗平后的观测程序如下：

（1）照准后视点水准尺的黑面分划—精平—读取中丝读数。

（2）照准前视点水准尺的黑面分划—精平—读取中丝读数。

（3）照准前视点水准尺的红面分划—精平—读取中丝读数。

（4）照准后视点水准尺的红面分划—精平—读取中丝读数。

记录者把前、后视读数记好后，应根据前、后尺的黑、红面中丝读数，立即计算本站黑、红面读数差和黑、红面高差之差，黑面中丝读数＋常数 K 与红面中丝读数差值不能超过±3mm，黑、红面高差之差不能超过±5mm。

观测精度符合要求后，根据观测结果进行水准路线高差闭合差的调整和高程计算。

注意事项

（1）一个测站仪器粗平后在观测过程中不得再进行仪器粗平操作，否则本测站应重新开始观测。

（2）计算沿途各转点高差和各观测点高程（可假设起点高程为 100.000m）。

（3）视线长度不得超过 100m。

（4）前、后视距应大致相等。

（5）高差闭合差的容许值为：

$$f_{h容}=\pm 40\sqrt{L}\ \mathrm{mm}$$

$$f_{h容}=\pm 12\sqrt{n}\ \mathrm{mm}$$

式中：n——测站数；

L——水准路线长度，单位为 km。

实训成果

要求提交下列成果

普通水准测量记录表

日期：________年________月________日　天气：________　仪器型号：__________　组号：________

观测者：____________　记录者：____________　立尺者：____________

测点	水准尺读数		高差 h（m）		高程（m）	备注
	后视 a（m）	前视 b（m）	+	−		
						起点高程设为 100.000m
Σ						
检核	$\sum a-\sum b=$				$\sum h=$	

水准路线高差调整与高程计算表

点号	距离（km）	测段观测高差（m）	高差改正值（m）	改正后的高差（m）	高程（m）

项目实训三：四等水准测量

实训目标

（1）掌握四等水准测量的观测、记录、计算的方法。

（2）熟悉四等水准测量的主要技术指标，掌握测站及水准路线的检核方法。

实训器材

每组 DS_3 微倾式水准仪 1 台、水准尺 1 对、尺垫 2 个、记录板 1 块。

实训内容

沿学校选定一条闭合水准路线，其长度以安置 9～10 个测站为宜。沿线标定待定点的地面标志。用四等水准测量方法施测选定的水准路线。确定起始点及水准路线的前进方向。小组成员分工安排：两人扶尺，一人记录，一人观测。小组成员在施测 1～2 站后轮换工作。

实训步骤

（1）在每一站上，观测者首先应该粗略整平仪器，使水准仪圆水准器气泡居中，仪器粗平后的观测程序如下：

1）后视黑面尺，精平，读取下丝、上丝、中丝读数；分别记入记录表（1）、（2）、（3）顺序栏中；

2）前视黑面尺，精平，读取下丝、上丝、中丝读数；分别记入记录表（4）、（5）、（6）顺序栏中；

3）前视红面尺，精平，读取中丝读数；记入记录表（7）顺序栏中；

4）后视红面尺，精平，读取中丝读数；记入记录表（8）顺序栏中；

这种观测顺序简称“后—前—前—后”，对于四等水准测量，也可采用“后—后—前—前”的观测顺序。

（2）观测手簿计算并记录：

1）黑、红面分划读数差（即同一水准尺的黑面读数＋常数 K－红面读数）填入记录表（9）、（10）顺序栏中；

2）黑、红面分划所测高差之差填入记录表（11）、（12）、（13）顺序栏中；

3）高差中数填入记录表（14）顺序栏中；

4）前、后视距（即上、下丝读数差乘以 100，单位为 m）填入记录表（15）、（16）顺序栏中；

5）前、后视距差填入记录表（17）顺序栏中；

6）前、后视距累积差填入记录表（18）顺序栏中；

7）检查各项计算值是否满足限差要求。

（3）进行高差闭合差的调整与高程计算。

注意事项

（1）视线长度、前后视距差、前后视距差的累积差、视线高度、黑红面读数差、黑红面高差之差均按四等水准规定要求，见下表。

四等水准测量的主要技术要求

等级	视线高度（m）	视距长度（m）	前后视距差（m）	前后视距累积差（m）	黑、红面分划读数差（mm）	黑、红面分划所测高差之差（mm）	路线闭合差（mm）
四等	≥0.2	≤100	≤3.0	≤10.0	3.0	5.0	$\pm 6\sqrt{n}$

（2）观测手簿填写规范，计算正确，限差符合规定要求。

（3）每组施测一条闭合路线，算出每测站高差后，计算闭合水准路线的高差闭合差，要求高差闭合差小于 $f_{h容}=\pm 6\sqrt{n}$ mm。

实训成果

要求提交下列成果

水准路线高差闭合差的调整与高程计算表

点号	距离（m）	测站数 N	测得高差（m）	高差改正值（mm）	改正后的高差（m）	高程（m）	备注
Σ							
$\Delta h=$ $\Delta h_{容}=$							

四等水准测量外业手簿

测自　　至　　　　　　　　仪器型号：　　　　　　　　观测者：

年　月　日　　　　　　　　天　　气：　　　　　　　　记录者：

测站编号	后尺 下丝 / 上丝 后距（m） 视距差（m）	前尺 下丝 / 上丝 前距（m） 累积差（m）	方向及尺号	水准尺读数（m）黑面	水准尺读数（m）红面	K＋黑－红（mm）	高差中数（m）	备注
	(1)	(4)	后	(3)	(8)	(14)	(18)	$K_1=$ $K_2=$
	(2)	(5)	前	(6)	(7)	(13)		
	(9)	(10)	后－前	(15)	(16)	(17)		
	(11)	(12)						

续表

测站编号	后尺 下丝 / 上丝 后距（m） 视距差（m）	前尺 下丝 / 上丝 前距（m） 累积差（m）	方向及尺号	水准尺读数（m）		K＋黑－红（mm）	高差中数（m）	备注
				黑面	红面			
								K_1＝
								K_2＝
检核	Σ(9)＝ Σ(10)＝			Σ(3)＝ Σ(8)＝ Σ(6)＝ Σ(7)＝ Σ(16)＝ Σ(17)＝			Σ(18)＝	
	(12) 末站＝ 总距离＝							

技能检测

一、填空题

1. 水准测量中常用的两种检核方法是____________和双仪高法。

2. 进行水准测量时，设 A 为后视点，B 为前视点，后视水准尺读数 $a=1\,124$mm，前视水准尺读数 $b=1\,428$mm，则 A、B 两点的高差 h_{AB} 为____________。设已知 A 点的高程 $H_A=20.016$m，则 B 点的高程 H_B 为____________。

3. 水准测量中路线水准测量常用高差法，平整场地时常用____________。

4. 单一水准路线的形式有____________、____________和支水准路线。

5. 水准测量中，调节圆水准器气泡居中的目的是使____________________；调节管水准器气泡居中的目的是使____________________。

二、选择题

1. 高程测设过程当中，A 点的高程为 115.011m，B 点的设计高程为 116.234m，后视 A 点上的水准尺读数为 1.688m，则 B 点上水准尺的读数应该为（　　）。

A. 0.456m　　B. 0.465m　　C. -0.456m　　D. -0.465m

2. 用水准仪进行水准测量时，要求尽量使前后视距相等，这是为了（　　）。

A. 消除或减弱水准管轴不垂直于仪器旋转轴所产生的误差的影响

B. 消除或减弱仪器升沉误差的影响

C. 消除或减弱标尺分划误差的影响

D. 消除或减弱仪器水准管轴不平行于视准轴所产生的误差的影响

3. 高程测设过程中，A 点的高程为 135.046m，B 点的设计高程为 134.234m，后视 A 点上的水准尺读数为 1.676m，则 B 点上水准尺的读数应该为（　　）。

A. 2.488m　　B. 0.864m　　C. -2.488m　　D. -0.864m

4. 闭合水准路线高差闭合差 f_h 应为（　　）。

A. 零　　B. 实测高差代数和

C. 终点和起始点高程之和　　D. 往返高差之差

5. 水准仪观测时操作顺序是（　　）。

A. 粗平—精平—照准—读数　　B. 精平—粗平—照准—读数

C. 粗平—照准—精平—读数　　D. 以上均不正确

6. 四等水准测量采用“后—前—前—后”的观测顺序是为了消减（　　）误差影响。

A. 仪器下沉　　B. 水准尺倾斜　　C. 读数　　D. 大气折光

7. 我国目前采用的统一高程基准面是（　　）。

A. 青岛验潮站 1956 年平均海水面　　B. 青岛验潮站 1985 年黄海平均海水面

C. 青岛验潮站 1956 年黄海海水平面　　D. 青岛水准原点

三、问答题

1. 四等水准测量一测站的观测程序是什么？

2. 水准仪主要由哪些部分组成？各起什么作用？

3. 转点在水准测量中起什么作用？

4. 圆水准器和管水准器在水准测量中各起什么作用？

5. 水准测量时，前、后视距离相等可消除哪些误差？

6. DS_3 微倾式水准仪有哪些轴线？它们之间应满足什么条件？什么是主要条件？为什么？

7. 什么是水准器的灵敏度？

8. 使用水准仪应注意哪些事项？

9. 单一水准路线的布设形式有哪几种？其检核条件是什么？

10. 设 A 点为后视点，B 点为前视点，A 点高程为 72.338m。当后视读数为 1.667m，前视读数为 1.215m 时，求 A、B 两点的高差，并绘图说明。

项目3　角度测量

项目导读

角度测量是建筑工程测量的重要组成部分。本项目介绍光学经纬仪、精密光学经纬仪和电子经纬仪等仪器的特点及适用测量场景；介绍测回法、方向观测法等角度测量方法，并结合实际进行角度测量；介绍光学经纬仪的检验与校正方法。通过实践训练，学生能不断提高实践技能。

项目重点

1. 角度测量的原理。
2. 普通光学经纬仪的构造和使用方法。
3. 水平角观测。
4. 竖直角测量。
5. 光学经纬仪的检验和校正。

学习目标

本项目通过实际工程项目，指导学生进行角度测量的实践训练，更加深入地理解角度测量原理并掌握各种角度测量仪器的使用方法，并在角度测量的实践中积累经验和技能，进行持续学习与自我提升；提高数据分析能力、操作能力和团队合作能力，确保项目的顺利进行和高质量完成。

3.1　角度测量原理

角度是测量的基本要素之一，所以角度测量是一种基本的测量工作。角度可分为水平角和竖直角。

3.1.1　水平角测量原理

水平角是指地面上一点到两个目标点的连线在水平面上投影的夹角，或者说水平角是过两条方向线的铅垂面所夹的两面角。

如图 3-1 所示，β 角就是从地面点 B 到目标点 A、C 所形成的水平角，B 点也称为测站点。水平角的取值范围是 0°～360°。

那么如何测得水平角 β 的大小呢？我们可以想象，在 B 点的上方水平安置一个有分划（或者说有刻度）的圆盘，圆盘的中心刚好在过 B 点的铅垂线上。然后在圆盘的上方安装一个望远镜，望远镜能够在水平面内和铅垂面内旋转，这样就可以照准不同方向和不同高度的目标。另外为了测出水平角的大小，还要有一个用于读数的指标，当望远镜转动时指标也一起转动。当望远镜照准 A 点时，指标就指向水平圆盘上的分划 a；当望远镜照准 C 点的时候，指标就指向水平圆盘上的分划 c，假如圆盘的分划是顺时针的，则有

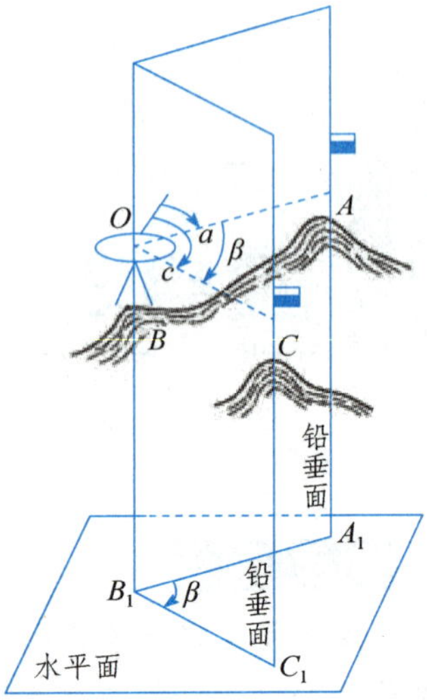

图 3-1　地面点间的水平角

$$\beta=c-a \tag{3-1}$$

因此水平角测量基本原理可理解为用一个全圆量角器去测量两竖直面的夹角∠ABC。用全圆量角器测量角度时应满足以下三个方面要求：测量水平角时量角器需水平放置；量角器的中心与所测角的顶点在同一铅垂线上；水平角的投影面是一个水平面。

3.1.2　竖直角测量原理

竖直角是指在同一竖直平面内，目标方向线与水平方向线之间的夹角。当目标方向线高于水平方向线时，为仰角，取正号；反之为俯角，取负号。竖直角取值范围为 0°～±90°。

如何测量竖直角呢？我们可以想象，在过测站与目标方向线的竖直面内竖直安置一个有分划的圆盘，同样为了照准目标也需要一个望远镜，望远镜与竖直的圆盘固连在一起，当望远镜在竖直面内转动时，会带动圆盘一起转动。为了能够读数还需要一个指标，指标并不随望远镜转动。当望远镜视线水平时，指标会指向竖直圆盘上某一个固定的分划，如 90°的整数倍。当望远镜照准目标时，竖直圆盘随望远镜一起转动，指标指向圆盘上的另一个分划。这两个分划之间的差值就是要测量的竖直角。

根据水平角和竖直角测量原理，要制造一台既能够测量水平角又能测量竖直角的仪器，它必须要满足几个必要条件：

（1）仪器的中心必须位于过测站点的铅垂线上。

（2）照准部设备（望远镜）要能上下左右转动，上下转动时所形成的是竖直面。

（3）要具有能水平安置和竖直安置并有分划的圆盘。

（4）要有能指示圆盘上读数的指标。

经纬仪就是能同时满足这几个必要条件的用于角度测量的仪器。

3.2 普通光学经纬仪的构造与使用方法

3.2.1 光学经纬仪的构造

经纬仪分为光学经纬仪和电子经纬仪两大类。

光学经纬仪在我国的系列为 DJ_1、DJ_2、DJ_6 等。“D” 和 “J” 分别取大地测量仪器和经纬仪的汉语拼音第一个字母；数字为一测回测角中的误差。

目前徕卡（Leica）公司生产的经纬仪按其精度划分的型号为 T_4、T_3、T_2、T_1、T_{16}。以秒为单位的一测回方向观测中误差分别为±0.5″、±1″、±2″、±6″、±16″。

光学经纬仪又可以分为方向经纬仪和复测经纬仪。大部分的经纬仪都是方向经纬仪，主要用于地表的测量。还有一部分光学经纬仪是复测经纬仪，主要用于地下工程测量。

1. DJ_6 级光学经纬仪的构造

DJ_6 级光学经纬仪主要由照准部、水平度盘和基座等构成。其主要构造如下：

（1）照准部。

照准部由望远镜、横轴、U 形支架、竖轴、竖直度盘、竖盘指标水准管、管水准器、读数显微镜、水平和垂直制动螺旋及微动螺旋等组成。望远镜用于照准目标，其构造与水准仪类似，也由物镜、目镜、调焦透镜、十字丝分划板组成。横轴是望远镜的旋转轴；U 形支架用于支承望远镜；竖轴是照准部旋转轴的几何中心；竖直度盘是一个 0°～360°顺时针或逆时针刻划的圆环形的光学玻璃盘，用于测量竖直角；竖盘指标水准管用于指示竖盘指标是否处于正确位置；管水准器用于整平仪器；读数显微镜用于读取水平度盘和竖直度盘的读数；水平和垂直制动螺旋及微动螺旋用于控制仪器在水平面和竖直面内的转动。

（2）水平度盘。

水平度盘用来测量水平角，它是一个圆环形的光学玻璃盘，圆盘的边缘上刻有分划。分划从 0°～360°按顺时针注记。水平度盘的转动通过复测扳手或水平度盘转换手轮来控制。我们实验中用的 DJ_6 级光学经纬仪使用的是水平度盘转换手轮，在转换手轮的外面有一个护盖。要使用转换手轮时先把护盖打开，然后再拨动转换手轮将水平度盘的读数调整成我们想要的数值。不用的时候一定要注意把护盖盖上，避免不小心碰动转换手轮而导致读数错误。

（3）基座。

基座上有 3 个脚螺旋、圆水准器、底板和连接螺旋等部件。圆水准器用来粗平仪器。

此外，经纬仪上还装有光学对中器，用于对中，使仪器的竖轴与过地面点标记中心的铅垂线重合。

DJ_6 光学经纬仪如图 3-2 所示。

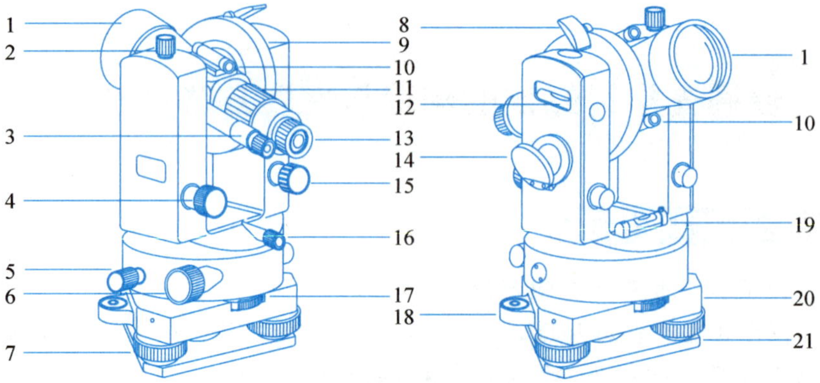

图 3-2　DJ_6 光学经纬仪

1—物镜；2—竖直制动螺旋；3—读数显微镜；4—望远镜微动螺旋；5—水平制动螺旋；
6—水平微动螺旋；7—脚螺旋；8—竖盘指标水准管观察镜；9—竖直度盘；10—照准器；11—物镜调焦螺旋；
12—竖盘指标水准管；13—目镜；14—度盘照明镜；15—竖盘指标水准管微动螺旋；16—光学对中器；
17—水平度盘位置变换轮；18—圆水准器；19—管水准器；20—基座；21—基座底板

2. DJ_6 级光学经纬仪的读数装置

DJ_6 级光学经纬仪的读数装置有分微尺和单平板玻璃测微器。目前大多数的 DJ_6 级光学经纬仪采用分微尺读数。

（1）分微尺读数装置。

采用分微尺读数装置的经纬仪，其水平度盘和竖直度盘均刻划为 360 格，每格的角度为 1°。照明光线通过一系列的棱镜和透镜将水平度盘和竖直度盘的分划显示在读数显微镜窗口内，在这其中的某一个透镜上有两个测微尺，每个测微尺上均刻划为 60 格，并且度盘上的一格在宽度上刚好等于测微尺 60 格的宽度。这样，60 格的测微尺就对应度盘上 1°，每格的角度值就为 1′。

在读数显微镜窗口内，“水平”或 H（Horizon）或“—”表示水平度盘读数，“竖直”或 V（Vertical）或“⊥”表示竖直度盘读数。

读数的方法：如图 3-3 所示，先看度盘的哪一条分划线落在分微尺的 0 到 6 注记之间，那么度数就由该分划线的注记读出（在水平度盘上读 73°），分数就是这条分划线所指向的分微尺上的读数（在分微尺上精确读 04′），读秒的时候要把分微尺上的一小格用目估的方法划分为 10 等份，每一等份就是 6″，然后再根据度盘的分划线在这一小格中的位置估读出秒数（在分微尺上估读 54″）。

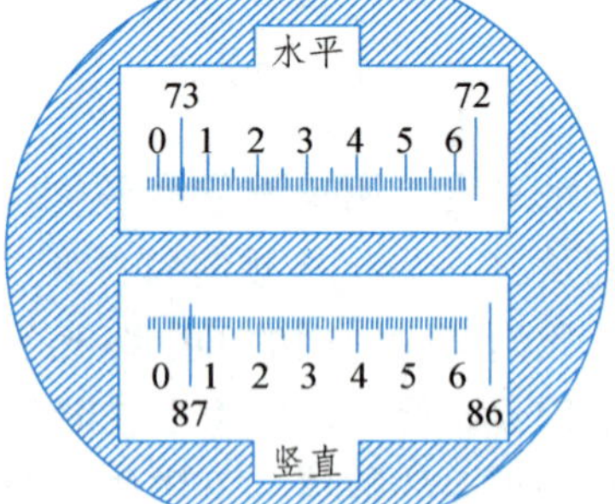

图 3-3　DJ_6 经纬仪读数显微镜窗口

（2）单平板玻璃测微尺读数装置。

图 3-4 所示为单平板玻璃测微尺读数装置。照明光线将度盘的分划先经过平板玻璃以及测微尺，然后经过一系列的棱镜、透镜，最后成像在读数显微镜中。装置中间是度盘的分划和注记的影像，上面是测微尺的分划和注记的影像。

当度盘分划影像不位于双指标线中央时，这时的读数为 $92°+a$，a 的大小可以通过测

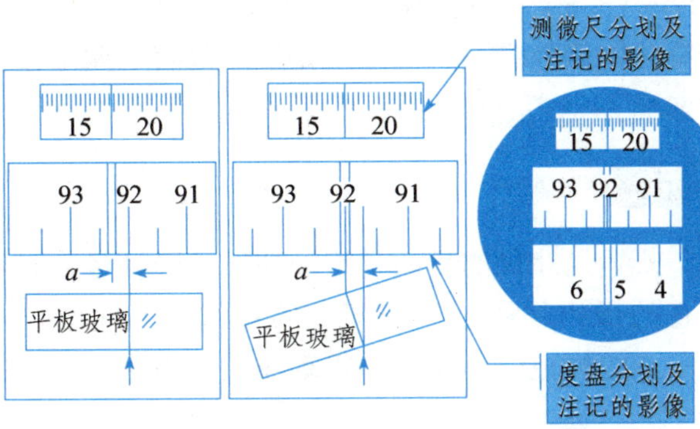

图 3-4 单平板玻璃测微尺读数装置

微尺读出来。首先转动测微螺旋使平板玻璃旋转，使经过平板玻璃折射后的度盘分划影像发生位移，从而带动测微尺读数指标发生相应位移。这样，度盘分划影像位移量，就反映在测微尺上。将 92°的度盘分划调节到双指标线中央时，测微尺上的位移也是 a。

制造仪器时，玻璃度盘被刻划为 720 格，每格的角度值为 30′，顺时针注记。当度盘分划影像移动 1 格或 30′时，对应于测微尺上移动 90 格，则测微尺上 1 格所代表的角度值为 $30\times60''\div90=20''$，然后还可以估读到测微尺 1 格的十分之一，即为 2″。

如图 3-4 所示，在读数显微镜中我们可以看见 3 个读数窗口，其中下窗口为水平度盘影像窗口，中间窗口为竖直度盘影像窗口，上窗口为测微尺影像窗口。读数时，先旋转测微螺旋，使相应度盘分划线中的某一个分划线精确地位于双指标线中央，读出该分划线的度盘读数（如图 3-4 中为 92°），不足 30 分和秒的读数部分从测微尺上读出为 17′36″，两个读数相加即为度盘的读数 92°17′36″。

3. DJ_2 级光学经纬仪的读数设备

DJ_2 级光学经纬仪构造与 DJ_6 级基本相同，区别主要在于读数设备和读数方法。

DJ_2 级光学经纬仪一般采用对径分划影像符合的读数装置。入射光线经过一系列棱镜和透镜后，将度盘某一直径两端的分划同时成像到读数显微镜内，并被横线分隔为正像和倒像。如图 3-5 所示，右边是度盘的对径分划影像，数字注记代表多少“度”；左边是测微尺的分划影像。在测微尺的分划影像中，又分为两部分注记，左边的注记代表“分”，右边的注记代表“十秒”。

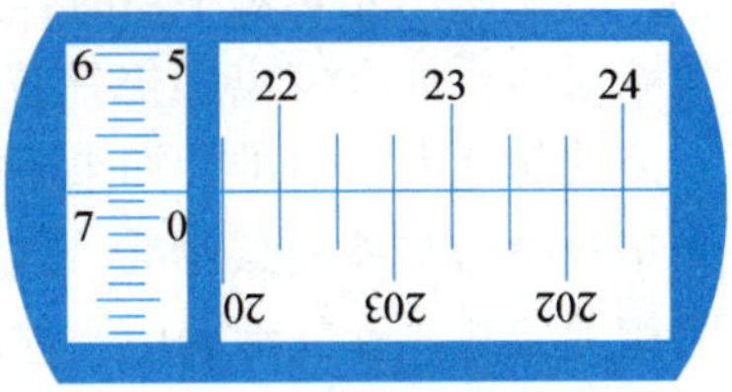

图 3-5 DJ_2 级光学经纬仪读数显微镜窗口

读数方法：最初从读数显微镜中看到的影像，度盘的对径分划是错开的。先转动测微轮对齐上、下分划，然后从左至右找一对注记，要求这一对注记正好相差 180°，且要求这一对注记为相距最近的一对。这里要注意，正像的分划线应该在左边，倒像的分划线应该在右边。所以找到的应该是 202°和 22°这一对分划，而不是 23°和 203°这一对分划。从 22°开始从左至右数格子，每一格为 10′，一共 5 格，所以度盘对径分划影像窗口的读数为 22°50′。然后从测微尺分划影像窗口中读取分数和秒数。左边的读数为 6′，右边的读数为 58″，然后再估读一位，那么右边的读数为 58.6″，合起来测微尺分划影像窗口的读数为 6′58.6″。最后将度盘对径分划影像窗口的读数与测微尺分划影像窗口的读数相加得 22°56′58.6″，这就是最终的读数。

采用对径分划影像符合的读数方法，实质上是取度盘直径两端读数的平均值，这样可以消除度盘偏心误差的影响。

3.2.2 经纬仪的使用

根据水平角的定义，安置经纬仪的目的是将经纬仪的竖轴竖直且通过地面点的标记中心。将经纬仪的竖轴竖直的操作是通过照准部上的管水准器气泡居中来实现的，称为整平；使竖直的竖轴与地面点的标记中心在同一铅垂线上的操作称为对中。使用经纬仪的具体步骤如下：

1. 架设仪器

将经纬仪放置在架头上，使架头大致水平，定三脚架的一条腿在适当位置，两手分别握住另外两条腿进行移动，同时通过光学对中器观察，使光学对中器对准地面点的标记中心，固定这两条腿，旋紧连接螺旋。

2. 对中

对中目的是使仪器中心与测站点（标记中心）位于同一铅垂线上。根据仪器的结构，可用垂球对中，也可用光学对中器对中。

用垂球对中时，先将垂球挂在三脚架的连接螺旋上，并调整垂球线的长度，使垂球尖刚刚离开地面。再看垂球尖是否与角顶点在同一铅垂线上。如果偏离，则在角顶点与垂球尖处连一条方向线，将最靠近连线的一条腿，沿连线方向前后移动，直到垂球与角顶对准，如图 3－6 所示。这时如果架头平面倾斜，则移动与最大倾斜方向垂直的一条腿，从高的方向向低的方向划一个以地面顶点为圆心的圆弧，直至架头基本水平，且对中偏差不超过 1～2cm。最后将架腿踩实。为精确对中，可稍稍松开连接螺旋，将仪器在架头平面上移动，直至准确对中，再旋紧连接螺旋。

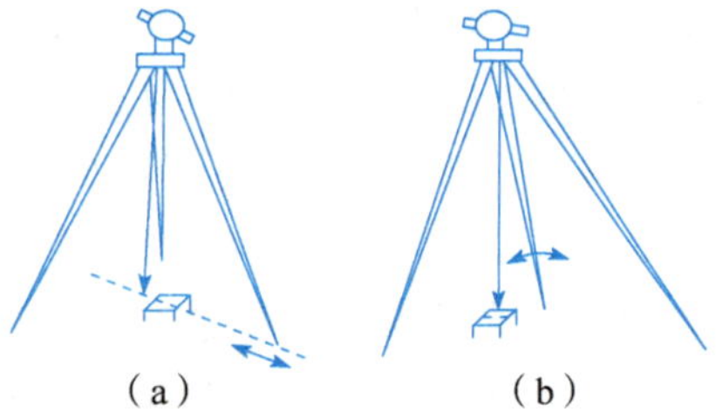

图 3－6　垂球对中

如果使用光学对中器对中，可以先用垂球粗略对中，然后取下垂球，再用光学对中器对中。但在使用光学对中器时，应先利用脚螺旋使仪器圆水准器气泡居中，再看光学对中器是否对中。如有偏离，仍在仪器架头上平行移动仪器，在保证圆水准气泡居中的条件下，使其与地面点对准。如果不用垂球粗略对中，则一面观察光学对中器一面移动脚架，使光学对中器与地面点对准。这时仪器架头可能倾斜很大，则根据圆水准气泡偏移方向，伸缩相关架腿，使气泡居中。伸缩架腿时，应先稍微旋松伸缩螺旋，待气泡居中后，立即旋紧。待仪器精确整平后，仍要检查对中情况。因为只有在仪器整平的条件下，光学对中器的视线才居于铅垂位置，对中才是正确的。光学对中器的精度较高，且不受风力影响，因此应尽量采用光学对中器对中。

3. 整平

经纬仪整平的目的是使竖轴居于铅垂位置，水平度盘水平。整平时要先用脚螺旋使圆水准气泡居中，以粗略整平，再用管水准器精确整平。

（1）粗平：伸缩脚架腿，使圆水准气泡居中。

（2）检查并精确对中：检查对中标记是否偏离地面点。如果偏离了，旋松三脚架上的连接螺旋，平移仪器基座使对中标记准确对准测站点的中心，拧紧连接螺旋。

（3）精平：旋转脚螺旋，使管水准器气泡居中。

由于位于照准部上的管水准器只有一个，如图 3－7（a）所示，可以先使它与一对脚螺旋连线的方向平行，然后双手以相同速度向相反方向旋转这两个脚螺旋，使管水准器的气泡居中。再将照准部平转 90°，用另外一个脚螺旋使气泡居中，如图 3－7（b）所示。这样反复进行，直至管水准器在任一方向上气泡都居中。在整平后还需检查光学对中器是否偏移。如果偏移，则重复上述操作方法，直至管水准器气泡居中，对中器对中。

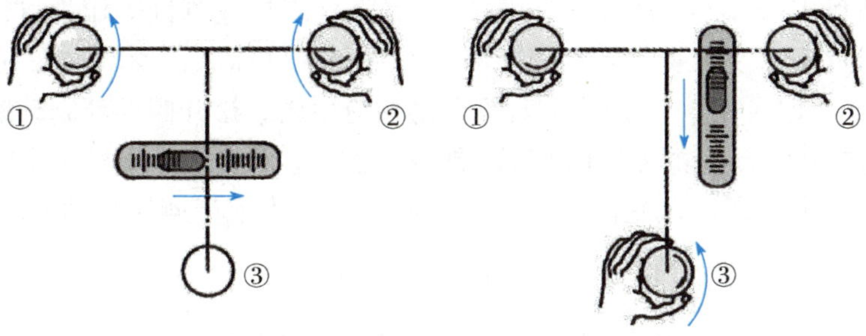

图 3－7　旋转脚螺旋整平仪器

4. 照准与读数

松开照准部望远镜的制动螺旋，用照门、准星或光学照准器初步照准目标，然后拧紧这两个制动螺旋。调节目镜调焦螺旋，看清十字丝，再转动物镜调焦螺旋，使望远镜内目标清晰，旋转水平微动和垂直微动螺旋，用十字丝精确照准目标，并消除视差。调整照明反光镜，使读数显微镜亮度适中，旋转读数显微镜的目镜使分划线清晰，然后读数。

3.3 水平角观测

角度观测中望远镜的位置有两种：盘左、盘右。当望远镜照准目标时，竖盘位于望远镜的左侧称为盘左，位于望远镜右侧称为盘右。盘左观测称为上半测回，盘右观测称为下半测回，盘左和盘右两个半测回合在一起称为一测回。测角时常有观测几个测回的情况，此时最后的角值为几个测回的平均值。常用的水平角观测方法有测回法和方向观测法两种。

3.3.1 测回法观测水平角

当所测的角度只有两个方向时，通常用测回法观测。如图 3－8 所示，欲测 AB、BC 两方向之间的水平角$\angle ABC$ 时，在角顶 B 安置仪器，在 A、C 处设立观测标志。经过对中、整平以后，即可按下述步骤进行观测。

图 3-8　水平角观测

(1) 在测站点 B 安置经纬仪，在 A、C 两点竖立测杆或测钎等作为目标标志。

(2) 将仪器置于盘左位置，转动照准部，先照准左目标 A，读取水平度盘读数 a_L，假设读数为 0°01′30″，记入表 3-1 所示的观测手簿相应栏内。松开照准部制动螺旋，顺时针转动照准部，照准右目标 C，读取水平度盘读数 c_L，假设读数为 98°20′48″，记入表 3-1 相应栏内。以上称为上半测回，盘左位置的水平角值（也称为上半测回角值）β_L 为：

$$\beta_L = c_L - a_L = 98°20'48'' - 0°01'30'' = 98°19'18''$$

表 3-1　测回法观测手簿

测站	竖盘位置	目标	水平度盘读数 ° ′ ″	半测回角值 ° ′ ″	一测回角值 ° ′ ″	各测回平均值 ° ′ ″	备注
B	左	A	0 01 30	98 19 18	98 19 24	98 19 30	
		C	98 20 48				
	右	A	180 01 42	98 19 30			
		C	278 21 12				
B	左	A	90 01 06	98 19 30	98 19 36		
		C	188 20 36				
	右	A	270 00 54	98 19 42			
		C	8 20 36				

(3) 松开照准部制动螺旋，倒转望远镜成盘右位置，先照准右目标 C，读取水平度盘读数 c_R，假设读数为 278°21′12″，记入表 3-1 相应栏内。松开照准部制动螺旋，逆时针转动照准部，照准左目标 A，读取水平度盘读数 a_R，假设读数为 180°01′42″，记入表 3-1 相应栏内。

以上称为下半测回，盘右位置的水平角值（也称为下半测回角值）β_R 为：

$$\beta_R = c_R - a_R = 278°21'12'' - 180°01'42'' = 98°19'30''$$

上半测回和下半测回构成一测回。

(4) 对于 DJ_6 级光学经纬仪，如果上、下两半测回角值之差不大于±40″，认为观测合格。此时，可取上、下两半测回角值的平均值作为一测回角值 β。

注意：由于水平度盘是顺时针刻划和注记的，所以在计算水平角时，总是用右目标的读数减去左目标的读数，如果不够减，则应在右目标的读数上加上 360°，再减去左目标的读数，绝不可以倒过来减。

当测角精度要求较高时，需对一个角度观测多个测回，应根据测回数 n，以 $180°/n$ 的差值，安置水平度盘读数。例如，当测回数 $n=2$ 时，第一测回的起始方向读数可安置在略大于 0°处；第二测回的起始方向读数可安置在略大于（180°/2）=90°处。各测回角值互差如果不超过±24″，取各测回角值的平均值作为最后角值，记入表 3-1 相应栏内。

当在一个测站上需观测多个方向时，宜采用这种方法，因为可以简化外业工作。它的直接观测结果是各个方向相对于起始方向的水平角值，也称为方向值。相邻方向的方向值之差，就是它的水平角值。

3.3.2 方向观测法观测水平角

当测站上的方向观测数在三个或三个以上，即要照准三个或三个以上目标时常采用方向观测法，也称为全圆方向观测法。

1. 观测步骤

如图 3-9 所示，设在 O 点有 OA、OB、OC、OD 四个方向，其观测步骤为：

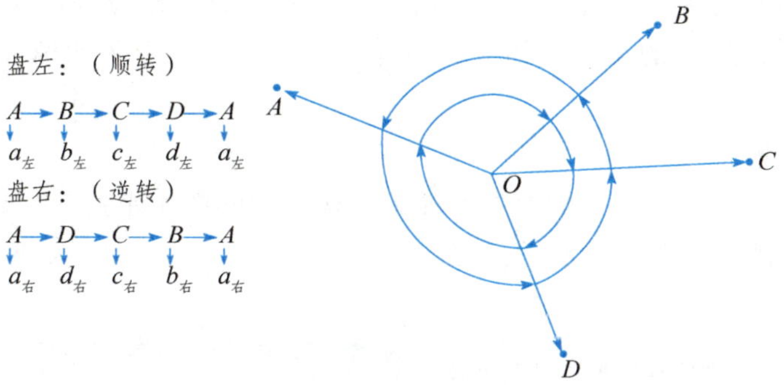

图 3-9　方向观测法测水平角

（1）在 O 点安置仪器，对中、整平。

（2）选择一个距离适中且影像清晰的方向作为起始方向，设为 OA。

（3）盘左观测，照准 A 点，将水平度盘读数安置在稍大于 0°处，读取两次水平度盘读数。

（4）以顺时针方向依次照准 B、C、D 诸点。最后再照准 A 点，读取读数，称为归零。起始方向两次读数之差，称为半测回归零差，要求半测回归零差≤18″(DJ_2 级光学经纬仪为 12″)。在每次照准时，都用测微器读取两次读数。以上称为上半测回。

（5）倒转望远镜改为盘右观测，以逆时针方向依次照准 A、D、C、B、A 点，每次照准时，也读取两次水平度盘读数。这称为下半测回，上下两个半测回构成一测回。

（6）如需观测多个测回，为了消减度盘刻度不均匀的误差，每个测回都要改变度盘的位置，即在照准起始方向时，改变度盘的读数。

2. 表格记录和计算

（1）计算两倍照准误差 $2c$ 值。

在一个测回中，同一方向水平度盘的盘左读数和盘右读数（±180°）的差值称为两倍视准差，记为 $2c$。c 是指望远镜的视准轴与横轴不垂直而相差一个小角 c，致使盘左、盘右照准同一目标时读数相差不是 180°。$2c$ 的计算公式为：

$$2c=\text{盘左读数}-(\text{盘右读数}\pm 180°) \tag{3-2}$$

注：对 DJ_6 级光学经纬仪没有具体要求；对于 DJ_2 级光学经纬仪，要求在同一个测回内任意方向的 $2c$ 互差在 18″之内。

（2）计算各方向盘左、盘右读数的平均值。

$$\text{平均读数}=\frac{1}{2}[\text{盘左}+(\text{盘右}\pm 180°)] \tag{3-3}$$

由于 A 方向照准了两次，因此 A 方向有两个平均读数。因此，应将 A 方向的平均读数再取均值，作为起始方向的方向值。写在第一行，并用括号括起。

（3）计算归零方向值。

先将起始方向值进行归零，即将起始方向值化为 0°00′00″。再将其他方向的平均读数也减去括号内的起始方向值。

如果观测了多个测回，则同一方向各测回归零方向值互差应≤24″（DJ_2 级光学经纬仪应≤12″）。如果满足限差的要求，取同一方向归零方向值的平均值作为该方向的最后结果。

（4）计算水平角。

相邻两方向归零方向值的平均值之差即为该两方向间的水平角。

方向观测法观测水平角的观测手簿见表 3-2。

表 3-2　方向观测法观测水平角的观测手簿

测站	测回数	目标	水平度盘读数		2c	平均读数	归零方向值	各测回归零方向值平均值
			盘左	盘右				
			° ′ ″	° ′ ″	″	° ′ ″	° ′ ″	° ′ ″
1	2	3	4	5	6	7	8	9
O	1	A	0 02 12	180 02 00	+12	(0 02 10) 0 02 06	0 00 00	0 00 00
		B	37 44 15	217 44 05	+10	37 44 10	37 42 00	37 42 01
		C	110 29 04	290 28 52	+12	110 28 58	110 26 48	110 26 32
		D	150 14 51	330 14 43	+8	150 14 47	150 12 37	150 12 33
		A	0 02 18	180 02 08	+10	0 02 13		
	2	A	90 03 30	270 03 22	+8	(90 03 24) 90 03 26	0 00 00	
		B	127 45 34	307 45 28	+6	127 45 31	37 42 07	
		C	200 30 24	20 30 18	+6	200 30 21	110 26 57	
		D	240 15 57	60 15 49	+8	240 15 53	150 12 29	
		A	90 03 25	270 03 18	+7	90 03 22		

3. 水平角观测注意事项

(1) 仪器高度要和观测者的身高相适应；三脚架要踩实，仪器与三脚架连接要牢固，操作仪器时不要用手扶三脚架；转动照准部望远镜之前，应先松开制动螺旋，使用各种螺旋时用力要轻。

(2) 精确对中，特别是短边测角，对中要求应更严格。

(3) 当观测目标间高低相差较大时，更应注意仪器整平。

(4) 照准标志要竖直，尽可能用十字丝交点照准测杆或测钎底部。

(5) 记录要清楚，应当场计算，发现错误，立即重测。

(6) 一测回水平角观测过程中，不得重新整平；如气泡偏离中央超过 2 格时，应重新整平与对中仪器，重新观测。

3.4 竖直角观测

3.4.1 竖盘构造

经纬仪的竖盘由竖直度盘、竖盘指标水准管、竖盘指标水准管微动螺旋等组成。竖直度盘注记从 0°到 360°进行分划，分为顺时针注记和逆时针注记两种。竖盘固定在望远镜横轴一端并与望远镜连接在一起，竖盘随望远镜一起绕横轴旋转，竖盘面垂直于横轴（即望远镜旋转轴）。竖盘指标与竖盘指标水准管连接在一起，旋转竖盘指标水准管微动螺旋将带动竖盘指标水准管和竖盘指标一起作微小的转动。

竖盘指标的正确位置是：当望远镜处于盘左位置并且水平、竖盘指标水准管气泡居中时，竖盘指标指向 90°，读数显微镜中的竖盘读数应为 90°（有些仪器设计为 0°、180°或 270°，现约定为 90°）；当望远镜处于盘右位置并且水平、竖盘指标水准管气泡居中时，读数显微镜中的竖盘读数应为 270°（无论竖盘是顺时针还是逆时针注记）。

3.4.2 竖直角计算

由竖盘与望远镜的关系可知，观测时读数并不是竖角值，而是天顶距角值，所以要把盘左、盘右的读数换算成竖角值。竖盘是采用顺时针注记的。现在假设望远镜水平，置于盘左，竖盘指标水准管气泡居中，此时竖盘指标应指向 90°。然后转动望远镜照准目标，竖盘也会一起转动，竖盘指标就会指向一个新的分划 L。竖直角 α 是目标方向与水平方向的夹角。度盘上分划 L 与 90°分划之间的夹角与之相等，即要测的竖直角 α。由图 3－10 得：

$$\begin{cases}\alpha_{左}=90°-L \\ \alpha_{右}=R-270°\end{cases} \tag{3-4}$$

式中，L 为竖盘盘左读数；R 为竖盘盘右读数。

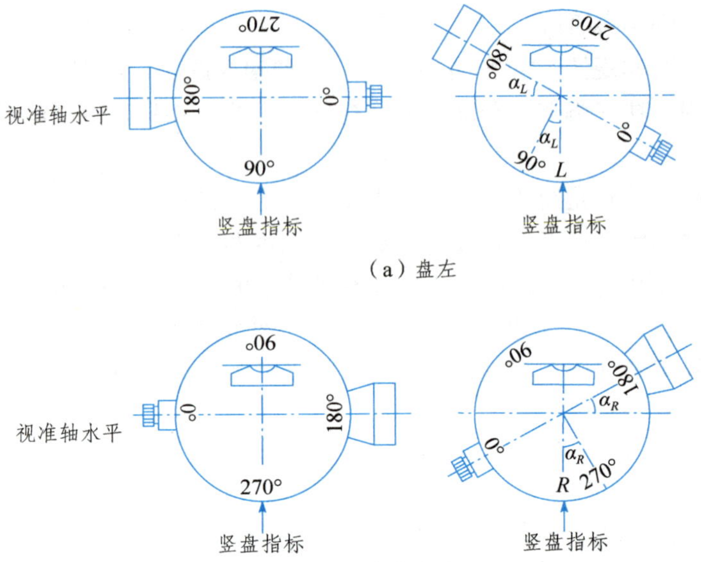

(a) 盘左

(b) 盘右

图 3-10　竖盘读数

如果用望远镜在盘左和盘右位置照准同一目标测量竖直角，就构成了一个测回，这个测回的竖直角就是盘左、盘右读数的平均值。

$$\alpha=\frac{1}{2}(\alpha_{左}+\alpha_{右})=\frac{1}{2}[(R-L)-180°] \tag{3-5}$$

竖直角的计算：

(1) 将望远镜大致安置于水平位置，然后从读数显微镜中看起始读数，这个起始读数应该接近于一个常数，如 90°、270°。

(2) 抬高望远镜，若读数增加，则 α＝读数－常数；若读数减小，则 α＝常数－读数。

3.4.3　竖盘指标差

竖盘指标因运输、振动、长时间使用后，常常处于不正确的位置，与正确位置之间会相差一个微小的角度 x。这个角度 x 称为竖盘指标差。当竖盘指标的偏移方向与竖盘注记增加的方向一致时，指标差为正，反之为负。

如图 3-11 所示，竖盘指标偏移方向与竖盘注记的增加方向一致，竖盘指标差为正。那么当望远镜视线水平时，盘左的读数为 90°＋x。当望远镜倾斜了一个角度 α 时，α 就是竖直角，竖盘指标读数为 L。那么 L 的分划与 90°＋x 的分划之间的夹角就是 α，因为度盘是随望远镜一起转动的，望远镜转动了 α，度盘也就转动了 α。故存在竖盘指标差 x 时，竖直角计算公式为（顺时针注记）：

$$\begin{cases}\alpha_{左}=90°-(L-x)\\ \alpha_{右}=(R-x)-270°\end{cases} \tag{3-6}$$

对盘左、盘右观测的竖直角取平均值为：

$$\alpha=\frac{1}{2}(\alpha_{左}+\alpha_{右})=\frac{1}{2}[(R-L)-180^{\circ}] \tag{3-7}$$

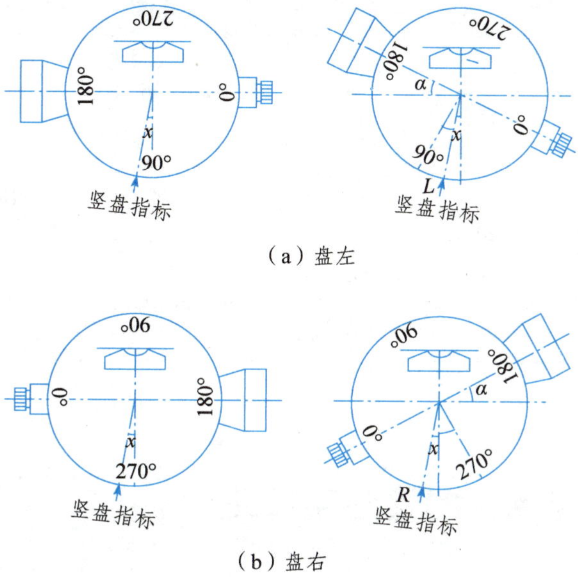

图 3-11　竖盘指标差

在式（3-7）中，竖盘指标差被抵消了。由此可以看出，采用盘左、盘右观测取平均的方法可消除竖盘指标差的影响。

将式（3-6）两式相减，可得竖盘指标差计算公式为：

$$x=\frac{L+R-360^{\circ}}{2} \tag{3-8}$$

3.4.4　竖直角的观测

竖直角观测的操作程序如下：

（1）在测站上安置仪器，对中和整平后量取仪器高。

（2）盘左观测，照准目标，转动竖盘指标水准管微动螺旋，使竖盘指标水准管气泡居中，读取竖盘读数 L 并将观测数据记入表 3-3。

（3）倒转望远镜改为盘右观测，照准目标，使气泡居中，读数为 R 并将观测数据记入表 3-3。

（4）计算竖直角及竖盘指标差。

（5）观测 n 次，重复 2～4 步，取各测回竖直角的平均值。

（6）检核：竖盘指标差互差≤15″。

表 3-3　竖直角观测记录表

测站	目标	竖盘	竖盘读数	半测回竖直角	一测回竖直角	备注
			° ′ ″	° ′ ″	° ′ ″	
A	B	左	72　36　12	17　23　48	17　23　46	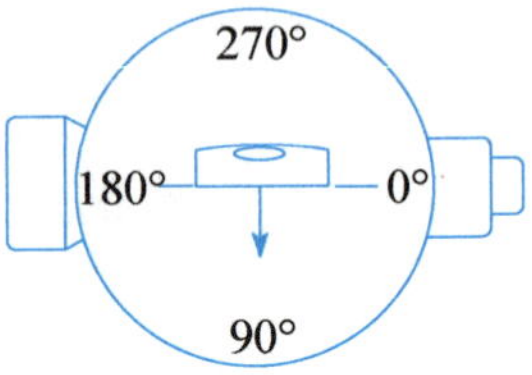
		右	287　23　44	17　23　44		
	C	左	88　15　52	1　44　08	1　44　07	
		右	271　44　06	1　44　06		
	D	左	102　50　32	−12　50　32	−12　50　36	
		右	257　09　20	−12　50　40		

3.5　光学经纬仪的检验和校正

3.5.1　DJ_6 级光学经纬仪主要轴线及应满足的几何条件

由测角原理可知，观测角度时，经纬仪水平度盘必须水平，竖盘必须竖直且与望远镜上下转动的视准轴应在一个铅垂面内，如图 3-12 所示。经纬仪应满足下列条件：

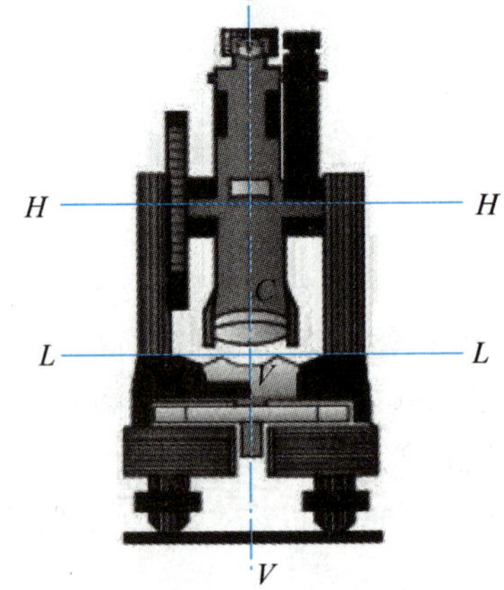

图 3-12　经纬仪的主要轴线关系

(1) 照准部管水准器轴垂直于竖轴，即 $LL \perp VV$。

(2) 视准轴垂直于横轴，即 $CC \perp HH$。

(3) 横轴垂直于竖轴，即 $HH \perp VV$。

(4) 十字丝竖丝垂直于横轴，即竖丝 $\perp HH$。

此外，在测量竖直角时，还应满足竖盘指标水准管轴垂直于竖盘指标线的条件。

3.5.2 光学经纬仪的检验与校正

1. 照准部管水准器轴的检验与校正

（1）目的。

使照准部管水准器轴 $LL \perp$ 仪器竖轴 VV。气泡居中时，竖轴应竖直，水平度盘应水平。

（2）检验。

1）将仪器大致整平，转动照准部使管水准器与基座上一对脚螺旋的连线平行。

2）旋转该对脚螺旋，使管水准器气泡居中，此时管水准器轴水平。

3）将照准部旋转 180°，若气泡仍然居中，表明条件满足；若气泡不居中（偏离 1 格以上），则需进行校正。

（3）校正。

1）转动与管水准器平行的两个脚螺旋，使气泡向中央移动偏离值的一半。

2）用校正针拨动管水准器校正螺钉（注意应先旋松一个，再旋紧另一个），使气泡居中，此时管水准器轴处于水平位置，竖轴处于竖直位置，即 $LL \perp VV$。

3）此项检验校正需反复进行，直至照准部旋转到任何位置，气泡偏离距离最大都不超过半格。

2. 视准轴的检验和校正

（1）视准轴误差的概念。

若望远镜视准轴 CC 与横轴 HH 不垂直，则二者之间存在偏角 c，这一偏角称为视准轴误差。

如图 3-13 所示，照准目标 P，读数为盘左 M_1、盘右 M_2，则

$$c=\frac{1}{2}[M_1-(M_2\pm 180°)] \tag{3-9}$$

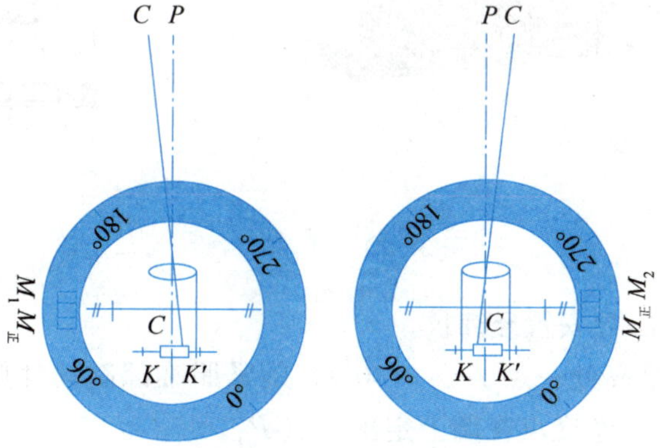

（a）盘左　　（b）盘右

图 3-13　视准轴的检验

上式即为视准轴误差的计算公式。视准轴误差 c 对盘左、盘右读数的影响大小相同、符号相反，采用盘左、盘右取平均的方法就可以消除视准轴误差对水平角读数的影响。

（2）检验和校正。

1）目的：使望远镜视准轴 CC 垂直于横轴 HH，从而使视准轴绕横轴转动时划出的照准面为一平面。

2）检验：以盘左、盘右观测大致位于水平方向的同一目标 P，分别得读数 M_1、M_2。代入式（3－9），若算得的 c 值超过允许范围（一般为±30″），则说明存在视准轴误差。视准轴和横轴不垂直，主要是由十字丝环的固定螺钉有所松动或磨损，十字丝交点偏离正确位置，造成视准轴偏斜所致。

3）校正：

①计算盘右的正确读数 $M_{正}=M_2+c$。

②旋转照准部微动螺旋使平盘读数变为 $M_{正}$，十字丝交点必然偏离目标 P。

③用校正针拨动十字丝环左、右校正螺钉，一松一紧，推动十字丝环左右平移，直至十字丝交点对准目标 P，即由 K' 返回正确位置 K。

3. 横轴的检验和校正

（1）目的。

使望远镜横轴 HH 垂直于竖轴 VV，从而使视准轴绕横轴转动时划出的照准面为一竖直平面。

若望远镜横轴 HH 与竖轴 VV 不垂直，二者之间存在偏角 i，这一偏角称为横轴误差。横轴误差的存在，将使视准轴绕横轴转动时划出的照准面为一倾斜平面，影响照准精度。

（2）检验（见图 3－14）。

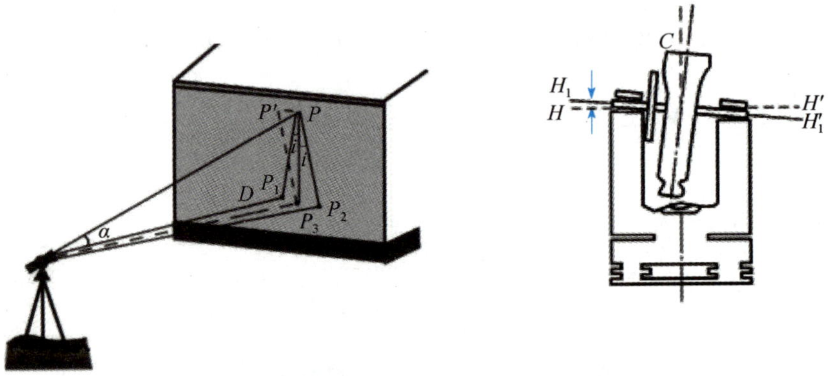

图 3－14　横轴的检验

1）在离墙 10～30m 处安置经纬仪。

2）盘左观测，照准高处一点 P（$\alpha>30°$），旋紧照准部制动螺旋。然后，将望远镜放至大致水平位置，用十字丝交点在墙上定出一点 P_1。

3）倒转望远镜改为盘右观测，照准高处 P 点，同法在墙上定得一点 P_2。如果 P_1、P_2 两点重合，说明条件满足；若不重合，则需要校正。

光学经纬仪的横轴是密封的，测量人员只需进行检验，校正则由仪器检修人员负责。横轴误差的消除和视准轴误差的消除一样，取平均即可。横轴误差对盘左、盘右读数的影响也是大小相同、符号相反。

4. 十字丝竖丝的检验和校正

（1）目的。

使十字丝竖丝垂直于横轴 HH，以便于仪器整平后，十字丝竖丝保持竖直，从而提高目标照准的精度。

（2）检验。

1）整平仪器，用竖丝照准任一点 P。

2）将望远镜上下微动，如该点始终不离开竖丝，则说明竖丝垂直于横轴。否则，需进行校正。

（3）校正。

1）卸下目镜处的十字丝护盖，可以看到十字丝环，如图 3-15 所示。

2）松开四个十字丝环固定螺钉，微微转动十字丝环，使竖丝与 P 点重合，直到望远镜上下微动时，该点始终在竖丝上为止。

3）旋紧四个十字丝环固定螺钉，装上十字丝护盖。

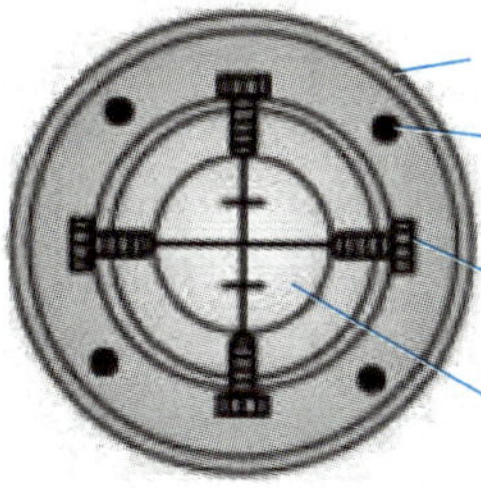

图 3-15　十字丝环

5. 竖盘指标差的检验与校正

（1）目的。

使竖盘指标水准管轴垂直于竖盘指标线，即消除竖盘指标差。

（2）检验。

1）仪器整平后，盘左、盘右照准同一目标，在竖盘指标水准管气泡居中时分别读取竖盘读数 L、R。

2）用式（3-8）计算出竖盘指标差 x。对于 DJ_6 级光学经纬仪，若竖盘指标差超过 $1'$，则需进行校正。

（3）校正。

1）依旧在盘右位置，照准原目标点，按（3-8）式计算盘右的竖盘正确读数 $R_{正}=R-x$。

2）转动竖盘指标水准管微动螺旋，使竖盘读数由 R 改变为 $R_{正}$。此时竖盘指标水准管气泡将不再居中。

3）用校正针拨动竖盘指标水准管上、下校正螺钉使气泡居中，竖盘指标水准管轴和竖盘指标线即相互垂直。

修复山顶的古塔

项目实训一：测回法观测水平角

实训目标

（1）掌握用 DJ_6 级光学经纬仪按测回法观测水平角的方法及工作程序。

（2）掌握测回法观测水平角的记录、计算方法和各项限差要求。

实训器材

DJ_6 级光学经纬仪、测杆、记录板。

实训内容

在一个测站点上，选择四个目标，每人用测回法各观测两个目标之间的水平夹角一测回。一个组四人所测各角构成一个圆周，根据各人所测角度之和与 360°之差是否满足要求进行成果检核。

实训步骤

步骤一：在一个指定的点上安置经纬仪。

步骤二：选择两个明显的固定点作为观测目标或用测杆标定两个目标。

步骤三：用测回法测定其水平角值。

观测程序：

（1）安置好仪器以后，以盘左位置照准左方目标，并读取水平度盘读数。记录者听到读数后，立即回报观测者，经观测者默许后，立即记入测回法水平角观测记录表。

（2）顺时针旋转照准部照准右方目标，读取其水平度盘读数，并记入测回法水平角观测记录表。

（3）由（1）、（2）两步完成了上半测回的观测，记录者在记录表中要计算出上半测回角值。

（4）以盘右位置照准右方目标，读取水平度盘读数，并记入测回法水平角观测记录表。其读数与盘左观测同一目标的读数大约相差 180°。

（5）逆时针转动照准部，再照准左方目标，读取水平度盘读数，并记入测回法水平角观测记录表。

（6）由（4）、（5）两步完成了下半测回的观测，记录者计算出下半测回角值。

（7）至此便完成了一个测回的观测。如上半测回角值和下半测回角值之差没有超过限值（不超过±40″），则取其平均值作为一测回的角度观测值，也就是这两个方向之间的水平角。

（8）如果观测不只一个测回，而是要观测 n 个测回，那么在每个测回要重新设置水平度盘起始读数。即每测回对左方目标进行盘左观测时，应设置水平度盘起始读数以 $\frac{180°}{n}$ 的整倍数改变来观测。

注意事项

（1）每人至少测两个测回。

（2）对中误差小于 2mm，管水准器气泡偏离不超过一格。

（3）第一测回对零，其他测回应改变$\frac{180^{\circ}}{n}$。

（4）前、后半测回角值差不超过 40″，各测回角值差不超过 24″。

实训成果

要求提交下列成果

测回法水平角观测记录表

日　　期：　　　　　　仪器型号：　　　　　　观测者：

时　　间：　　　　　　天　　气：　　　　　　记录者：

测站	目标	竖盘位置	水平度盘读数	半测回角值	一测回角值	各测回平均值	备注
			° ′ ″	° ′ ″	° ′ ″	° ′ ″	

项目实训二：方向观测法观测水平角

实训目标

（1）掌握用 DJ_6 或 DJ_2 光学经纬仪按方向观测法观测水平角的方法及工作程序。

（2）掌握方向观测法观测水平角的记录、计算方法和各项限差要求。

实训器材

DJ_6 或 DJ_2 级光学经纬仪、测杆、记录板。

实训内容

在一个测站点上，选择四个目标，每人用方向观测法各观测四个目标之间的水平夹角一测回。一个组四人所测各角构成一个圆周，根据各人所测角度之和与 360°之差是否满足要求进行成果检核。

实训步骤

步骤一：各组选择四个方向目标，每人至少观测一个测回，在测站点安置经纬仪，选择 A 方向作为起始零方向。

步骤二：盘左观测，照准 A 方向，并拨动水平度盘转换手轮，将 A 方向的水平度盘读数设置在 00°00′00″附近，然后顺时针转动照准部 1～2 周，重新照准 A 方向并读取水平度盘读数，记入方向观测法观测手簿。

步骤三：按顺时针方向依次照准 B、C、D 方向，并读取水平度盘读数，将读数值分别记入方向观测法观测手簿。

步骤四：继续旋转照准部至 A 方向，再读取水平度盘读数，检查归零方向值互差是否合格。

步骤五：盘右观测前，先逆时针旋转照准部 1～2 周后再照准 A 方向，并读取水平度盘读数，记入方向观测法观测手簿。

步骤六：按逆时针方向依次照准 D、C、B 方向，并读取水平度盘读数，将读数值分别记入方向观测法观测手簿。

步骤七：逆时针继续旋转至 A 方向，读取 A 方向的水平度盘读数，并检查归零方向值互差。

注意事项

（1）每人至少观测一个测回，换人可以不重新安置仪器。

（2）半测回归零差不大于 18″（或 12″）。

（3）各测回同一归零方向值的互差不大于 24″。

（4）为了提高测角精度，减少度盘分划误差的影响，各测回起始方向的度盘读数位置应均匀地分布在度盘和测微尺的不同位置上，根据不同的测量等级和使用的仪器，每测回起始方向盘左的水平度盘读数应设置为 $\frac{180^\circ}{n}$ 的整倍数。

实训成果

要求提交下列成果

方向观测法观测手簿

测站	测回数	目标	水平度盘读数		2c	平均读数	归零方向值	各测回归零方向值平均值
			盘左	盘右				
			° ′ ″	° ′ ″	″	° ′ ″	° ′ ″	° ′ ″
1	2	3	4	5	6	7	8	9

技能检测

一、填空题

1. 通过调节__________和__________，可以控制望远镜在竖直面内的转动。

2. 测回法观测适用于观测__________。

3. 对于 DJ_6 级光学经纬仪，若上、下两半测回角值之差的绝对值≤__________，可认为观测合格。

4. 竖直角观测时，用十字丝的__________切于目标某一位置。

5. 在进行水平观测时，采用盘左、盘右观测取平均值的方法可消除__________、__________和__________。

二、选择题

1. 用经纬仪测定水平角时，应尽量照准目标的（　　）。

A. 顶部　　B. 中部
C. 任何地方都可以　　D. 底部

2. 安置经纬仪时，下列说法错误的是（　　）。

A. 三条腿的高度适中　　B. 三条腿张开面积不宜过小
C. 三条腿张开面积越大越好　　D. 三条腿张开面积能小则小

3. 经纬仪整平，要求其管水准器气泡居中误差一般不得大于（　　）。

A. 1 格　　B. 1.5 格
C. 2 格　　D. 2.5 格

4. 水平角观测中的测回法，适合观测（　　）个方向间的水平夹角。

A. 两　　B. 一
C. 多个　　D. 都可以

5. 用经纬仪照准同一个竖直面内不同高度的点，在水平度盘上的读数（　　）。

A. 不一样　　B. 一样
C. 不一定　　D. A、B、C 均有可能

6. 利用经纬仪测量竖直角时，盘左观测，抬高望远镜的物镜，若竖直度盘的读数逐渐增大，则下列竖直角的计算公式中正确的是（　　）。

A. $a_{左}=L-90°$，$a_{右}=270°-R$　　B. $a_{左}=90°-L$，$a_{右}=R-270°$
C. $a_{左}=L-90°$，$a_{右}=R-270°$　　D. $a_{左}=L-90°$，$a_{右}=R-180°$

7. 观测竖直角时，盘左读数为 101°23′36″，顺时针标记，则竖盘指标差为（　　）。

A. 24″　　B. −12″
C. −24″　　D. 12″

8. 关于经纬仪四条轴线关系，下列说法正确的是（　　）。

A. $LL \perp VV$　　B. $CC /\!/ HH$

C. $VV//HH$　　D. 望远镜十字丝竖丝平行于 LL

9. 采用变换度盘位置观测值取平均的方法测水平角，可削弱（　）误差的影响。

A. 对中　　B. 整平

C. 目标偏心　　D. 水平度盘分划不均匀

三、判断题

1. 照准部是仪器上部不可转动部分的总称。(　)

2. 通过调节照准部制动螺旋和照准部微动螺旋，可以控制望远镜在竖直面内的转动。(　)

3. 上半测回和下半测回构成多测回。(　)

4. 在计算水平角时，如果右方目标的读数减去左方目标的读数不够减，可以倒过来减。(　)

5. 采用分微尺读数装置，读取度盘读数时，可以读到小于6″的数。(　)

6. 安置经纬仪时，应使三脚架架头大致水平，否则会导致仪器整平困难。(　)

7. 采用测回法观测水平角时，经纬仪整平后，在测角过程中，管水准器的气泡偏差可以超过2格。(　)

四、简答题

1. 经纬仪安置包括哪两个内容？怎样进行安置？目的何在？

2. 经纬仪的主要轴线之间应满足的条件是什么？

3. 观测水平角时，为什么要用盘左、盘右两个位置观测？

五、填表题

1. 测回法观测水平角内业计算。

测站	竖盘位置	目标	水平度盘读数 ° ′ ″	半测回角值 ° ′ ″	一测回角值 ° ′ ″	各测回平均值 ° ′ ″
第一测回 O	左	A	0 00 30			
		B	98 20 48			
	右	A	180 00 42			
		B	278 21 12			
第二测回 O	左	A	90 00 06			
		B	188 20 36			
	右	A	269 59 54			
		B	8 20 36			

2. 计算表中竖直角观测的竖盘指标差和竖直角。

测站	目标	竖盘读数		竖盘指标差	一测回竖直角	备注
		盘左	盘右			
		° ′ ″	° ′ ″	″	° ′ ″	
O	A	79 20 24	280 40 00			顺时针注记
	B	98 32 18	261 27 54			
	C	90 32 42	269 27 00			
	D	84 56 24	275 03 18			

项目4　距离测量及直线定向

项目导读

距离测量是测量的三项基本工作之一，是确定地面点的平面位置的基本要素之一，其主要任务是测量地面两点投影在同一水平面上的直线距离。在实际工程中，为了测绘地形图和建筑工程施工放样，必须测定地面点的平面位置。根据使用的工具和量距的方法不同，距离测量的方法有钢尺量距、视距测量、电磁波测距等。

钢尺量距是指利用钢卷尺沿地面丈量距离。该方法适用于平坦地面的短距离量距，易受地形限制。

视距测量是指利用经纬仪或水准仪中的视距丝按照几何光学原理测距。该方法适用于低精度的短距离量距。

电磁波测距是指用仪器接收并发射电磁波，通过测量电磁波在待测距离上往返传播的时间计算出距离。该方法精度高，测程远，适用于高精度的远距离量距。

直线定向是确定两点间相对位置关系的必要环节，在此一并介绍。

项目重点

1. 量距工具的认识。
2. 量距工具的使用。
3. 钢尺量距的基本知识。
4. 距离测量的应用。
5. 视距测量原理和施测方法。
6. 电磁波测距基本原理及测距仪的操作方法。
7. 直线定向的方法。

学习目标

本项目通过任务驱动的方式，使学生掌握距离测量的相关理论知识，初步具备土建工程距离测量的技能，能正确选择和使用距离测量的工具，能进行直线定向，能完成实际工程中比较简单的距离测量工作；培养学生诚实守信、善于沟通合作的素养及吃苦耐劳的职业精神。

4.1 距离测量

4.1.1 钢尺量距

1. 量距的工具

（1）钢尺。

钢尺通常由薄碳钢带制成，可卷入金属盒内，故又称为钢卷尺，其宽度为 1～1.5cm，长度有 20m、30m、50m 三种。其基本分划为厘米分划，一般全长刻有毫米分划，米和分米分划处有数字注记。根据尺的零点位置不同，有端点尺和刻线尺之分，如图 4－1 所示。钢尺量距的方法与普通卷尺量距方法相同，只是在较精密的距离丈量中还需用到温度计、弹簧秤等工具。

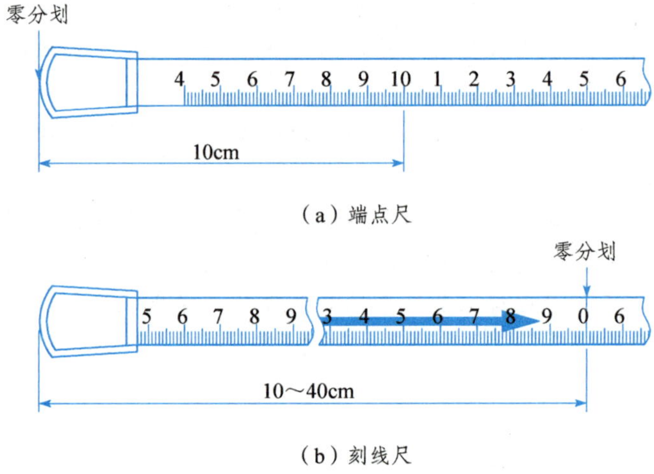

图 4－1 钢尺及其分划注记

钢尺的优点：钢尺抗拉强度高，不易拉伸，所以量距精度较高，在工程测量中常用钢尺量距。钢尺的缺点：钢尺性脆，易折断，易生锈，使用时要避免扭折、车轧，防止受潮。

（2）测杆。

测杆多用木料或铝合金制成，直经约 3cm，全长有 2m、2.5m 及 3m 等几种规格。杆上用油漆涂成红、白相间的 20cm 色段，非常醒目；测杆下端装有尖头铁脚，便于插入地面，作为照准标志。

（3）测钎。

测钎一般用钢筋制成，上部弯成小圆环，下部磨尖，直径 3～6mm，长度 30～40cm。钎上可用油漆涂成红、白相间的色段。通常 6 根或 11 根系成一组。量距时，将测钎插入地面，用以标定尺端点的位置，亦可作为近处目标的照准标志。

（4）垂球、弹簧秤和温度计等。

垂球用金属制成，上大下尖呈圆锥形，上端中心系一细绳，悬吊后，垂球尖与细绳在同一垂线上。它常用于在斜坡上丈量水平距离。弹簧秤和温度计等将在精密量距中应用。

测杆、测钎、弹簧秤如图 4-2 所示。

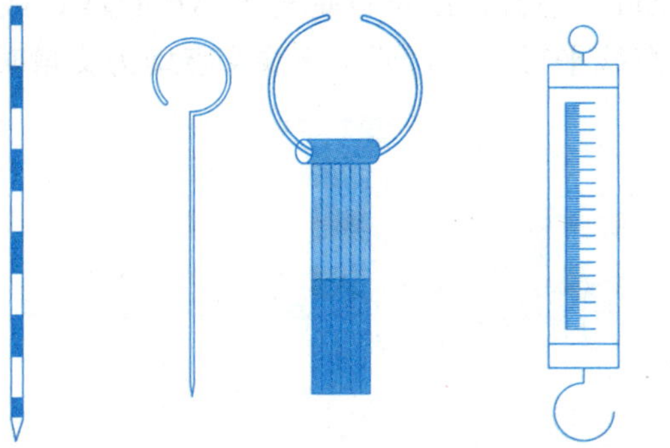

（a）测杆　（b）测钎　（c）弹簧秤

图 4-2　测杆、测钎、弹簧秤

2. 直线定线

测量水平距离时，当地面上两点间的距离超过一整尺长时，或地势起伏较大，一尺段无法完成丈量工作时，量距前必须在通过直线两端的竖直面内定出若干分段点，以便分段丈量，这项工作称为直线定线。按精度要求的不同，直线定线有目估定线和经纬仪定线两种方法。

（1）目估定线方法。

如图 4-3 所示，*A*、*B* 两点为地面上互相通视的两点，欲在 *A*、*B* 两点间的直线上定出 *C*、*D* 等分段点。定线工作可由甲、乙两人进行。

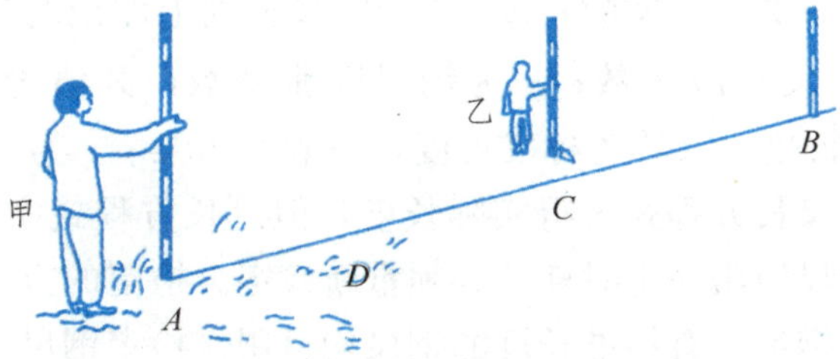

图 4-3　目估定线方法

1）定线时，先在 *A*、*B* 两点上竖立测杆，甲立于 *A* 点测杆后面 1～2m 处，用眼睛自 *A* 点测杆后面照准 *B* 点测杆。

2）乙持另一测杆沿 *BA* 方向走到离 *B* 点大约一尺段长的 *C* 点附近，按照甲指挥手势或语音（利用对讲机）左右移动测杆，直到测杆位于 *AB* 直线上为止，插下测杆（或测钎），定出 *C* 点。

3）乙又带着测杆走到 *D* 点处，以相同方法在 *AB* 直线上竖立测杆，定出 *D* 点，以此类推。这种从直线远端 *B* 走向近端 *A* 的定线方法，称为走近定线。直线定线一般应采用走近定线。

（2）经纬仪定线。

当量距精度要求较高时，应采用经纬仪定线。如图 4-4 所示，欲在 *A*、*B* 两点间精确定出1、2…点的位置，可将经纬仪安置于 A 点，用望远镜照准 B 点，固定照准部制动螺旋，沿 AB 方向用钢尺进行测量，按稍短于一尺段长的距离依次打下木桩。桩顶高出地面10～20cm，并在桩顶钉一小钉，使小钉垂直于 AB 直线；或在木桩上画十字线，使十字线的其中一条与 AB 直线平行，小钉或十字线交点即为丈量时的标志0。

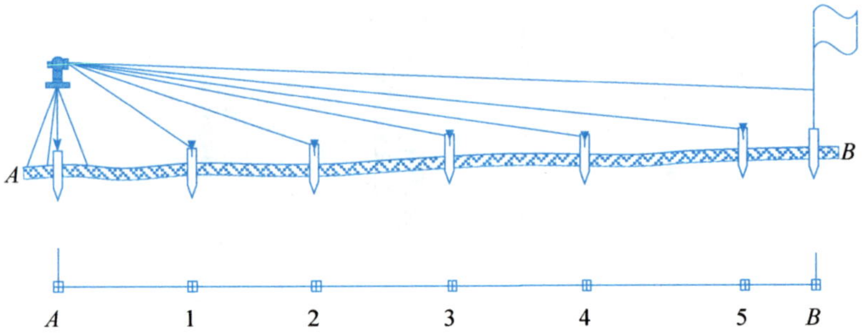

图4-4　经纬仪定线

3. 尺长方程式

因为钢尺由碳钢制成，碳钢本身具有延展性，钢尺的长度会因外界环境的变化，如温度、湿度等以及测量时拉力的大小不同而改变。为了将这些变化量改正到丈量成果中，就必须对钢尺的长度加以改正，测量中常用一种函数式的形式来表示钢尺的实际长度。在标准拉力下，用以温度为自变量的函数来表示在某一温度时钢尺实际长度，该函数式称作尺长方程式。其形式如下：

$$l_t = l + \Delta l + l \times \alpha \times (t - t_0) \tag{4-1}$$

式中，l_t 为丈量时温度下的钢尺实际长度；l 为钢尺分划上注记的长度，即名义长度；Δl 为钢尺在检定温度时的尺长改正数；α 为钢尺膨胀系数，其值为 11.6×10^{-6}～12.5×10^{-6}m；t_0 为钢尺检定温度，又称为标准温度，一般取20℃；t 为丈量时温度。

每根钢尺都应根据尺长方程式求得实际长度，但尺长方程式中的 Δl 会受一些客观因素影响而变化，所以钢尺使用一定时期后必须重新检定。检定的方法主要是与标准长度相比较，如用已检定过的钢尺，有标准长度的钢尺均可用作检定钢尺。

4. 钢尺量距的方法

下面介绍在平坦地面上用钢尺量距的方法。丈量前，先将待测距离的两个端点用木桩（桩顶钉一小钉）标记出来，清除直线上的障碍物后，一般由两人在两点间边定线边丈量，具体做法如图4-5所示。

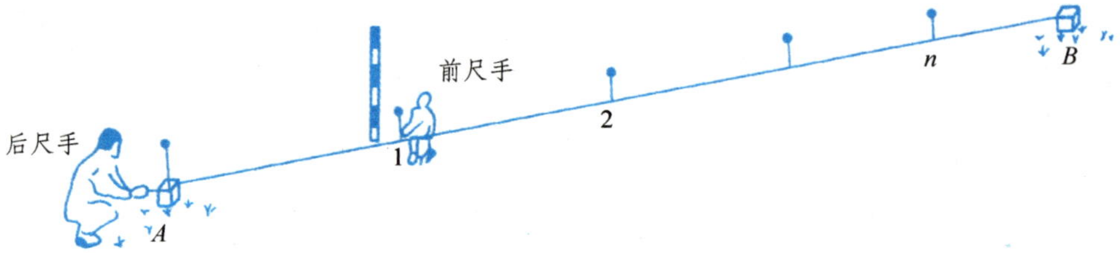

图4-5　在平坦地面上用钢尺量距的方法

(1) 量距时，先在 A、B 两点上竖立测杆（或测钎），标定直线方向，然后，后尺手持钢尺的零端位于 A 点，前尺手持尺的末端并携带一根测杆，沿 AB 方向前进，至一尺段长处停下，两人都蹲下。

(2) 后尺手以手势指挥前尺手将钢尺沿在 AB 直线方向拉伸；后尺手以钢尺的零点对准 A 点，两人同时将钢尺拉紧、拉平、拉稳后，前尺手喊“预备”，后尺手将钢尺零点准确对准 A 点，并喊“好”，前尺手随即将测杆对准钢尺末端分划并竖直插入地面（在坚硬地面处，可用铅笔在地面画线作标记），得 1 点。这样便完成了第一尺段 $A1$ 的丈量工作。

(3) 后尺手与前尺手共同举尺前进，后尺手走到 1 点时，即喊“停”。以相同方法丈量第二尺段，然后后尺手拔起 1 点上的测杆。如此继续丈量下去，直至最后量出不足一整尺的余长 q。则 A、B 两点间的水平距离为

$$D_{AB}=n\cdot l+q \tag{4-2}$$

式中，n 为整尺段数（即在 A、B 两点之间所拔测钎数）；l 为钢尺长度；q 为不足一整尺的余长。

(4) 为了防止丈量错误和提高精度，一般还应由 B 点量至 A 点进行返测，返测时应重新进行定线。取往、返测距离的平均值作为直线 AB 最终的水平距离。

(5) 计算相对误差 K 和 AB 的水平距离 $D_{平均}$。

往返测丈量距离之差的绝对值与距离平均值 $D_{平均}$ 之比称为丈量的相对误差 K，通常化成分子为 1 的分数形式。用相对误差 K 来衡量距离丈量的精度。若相对误差符合精度要求，则取往、返测距离的平均值作为直线 AB 最终的水平距离。若相对误差超过限度要求，则需进行重测。

$$D_{平均}=\frac{1}{2}(D_{往}+D_{返}) \tag{4-3}$$

$$K=\frac{|D_{往}-D_{返}|}{D_{平均}}=\frac{1}{\dfrac{D_{平均}}{|D_{往}-D_{返}|}} \tag{4-4}$$

相对误差分母越大，则 K 值越小，精度越高；反之，精度越低。在平坦地区，钢尺量距的相对误差一般不应大于 1/3 000；在量距较困难的地区，其相对误差也不应大于 1/1 000。

例题： 用 30m 长的钢尺往返丈量 A、B 两点间的水平距离，丈量结果分别为：往测四个整尺段，余长为 9.98m；返测四个整尺段，余长为 10.02m。计算 A、B 两点间的水平距离 D_{AB} 及相对误差 K。

解： $D_{往}=n\times l+q_{往}=4\times 30+9.98=129.98\text{m}$

$D_{返}=n\times l+q_{返}=4\times 30+10.02=130.02\text{m}$

$$D_{平均}=\frac{1}{2}(D_{往}+D_{返})=\frac{1}{2}(129.98+130.02)=130.00\text{m}$$

$$K=\frac{|D_{往}-D_{返}|}{D_{平均}}=\frac{|129.98-130.02|}{130.00}=\frac{0.04}{130.00}=\frac{1}{3\,250}$$

5. 钢尺量距的误差及注意事项

(1) 尺长误差。

钢尺的名义长度和实际长度不符，会产生尺长误差。尺长误差具有系统累积性，它与所量距离成正比。因此新购的或使用一段时间后的钢尺应经过检定，以便进行尺长改正。

(2) 温度误差。

钢尺的长度随温度变化，丈量时温度与检定钢尺时温度不一致，或测定的空气温度与钢尺温度相差较大，都会产生温度误差。所以，精度要求较高的丈量，应进行温度改正，并尽可能用半导体温度计测定尺温，或尽可能在阴天进行，以减小空气温度与钢尺温度的差值。

(3) 拉力误差。

钢尺具有弹性，拉力的大小会影响钢尺的长度。一般量距时，只要保持拉力均匀即可。精密量距时，必须使用弹簧秤，以控制钢尺在丈量时所受拉力与检定时拉力相同。

(4) 不水平误差。

用平量法丈量时，钢尺不水平，会使所量距离增大。用平量法丈量时应尽可能使钢尺水平。精密量距时，测出尺段两端点的高差，进行倾斜改正，可消除钢尺不水平的影响。

(5) 定线误差。

丈量时钢尺偏离定线方向，将使测线成为一折线，导致丈量结果偏大，这种误差称为定线误差。当距离较长或精度要求较高时，可利用经纬仪定线。

(6) 丈量误差。

钢尺端点对不准、测钎插不准及尺子读数误差等都属于丈量误差。这种误差对丈量结果的影响有正有负，大小不定，属于偶然误差，无法完全消除。在量距时应尽量认真操作，以减小丈量误差。

4.1.2 视距测量

视距测量是用望远镜内的视距丝，根据几何光学原理同时测定距离和高差的一种方法。这种方法具有操作方便、速度快、一般不受地形限制等优点。其虽然精度较低（普通视距测量仅能达到 1/200～1/300 的精度），但能满足测定碎部点位置的精度要求。因此视距测量被广泛地应用于地形测量中。

1. 视距测量原理

视距测量所用的仪器主要有经纬仪、水准仪和平板仪等，还要用到望远镜丝和视距尺。

(1) 视线水平时的水平距离和高差公式。

如图 4-6 所示，在 S 点安置经纬仪，在 P_1 点竖立视距尺，用望远镜照准视距尺，当望远镜视线水平时，视线与视距尺垂直。上、下视距丝读数之差称为视距间隔或尺间隔，用 n 表示。视距间隔可由上、下视距丝读数之差求得。

$$n=|a-b| \tag{4-5}$$

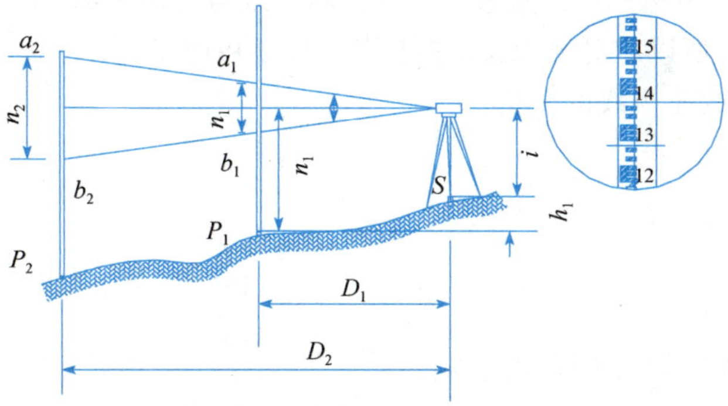

图 4-6　视线水平时视距测量

由于上下视距丝引出的视线所夹角度为定值，视距间隔与测站至立尺点水平距离成正比，则有：

$$D=Kn \tag{4-6}$$

式中，K 为视距乘常数，通常 $K=100$。

同时，P_1、P_2 两点间的高差 h 为：

$$h=i-v \tag{4-7}$$

式中，i 为仪器高，m；v 为十字丝中丝在视距尺上的读数，即中丝读数，m。

(2) 视线倾斜时的水平距离和高差公式。

在地面起伏较大的地区进行视距测量时，必须使望远镜视线处于倾斜位置才能照准视距尺。此时，视线不垂直于竖立的视距尺尺面。下面介绍视线倾斜时的水平距离和高差的计算公式。

如图 4-7 所示，如果把竖立在 B 点上视距尺的尺间隔 MN 换算成与视线相垂直的尺间隔 $M'N'$，就可用视线水平时的公式计算出倾斜距离 L。然后再根据 L 和竖直角 α，算出水平距离 D 和高差 h。

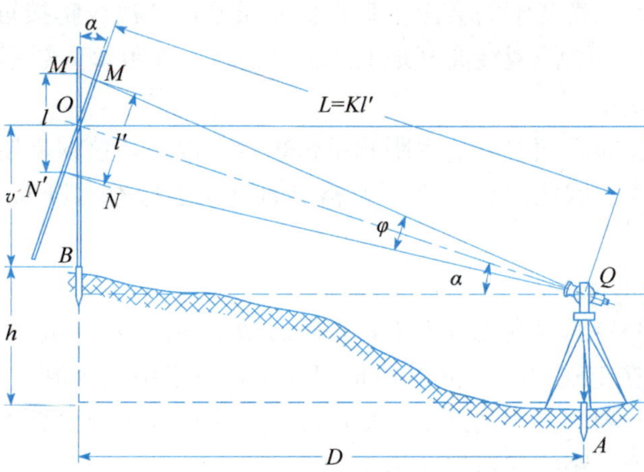

图 4-7　视线倾斜时视距测量

B 点高出 A 点，虽然视距尺竖直，但是倾斜视线与视距尺仍不垂直，这时在视距尺上的读数就带有误差，所以应对视距尺上的读数长度予以改正：

1）视距尺不垂直于视线的改正。

$$L=Kl'=K\cdot l\cdot\cos\alpha \tag{4-8}$$

2）视线倾斜改正。

$$D=L\cdot\cos\alpha \tag{4-9}$$

经过这两项改正后的水平距离应为：

$$D=K\cdot l\cdot\cos^2\alpha \tag{4-10}$$

高差计算公式：

$$h_{AB}=D\tan\alpha+i-v \tag{4-11}$$

2. 视距测量的施测与计算

（1）如图 4－7 所示，在 A 点安置经纬仪，量取仪器高 i，在 B 点竖立视距尺。

（2）盘左（或盘右）观测，转动照准部照准 B 点视距尺，分别读取上、下视距丝和中丝读数，并算出尺间隔 l。

（3）转动竖盘指标水准管微动螺旋，使竖盘指标水准管气泡居中，读取竖盘读数，并计算竖直角 α。

（4）根据尺间隔 l、竖直角 α、仪器高 i 及中丝读数 v，计算水平距离 D 和高差 h。

3. 视距测量误差及注意事项

（1）读数误差。

视距丝在视距尺上的读数误差，与尺上最小分划、视距的远近、望远镜放大倍率等因素有关。施测时距离不能过大，不要超过规范中限制的范围，读数时注意消除视差，认真读取三丝读数。

（2）垂直折光误差。

由于视线通过的大气密度不同会产生垂直折光误差，且视线越接近地面垂直折光误差的影响越大，因此观测时应使视线离开地面 1m 以上（上视距丝读数不得小于 0.3m）。

（3）视距尺倾斜误差。

视距尺立得不直、前后倾斜将给视距测量带来较大误差，该误差随着视距尺倾斜度和地面坡度的增加而增大。因此视距尺必须严格竖直（尺上应有水准器），特别是在山区作业时。

（4）视距常数 K 的误差。

由于仪器制造及外界温度变化等因素，视距常数 K 值不为 100。因此，对视距常数 K 要严格测定。K 值应在 100 ± 0.1，否则应加以改正，或采用实测值。

此外，还有标尺分划误差、竖直角观测误差等。由试验资料分析可知，在较好的观测条件下，视距测量所测平距的相对误差为 1/200～1/300。

4.1.3 电磁波测距

前面介绍的测距方法中，钢尺量距的速度慢，而且在一些地面状况复杂地区使用起来困难，如山地、沼泽地区。而视距测量的精度又太低。因此人们需要采用另外的方法进行距离测量。随着电子技术的发展，在 20 世纪 40 年代末人们发明了电磁波测距仪。电磁波测距是用电磁波（光波或微波）作为载波，传输测距信号，以测量两点间距离的一种方法，如图 4-8 所示。电磁波测距具有测程长、精度高、作业快、工作强度低、不受地形限制等优点。

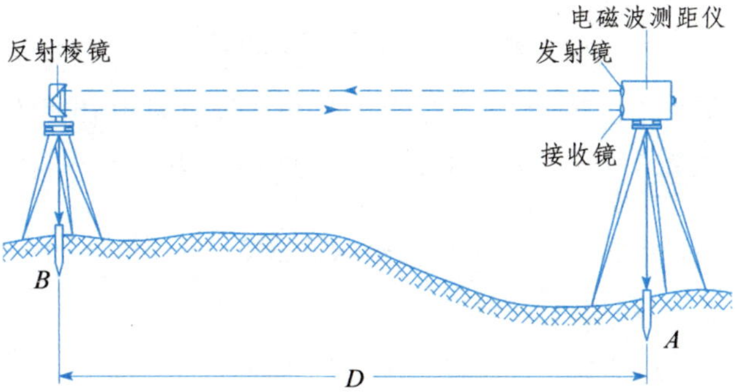

图 4-8 电磁波测距

电磁波测距是指测定电磁波在两点间的传播时间 t，再根据其传播速度 c 计算两点间的距离。

$$D=\frac{1}{2}ct \tag{4-12}$$

根据测距的工作原理不同，电磁波测距可分为脉冲式测距和相位式测距两种。

1. 脉冲式测距

脉冲式测距直接测定光脉冲在待测距离上往返的时间。测距仪将光波调制成一定频率的尖脉冲发送出去。在尖脉冲光波离开测距仪发射镜的瞬间，触发打开电子门，此时，时钟脉冲进入电子门填充，计数器开始计数。在仪器接收镜接收到由反光棱镜反射回的尖脉冲光波的瞬间，关闭电子门，计数器停止计数。然后根据计数器得到的时钟脉冲个数乘以每个时钟脉冲周期就可以得到光脉冲往返的时间。

由于计数器只能记忆整数个时钟周期，所以不足一个时钟周期的时间就被丢弃，这就形成了计时上的误差，从而影响了测距的精度。如果将时钟脉冲周期缩短，那么丢弃的时间就会缩短，测距的精度就会提高。但实际上这个时钟脉冲周期并不能无限缩短。例如，要达到±1cm 的测距精度，时钟脉冲的周期要达到 6.7×10^{-11}s，而这对于现在的制造技术来说是很难达到的。所以一般的脉冲式测距仪主要用于远距离测距，测距精度为 0.5～1m。

2. 相位式测距

(1) 基本原理。

相位式测距是将发射的光波调制成正弦波的形式，通过测量正弦光波在待测距离上往返传播的相位移来解算距离的，即通过测量光波传播了多少个周期来解算距离，如图 4－9 所示。

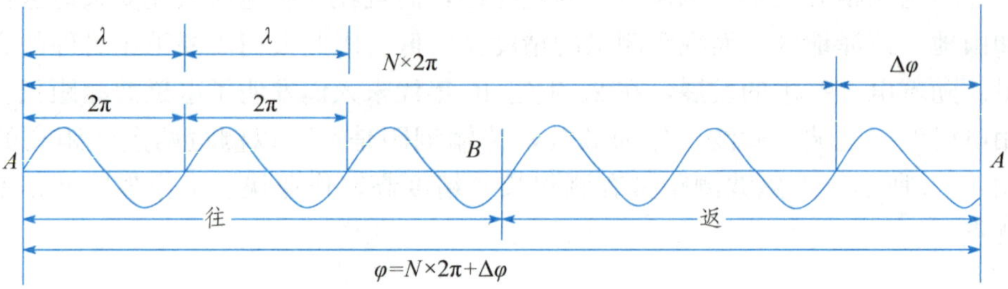

图 4－9　相位式测距原理

正弦光波一个周期的相位移为 2π，假设正弦光波经过发射和接收后的相位移为 φ，则 φ 可以分解为 N 个（整数个）2π 周期和不足一个周期的相位移 $\Delta\varphi$，即：

$$\varphi=N\times2\pi+\Delta\varphi=2\pi\left(N+\frac{\Delta\varphi}{2\pi}\right)=2\pi(N+\Delta N) \tag{4-13}$$

因为：$v=\lambda\cdot f$　　$T=\frac{1}{f}$　　$2\pi=\lambda$　　$\Delta\varphi=\Delta\lambda$

所以：
$$\frac{\Delta\varphi}{2\pi}=\frac{\Delta\lambda}{\lambda} \tag{4-14}$$

则对应的距离值为：
$$D=\frac{1}{2}ct$$

$$D=\frac{1}{2}\cdot\lambda\cdot f(N\cdot T+\Delta N\cdot T)=\frac{1}{2}\lambda\cdot\frac{1}{T}[T(N+\Delta N)]=\frac{\lambda}{2}\left(N+\frac{\Delta\lambda}{\lambda}\right) \tag{4-15}$$

式中，N 为相位移的整周期数或调制光整波长的个数，其值可为零或正整数；λ 为调制光的波长；$\Delta\lambda$ 为不足一个波长的调制光的长度。

通常令 $u=\frac{\lambda}{2}$，则有：

$$D=\mu(N+\Delta N) \tag{4-16}$$

该式就是相位式测距的基本公式。这种方法相当于用一把长度为 μ 的尺子来丈量欲测的距离。

（2）N 值的确定。

在相位式测距中，一般只能测定 $\Delta\varphi$ 而无法测定整周期数 N，因此上式会产生多值解，距离 D 无法确定。由光的特性，当测尺长度 μ 大于待测距离 D 时，$N=0$，此时可求得确定的距离值：

$$D=\mu\cdot\Delta N=\mu\cdot\frac{\Delta\varphi}{2\pi} \tag{4-17}$$

显然，为了扩大测程，必须选用较长的测尺，即选用较低的调制频率。由 $\mu=\frac{\lambda}{2}=\frac{c}{2f}$

可算出与测尺长度相应的测尺频率。由于仪器测相误差一般可达 10^{-3}，它对测距误差的影响将随测尺长度的增加而增大。因此，为了解决扩大测程与提高精度的矛盾，可以采用一组测尺共同测距。

3. 成果整理

由电磁波测距仪测定的距离，仅是倾斜距离的初步值，为求得水平距离，还需进行以下几项改正。

（1）加常数。

仪器内光路等效反射面与仪器的安置中心不一致，以及反射棱镜等效反射面和反射棱镜安置中心不一致，会使仪器所测得距离与所要测定的距离不相等，其差值称为加常数。加常数为一固定值，可预置在仪器中，测距时自动改正。但是仪器在使用一段时间后，加常数可能会有变化，因此应进行检验，即测出加常数的变化值（称为剩余加常数），对观测成果加以改正。

（2）气象改正。

光的传播速度受大气状态的影响。仪器制造时只能选取某个大气状态（假定大气状态）来定出调制光的波长，而实际测距时的大气状态一般不会与假定大气状态相同，所以必须加气象改正。气象改正常用附在仪器使用说明书内的气象改正表，以温度和大气压力为引数直接查取气象改正值。也可由气象改正计算公式计算，计算公式因仪器类型不同而不同。

（3）倾斜改正。

当已知测线两端之间的高差 h 时，可按下式计算倾斜改正数。

$$\Delta S=-\frac{h^2}{2S}-\frac{h^4}{8S^3} \tag{4-18}$$

式中，h 为测距仪与反射棱镜之间的高差。

水平距离计算公式如下：

$$D=S+\Delta S_{倾} \tag{4-19}$$

若测得测线的竖角，用下式计算水平距离：

$$D=S\cos\alpha \tag{4-20}$$

以上三式中的 S 均为经气象、加常数等改正后的倾斜距离。

（4）测距仪的标称精度。

测距误差可以分为两类：一类是与待测距离成比例的误差，如比例误差；另一类是与待测距离无关的误差，如固定误差。所以一般将测距仪的精度表达为以下形式：

$$m_S=\pm(A+B\times S) \tag{4-21}$$

式中，A 为固定误差；B 为比例误差系数，以 mm/km 为单位表示，常称 ppm，1ppm=1mm/km；S 为所测距离。

4.2 直线定向

确定地面上两点之间的相对位置，除了需要测定两点之间的水平距离，还需确定两点所连直线的方向。一条直线的方向，是根据某一标准方向与该直线之间所夹的水平角来确定的。确定直线与标准方向之间的角度关系，称为直线定向。

4.2.1 标准方向的种类

1. 真子午线方向（真北方向）

过地球南北极的平面与地球表面的交线叫真子午线。过地面上一点，指向地球南北极的方向线，称为该点的真子午线方向。指向北方的一端称为真北方向，指向南方的一端称为真南方向。真子午线方向用天文测量的方法测定。

2. 磁子午线方向（磁北方向）

磁子午线方向是在地球磁场作用下，磁针在某点自由静止时其轴线所指的方向。指向北端的方向为磁北方向，指向南端的方向为磁南方向。磁子午线方向可用罗盘仪测定。

由于地球的南北两磁极与地球南北极不一致（磁北极在北纬 74°、西经 110°附近；磁南极在南纬 69°、东经 114°附近）。因此，地面上任一点的真子午线方向与磁子午线方向也是不一致的，两者间的夹角称为磁偏角，用 δ 表示。地面上不同地点的磁偏角是不同的。

3. 坐标纵轴方向（轴北方向）

在测量工作中通常采用高斯平面直角坐标或独立平面直角坐标确定地面点的位置，因此取坐标纵轴（X 轴）方向线，作为直线定向的标准方向。在高斯平面直角坐标系中，坐标纵轴方向就是地面点所在投影带的中央子午线方向。在同一投影带内，各点的坐标纵轴方向是彼此平行的。在独立平面直角坐标系中，以测区中心某点的磁子午线方向作为坐标纵轴方向。

4.2.2 直线方向的表示方法

1. 方位角

测量工作中，常采用方位角表示直线的方向。从直线起点的标准方向北端起，顺时针方向量至该直线的水平夹角，称为该直线的方位角。方位角取值范围是 0°～360°。

如图 4－10 所示，因为标准方向有三种，所以对应的方位角也有三种，分别为真方位角、磁方位角、坐标方位角。此外，还有磁偏角和子午线收敛角。

（1）真方位角。

由真子午线方向的北端起，顺时针量至直线间的夹角，称为该直线的真方位角，一般用 A 表示。

（2）磁方位角。

由磁子午线方向的北端起，顺时针量至直线间的夹角，称为该直线的磁方位角，用

A_m 表示。

（3）坐标方位角。

由坐标纵轴方向的北端起，顺时针量至直线间的夹角，称为该直线的坐标方位角，常简称为方位角，用 α 表示。

测量工作中，一般采用坐标方位角来表示直线方向。如图 4－11 所示，直线 $O1$、$O2$、$O3$、$O4$ 的坐标方位角分别为 α_{O1}、α_{O2}、α_{O3}、α_{O4}。

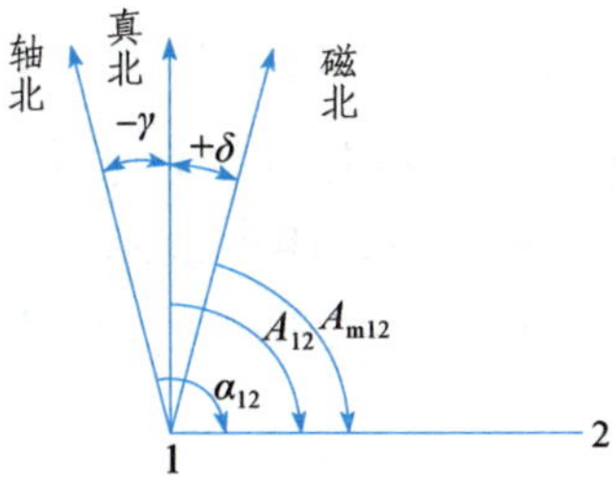

图 4－10　方位角

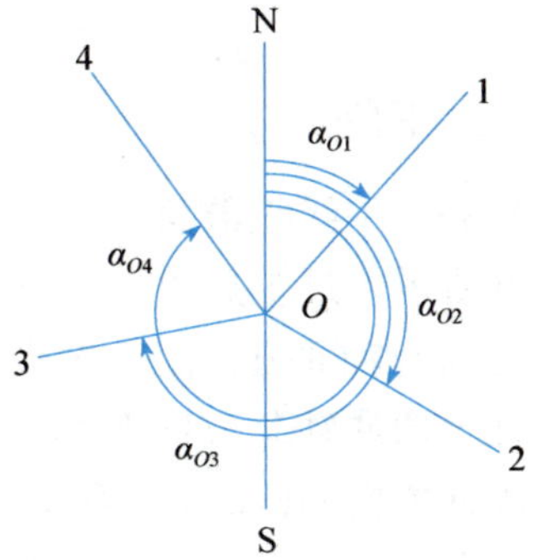

图 4－11　坐标方位角

1）正、反坐标方位角。

每条直线段都有两个端点，若从直线段起点 1 到终点 2 为直线的前进方向，则在起点 1 处的坐标方位角 α_{12} 称为直线 12 的正方位角，在终点 2 处的坐标方位角 α_{21} 称为直线 12 的反方位角。从图 4－12 中可看出同一直线段的正、反坐标方位角相差 180°。即：

$$\alpha_{反}=\alpha_{正}\pm180° \tag{4-22}$$

式中，当 $\alpha_{正}<180°$ 时，用“＋”；当 $\alpha_{正}>180°$ 时，用“－”。

2）坐标方位角的推算。

在实际工作中并不需要测定每条直线的坐标方位角，而是通过与已知坐标方位角的直线连测后，推算出各直线的坐标方位角。如图 4－13 所示，已知直线 12 的坐标方位角 α_{12}，观测了水平角 β_2 和 β_3，要求推算直线 23 和直线 34 的坐标方位角。

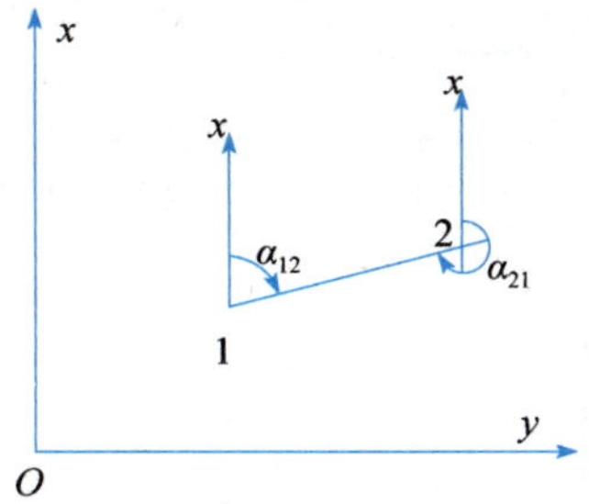

图 4－12　正、反坐标方位角

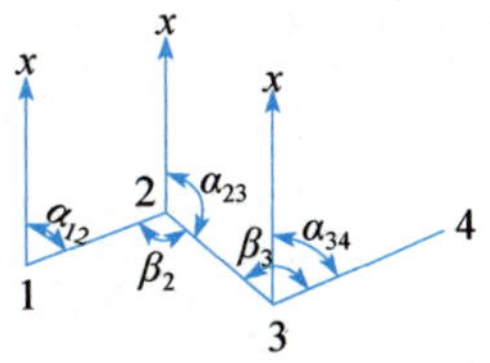

图 4－13　坐标方位角的推算

由图 4－13 分析可得：

$$\alpha_{23}=\alpha_{21}-\beta_2=\alpha_{12}+180°-\beta_2$$
$$\alpha_{34}=\alpha_{32}+\beta_3=\alpha_{23}+180°+\beta_3$$

因 β_2 在推算路线前进方向的右侧，该转折角称为右角；β_3 在推算路线前进方向的左侧，该转折角称为左角。可归纳出推算坐标方位角的一般公式为：

$$\alpha_{前}=\alpha_{后}+180°+\beta_{左} \tag{4-23}$$

$$\alpha_{前}=\alpha_{后}+180°-\beta_{右} \tag{4-24}$$

如果计算的结果大于 360°，应减去 360°。

例题： 如图 4－13 所示，α_{12} 为 42°30′，β_2 为 93°45′，β_3 为 95°16′，试求 α_{23}、α_{34}。

解： $\alpha_{23}=\alpha_{12}+180°-\beta_2=42°30'+180°-93°45'=128°45'$

$\alpha_{34}=\alpha_{23}+180°+\beta_3=128°45'+180°+95°16'=44°01'$

（4）磁偏角和子午线收敛角。

如图 4－10 所示，过 1 点的真北方向与磁北方向之间的夹角称为磁偏角，用 δ 表示；过 1 点的真北方向与轴北方向之间的夹角称为子午线收敛角，用 γ 表示。δ 和 γ 的符号规定相同：当磁北方向或轴北方向在真北方向东侧时，δ 和 γ 的符号为"＋"；当磁北方向或轴北方向在真北方向西侧时，δ 和 γ 的符号为"－"。

2. 象限角

直线的方向，有时也采用小于 90°的锐角及所在象限的名称来表示。由坐标纵轴的北端或南端起，沿顺时针或逆时针方向量至直线的锐角，并注出象限名称，称为该直线的象限角，用 R 表示，其范围为 0°～90°。如图 4－14 所示，直线 $O1$、$O2$、$O3$ 和 $O4$ 的象限角分别为北东 R_{O1}、南东 R_{O2}、南西 R_{O3} 和北西 R_{O4}。

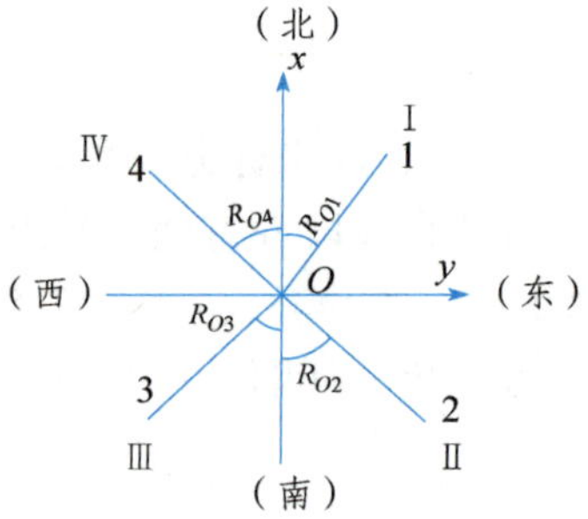

图 4－14　象限角

由坐标方位角和象限角的定义，可以得到坐标方位角与象限角的换算关系，如表 4－1 所示。

表 4－1　坐标方位角与象限角的换算关系

直线定向	由坐标方位角推算坐标象限角	由坐标象限角推算坐标方位角
北东（NE），第Ⅰ象限	$R=\alpha$	$\alpha=R$
南东（SE），第Ⅱ象限	$R=180°-\alpha$	$\alpha=180°-R$
南西（SW），第Ⅲ象限	$R=\alpha-180°$	$\alpha=180°+R$
北西（NW），第Ⅳ象限	$R=360°-\alpha$	$\alpha=360°-R$

差之毫厘，谬以千里

项目实训：视距测量

实训目标

（1）掌握视距测量观测及计算方法。

（2）掌握三角高程测量原理。

实训器材

DJ_6 或 DJ_2 级光学经纬仪、视距尺、计算器、测杆、记录板。

实训内容

安置仪器于测站上，每组同学轮换测量周围五个固定点（自己选定点后做标记），将观测数据记录在视距测量观测数据记录表中，用电子计算器计算出水平距离和高差。

实训步骤

（1）将经纬仪安置在测站点上，对中、整平后，量取仪器高。

（2）在待测点上竖立视距尺。转动仪器照准部照准视距尺，在望远镜中分别用上、下视距丝和中丝读得读数，算得视距间隔和视距尺高 v。再使竖盘指标水准管气泡居中，在读数显微镜中读取竖盘读数，根据竖盘读数算得竖直角。竖直角读数到分，水平距离计算至 0.1m，高差计算至 0.01m。将观测数据记录到视距测量观测数据记录表中相应位置。利用视距公式和高差计算公式计算水平距离 D 和高差 h。

$$D=K\cdot l\cdot \cos^2\alpha$$

$$h_{AB}=D\tan\alpha+i-v$$

注意事项

水平角、竖直角读数到分，水平距离计算至 0.1m，高差计算至 0.01m。

实训成果

要求提交下列成果

视距测量观测数据记录表

名称：　　测区：　　仪器型号：　　观测者：　　记录者：

日期：　　天气：　　测站点：A　　定向点：B　　测站高程（H）：

仪器高（i）：　　乘常数（K）：100　　指标差（x）：

测站	水平角	尺上读数		视距间隔	竖直角（α）			高差（m）			水平距离（D）	测站高程（H）	备注
		中丝（v）	下视距丝 上视距丝		竖盘读数	竖直角	改正后竖直角	$D\tan\alpha$（初算值）	$i-v$	h			

续表

<table>
<tr><th rowspan="3">测站</th><th rowspan="3">水平角</th><th colspan="2">尺上读数</th><th rowspan="3">视距间隔</th><th colspan="3">竖直角（α）</th><th colspan="3">高差（m）</th><th rowspan="3">水平距离（D）</th><th rowspan="3">测站高程（H）</th><th rowspan="3">备注</th></tr>
<tr><th rowspan="2">中丝（v）</th><th>下视距丝</th><th rowspan="2">竖盘读数</th><th rowspan="2">竖直角</th><th rowspan="2">改正后竖直角</th><th rowspan="2">$D\tan\alpha$（初算值）</th><th rowspan="2">$i-v$</th><th rowspan="2">h</th></tr>
<tr><th>上视距丝</th></tr>
<tr><td rowspan="2"></td><td rowspan="2"></td><td rowspan="2"></td><td></td><td rowspan="2"></td><td rowspan="2"></td><td rowspan="2"></td><td rowspan="2"></td><td rowspan="2"></td><td rowspan="2"></td><td rowspan="2"></td><td rowspan="2"></td><td rowspan="2"></td><td rowspan="2"></td></tr>
<tr><td></td></tr>
<tr><td rowspan="2"></td><td rowspan="2"></td><td rowspan="2"></td><td></td><td rowspan="2"></td><td rowspan="2"></td><td rowspan="2"></td><td rowspan="2"></td><td rowspan="2"></td><td rowspan="2"></td><td rowspan="2"></td><td rowspan="2"></td><td rowspan="2"></td><td rowspan="2"></td></tr>
<tr><td></td></tr>
</table>

技能检测

一、填空题

1. 精密钢尺量距常需进行改正，包含__________、__________和倾斜改正。

2. 方位角的标准方向为__________、__________、__________。

二、选择题

1. 以下关于钢尺的说法不正确的是（　　）。

A. 钢尺的名义长度与实际长度不一致所产生的误差称为尺长误差

B. 钢尺丈量时的温度与标准温度不一致所产生的误差称为温度误差

C. 当钢尺中间下垂而成曲线时，将会使量得的长度小于实际长度。因此，丈量时如果钢尺下垂，中间应有人托尺，否则会产生垂曲误差

D. 丈量时尺子没有准确地放在所量距离的直线方向上所产生的误差称为定线误差

2. 电磁波测距具有很多优点，但以下选项中（　　）不是电磁波测距的优点。

A. 测程远　　B. 精度高　　C. 操作简便　　D. 不易损坏

3. 下列选项中不是导线边长测量常用工具的是（　　）。

A. 测距仪　　B. 全站仪　　C. 钢尺　　D. 经纬仪

4. 同一直线的正、反（　　）相差 180°。

A. 真方位角　　B. 磁方位角　　C. 坐标方位角　　D. 象限角

三、问答题

1. 直线定线的目的是什么？

2. 某直线用一般方法往测丈量为 125.092m，返测丈量为 125.105m，该直线的距离为多少？其精度如何？

3. 直线 AB 的坐标方位角 $\alpha_{AB}=106°38'$，求它的反坐标方位角及象限角。

4. 已知五边形各内角分别是：$\beta_1=105°$，$\beta_2=120°$，$\beta_3=70°$，$\beta_4=118°$，$\beta_5=127°$。12 边的坐标方位角为 45°，试计算其他各边的坐标方位角。

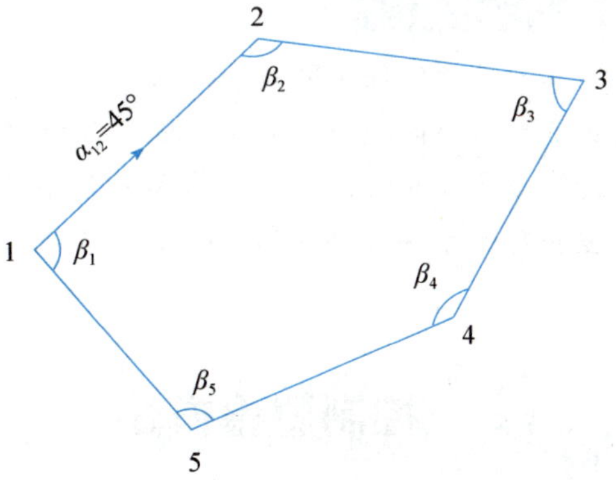

项目 5 小区域控制测量

项目导读

由于任何一种测量工作都会产生误差，因此每次测量必须采取一定的程序和方法，即遵循一定的施测原则，以防止误差的积累，提高测量精度。假设从一个碎部点开始逐点施测，虽然最终可以得到欲测各点的位置，但这些点的位置可能是很不准确的，因为前一点的测量误差会传递到下一点，这样累计起来，最终误差可能达到不可容许的程度。因此，测量工作必须遵循的原则之一就是“先控制，后碎部”。为了保证测量成果具有规定的准确性和可靠性，必须首先建立控制网，然后根据控制网进行碎部测量和施工放样等测量工作。

项目重点

1. 小区域控制测量的概念。
2. 平面控制测量和高程控制测量的有关规范要求。
3. 导线测量的布设形式、导线测量的外业工作。
4. 闭合导线的近似平差计算。
5. 附合导线的近似平差计算。
6. 交会法测量。

学习目标

本项目通过任务驱动的方式，使学生具备土建工程施工测量的技能和相关理论知识，能正确叙述小区域控制测量的概念，能够熟练进行导线测量外业选点和观测工作，能正确进行闭合导线的近似平差计算和附合导线的近似平差计算，能正确叙述交会法测量的基本原理和观测方法；培养学生的团队协作意识和吃苦耐劳精神，以及精益求精的工作作风。

5.1 控制测量概述

在测量工作中，首先在测区选择具有控制意义的点，组成一定的几何图形，形成测区的骨架，用相对精确的测量手段和计算方法，在统一坐标系中，确定这些点的平面坐标和高程，然后以其为基础来测定其他点的点位或进行施工放样。这些具有控制意义的点称为控制点；由在测区内所选定的若干个控制点而构成的几何图形，称为控制网；对控制网进行布设、观测、计算，确定控制点位置的工作称为控制测量。在碎部测量中，专门为地形图测绘而布设的控制网称为图根控制网，相应的控制测量工作称为图根控制测量；专门为工程施工而布设的控制网称为施工控制网，施工控制网可以作为施工放样和变形监测的依据。由此可见，控制测量起到控制全局和限制误差积累的作用，为各项具体测量工作和科学研究工作提供依据。

控制网分为平面控制网和高程控制网两种。测定控制点平面位置（x，y）的工作，称为平面控制测量。测定控制点高程（H）的工作，称为高程控制测量。在传统测量工作中，平面控制网和高程控制网分别单独布设。

5.1.1 平面控制测量

在全国范围内建立的控制网，称为国家控制网。它是全国各种比例尺测图的基本控制网，也为研究地球的形状和大小提供依据，为了解地壳水平形变和垂直形变的大小及趋势、为地震预测提供形变信息等服务。国家控制网是采用精密测量仪器和方法依照施测精度按一、二、三、四共四个等级建立的，其低级控制点由高级控制点逐级控制。国家平面控制网主要布设成三角网，采用三角测量的方法，在西部地形复杂地区采用精密导线测量法。目前我国正采用 GNSS 控制测量逐步取代三角测量。

三角测量是指在地面选定一系列的控制点，构成相互连接的若干个三角形，组成各种网（锁）状图形。通过观测三角形的内角或边长，再根据已知控制点的坐标、起算边边长和坐标方位角，经解算可得到三角形各边的边长和坐标方位角，进而由坐标计算公式计算待定点的平面坐标。

如图 5-1 所示，一等三角锁（网）是国家平面控制网的“骨干”，一等三角锁沿经线和纬线布设成纵横交叉的三角锁系，锁长 200～250km，构成许多锁环。一等三角锁由近于等边的三角形组成，边长为 20～30km。一等三角锁不仅作为低等级平面控制网的基础，还为研究地球的形状和大小提供重要的科学依据。二等三角网（见图 5-2）布设于一等三角锁环内，是国家平面控制网的基础。二等三角网测量有两种布网形式：一种是由纵横交叉的两条二等基本锁将一等三角锁环划分成四个大致相等的部分，这四个空白部分用二等补充网填充，称为纵横锁系布网方案；另一种是在一等三角锁环内布设全面二等三角网，称全面布网方案。二等基本锁的边长为 20～25km，是在一等三角锁的基础上加密得到的。二等三角网的平均边长为 13km。一等三角锁的两端和二等三角网的中间，都要测定起算边长、天文经纬度和方位角。国家一、二等三角网合称为天文大地网。我国天文大地网于 1951 年开始布设，1961 年基本完成，1975 年修补测量工作全部结束，全网约有 5 万个大地点。

三、四等三角网采用插网和插点的方法，进一步加密一、二等三角网。三等三角网平均边长为 8km，四等三角网平均边长为 2～6km。四等三角点每点控制面积为 15～20km^2，可以满足 1∶10 000 和 1∶5 000 比例尺地形图测图需要。

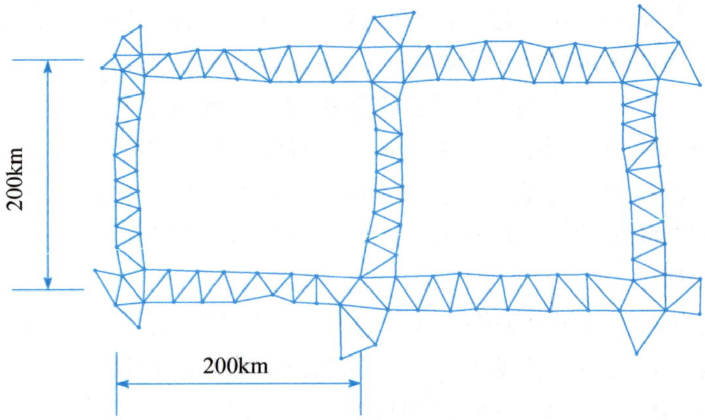

图 5-1　国家一等三角锁

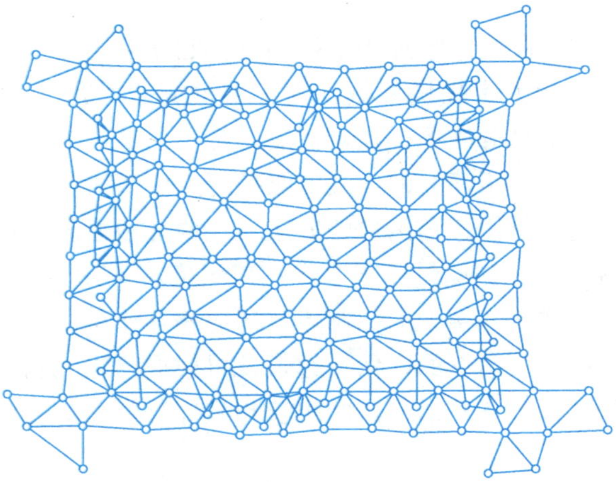

图 5-2　国家二等三角网

在城市或厂矿等地区，为满足 1∶500～1∶2 000 比例尺地形图测图需要和城市建设施工放样的需要，一般应在国家平面控制网的基础上，进一步布设城市平面控制网（见图 5-3）。城市平面控制网在国家平面控制网的控制下布设，根据城市范围大小布设成不同等级的平面控制网，分为二、三、四等三角网或三、四等导线网和一、二级小三角网或一、二、三级导线网。城市三角测量和导线测量的主要技术指标见表 5-1 和表 5-2。

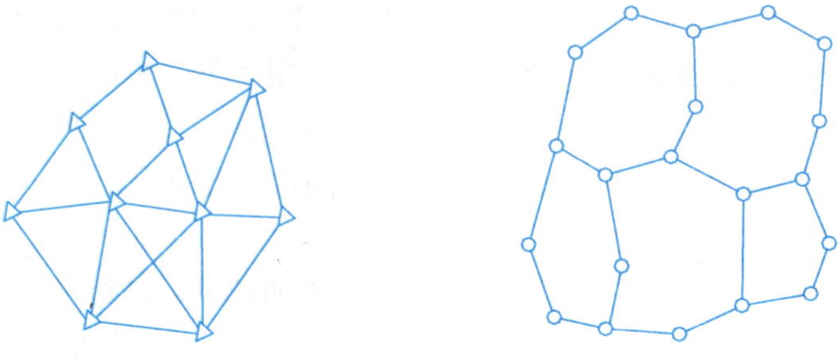

（a）城市三角网　　（b）城市导线网

图 5-3　城市平面控制网

表 5-1　城市三角测量主要技术指标

等级	平均边长 (km)	测角中误差 (″)	最弱边边长相对中误差	测回数			三角形最大闭合差 (″)
				DJ_1	DJ_2	DJ_6	
二等	9	≤1.0	1/120 000	12	—	—	±3.5
三等	5	≤1.8	1/80 000	6	9	—	±7.0
四等	2	≤2.5	1/45 000	4	6	—	±9.0
一级小三角	1	≤5.0	1/20 000	—	2	6	±15.0
二级小三角	0.5	≤10.0	1/10 000	—	1	2	±30.0

表 5-2　城市导线测量主要技术指标

等级	导线长度 (km)	平均边长 (km)	测角中误差 (″)	测距中误差 (mm)	测回数			方位角闭合差 (″)	导线全长相对闭合差
					DJ_1	DJ_2	DJ_6		
三等	≤15	3	≤1.5	≤18	8	12	—	$\pm3\sqrt{n}$	≤1/60 000
四等	≤10	1.6	≤2.5	≤18	4	6	—	$\pm5\sqrt{n}$	≤1/40 000
一级	≤3.6	0.3	≤5	≤15	—	2	4	$\pm10\sqrt{n}$	≤1/14 000
二级	≤2.4	0.2	≤8	≤15	—	1	3	$\pm16\sqrt{n}$	≤1/10 000
三级	≤1.5	0.12	≤12	≤15	—	1	2	$\pm24\sqrt{n}$	≤1/6 000

注：n 为测站数。

国家控制点或城市控制点的平面直角坐标和高程均已求得，其数据可向有关测绘部门索取。

在面积小于 10km^2 范围内建立的控制网，称为小区域控制网。在这个范围内，水准面可视为水平面，可采用独立平面直角坐标系来计算控制点的坐标，而无须将测量成果归算到高斯平面上。测定小区域控制网的工作，称为小区域控制测量。小区域控制网分为平面控制网和高程控制网两种。小区域控制网应尽可能以国家或城市已建立的高级控制网为基础进行联测，将国家或城市高级控制点的坐标和高程作为小区域控制网的起算和检核数据。若测区内或附近无国家或城市控制点，或附近有这种高级控制点但不便联测，则应建立测区独立控制网。此外，为工程建设而建立的专用控制网，或个别工程出于某种特殊需要，在建立控制网时，也可以采用独立控制网。高等级公路的控制网，一般应与附近的国家或城市控制网联测。

小区域平面控制网，应视测区面积的大小分级建立测区首级控制网和图根控制网。

直接供地形测图使用的控制点，称为图根控制点，简称图根点。测定图根点位置的工作，称为图根控制测量。按照《城市测量规范》的规定，图根导线测量要满足的主要技术指标如表 5-3 所示。图根点的密度，取决于测图比例尺和地物、地貌的复杂程度。一般地区图根点的密度可参考表 5-4 的规定。

表 5-3 图根导线测量的主要技术指标

测图比例尺	附合导线长度（m）	平均边长（m）	导线相对闭合差	测回数（DJ_6）	方位角闭合差
1∶500	900	80	≤1/4 000	1	$\pm 40\sqrt{n}$
1∶1 000	1 800	150			
1∶2 000	3 000	300			

注：n 为测站数。

表 5-4 图根点的密度

测图比例尺	1∶500	1∶1 000	1∶2 000	1∶5 000
图幅尺寸	50cm×50cm	50cm×50cm	50cm×50cm	40cm×40cm
图根点	8	12	15	30

应用 GNSS 测量定位技术建立的测量控制网称为 GNSS 网。根据国家标准《全球导航卫星系统（GNSS）测量规范》（GB/T 18314—2024），GNSS 测量按照用途和测量精度分为 A、B、C、D、E 五级。

城市 GNSS 网一般用国家 GNSS 网的数据作为起始数据，由若干个独立闭合环组成，或构成附合路线。某城市 GNSS 网如图 5-4 所示。城市 GNSS 网（B、C、D、E 级）的主要技术指标如表 5-5 所示。

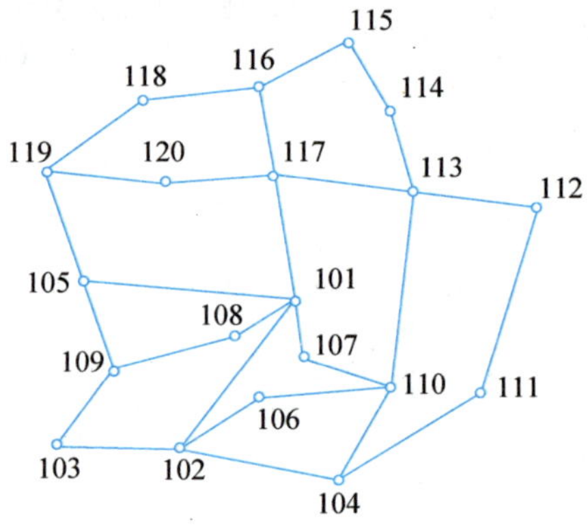

图 5-4 某城市 GNSS 网

表 5-5 城市 GNSS 网的主要技术指标

项目	技术指标要求			
	B	C	D	E
卫星截止高度角/(°)	15	15	15	15
同时观测有效同系统卫星数	≥4	≥4	≥4	≥4
有效观测卫星总数	≥20	≥6	≥4	≥4
观测时段数	≥3	≥2	≥1.6	≥1.6
时段长度	≥23h	≥4h	≥60min	≥40min
采样间隔/s	30	15～30	5～15	5～15

a. 计算有效观测卫星总数时，应将各时段的有效观测卫星数扣除其间的重复卫星数。
b. 观测时段长度，应为开始记录数据到结束记录的时间长度。
c. 观测时段数“≥1.6”指采用网观测模式时，每站至少观测一时段，其中二次设站点数应不少于 GNSS 网总点数的 60%。
d. 采用基于卫星导航定位基准站的点观测模式时，可连续观测，但观测时间应不低于表中规定的各时段观测时间的和。

5.1.2 高程控制测量

高程控制主要通过水准测量的方法建立，而在地形起伏大、直接利用水准测量较困难的地区建立低精度的高程控制网及图根高程控制网，可采用三角高程测量方法。

在全国范围内采用水准测量方法建立的高程控制网，称为国家水准网。国家水准网的布设采用“从整体到局部”“由高级到低级”“分级布设、逐级控制”的原则。国家水准网分为四个等级。

一等水准网是国家高程控制的“骨干”，沿地质构造稳定和坡度平缓的交通线布满全国，构成网状。一等水准路线全长为 93 000 多 km，包括 100 个闭合环，环的周长为 800～1 500km。二等水准网是国家高程控制网的基础，一般沿铁路、公路和河流布设。二等水准网布设在一等水准网内，包括 822 个闭合环，每个环的周长为 300～700km，全长为 137 000 多 km。沿一、二等水准路线还要进行重力测量，提供重力改正数据。一、二等水准路线要定期复测，检查水准点的高程变化，供研究地壳垂直运动用。三、四等水准网直接用于测制地形图和各项工程建设。三等水准环线周长不超过 200km；四等水准网一般布设为附合在高等级水准点上的附合路线，其长度不超过 80km。全国各地地面点的高程，无论是高山、平原还是江河湖面的高程都是根据国家水准网统一传递和计算的。

小区域高程控制网也应视测区面积大小和工程要求采用分级的方法建立。一般以国家或城市等级水准点为基础，在测区建立三、四等水准路线或水准网；再以三、四等水准点为基础，测定图根点的高程。城市水准测量设计规格和主要技术要求见表 5－6 和表 5－7。

表 5－6 城市水准测量设计规格

(单位：km)

水准点间距（测段长度）	建筑区	1～2
	其他地区	2～4
闭合路线或附合路线的最大长度	二等	400
	三等	45
	四等	15

表 5－7 城市水准测量主要技术要求

等级	每千米高差中误差/mm		路线长度/km	测段往返测高差不符值/mm	附合或环线闭合差	
	偶然中误差	全中误差			平地/mm	山地/mm
二等	±1	±2	400	$\pm 4\sqrt{R}$	$\pm 4\sqrt{L}$	—
三等	±3	±6	45	$\pm 12\sqrt{R}$	$\pm 12\sqrt{L}$	$\pm 4\sqrt{n}$
四等	±5	±10	15	$\pm 20\sqrt{R}$	$\pm 20\sqrt{L}$	$\pm 6\sqrt{n}$
图根	±10	±20	8	—	$\pm 40\sqrt{L}$	$\pm 12\sqrt{n}$

注：①结点之间或结点与高级点之间，其路线的长度不应大于表中规定的 0.7 倍；
②R 为测段长度，单位为 km；L 为附合或环线的长度，单位为 km；n 为测站数。

5.2 导线测量

导线测量是平面控制测量中的一种方法，主要用于隐蔽地区、带状地区、城建区、地下工程、公路、铁路和水利等控制点的测量。将测区内相邻控制点连成直线而构成的折线图形，称为导线。构成导线的控制点，称为导线点，点间的折线边称为导线边，相邻导线之间的夹角称为转折角。另外，与坐标方位角已知的导线边（称为定向边）相连接的转折角，称为连接角。导线测量是指依次测定各导线边的长度和各转折角，根据起算数据，推算各边的坐标方位角，从而求出各导线点的坐标。

5.2.1 导线测量的布设形式

导线可以被布设成单一导线和导线网。两条以上导线的汇聚点，称为导线的结点。单一导线和导线网的区别在于导线网具有结点，而单一导线不具有结点。

根据测区的不同情况和要求，单一导线可布设成闭合导线、附合导线和支导线三种形式。导线网可以被布设成自由导线网和附合导线网。

1. 闭合导线

如图 5－5 所示，从已知控制点 A 和已知方向 BA 出发，经过 2、3、4、5 最后仍回到起点 A，形成一个闭合多边形，这样的导线称为闭合导线。闭合导线本身存在着严密的几何条件，具有检核作用。闭合导线多用在面积较宽阔的独立地区作测图控制。

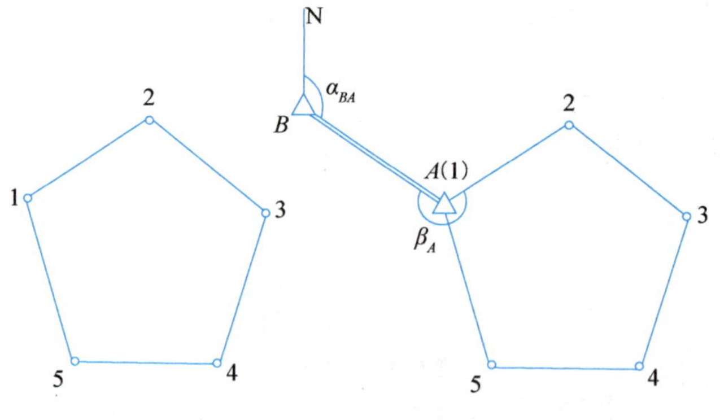

图 5－5　闭合导线

2. 附合导线

如图 5－6 所示，从已知控制点 A 和已知方向 BA 出发，经过 2、3、4、5 点，最后附合到另一已知点 C 和已知方向 CD 上，这样的导线称为附合导线。这种布设形式具有检核观测成果的作用。附合导线多用在带状地区作测图控制。此外，也广泛用于公路、铁路、水利等工程的勘测与施工。

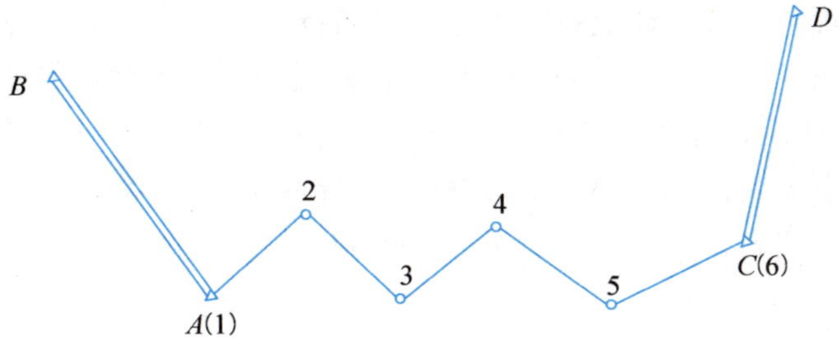

图 5-6　附合导线

3. 支导线

如图 5-7 所示，从一已知控制点 A 沿已知方向 BA 出发，既不附合到另一已知点，又不回到起点的导线，称为支导线。

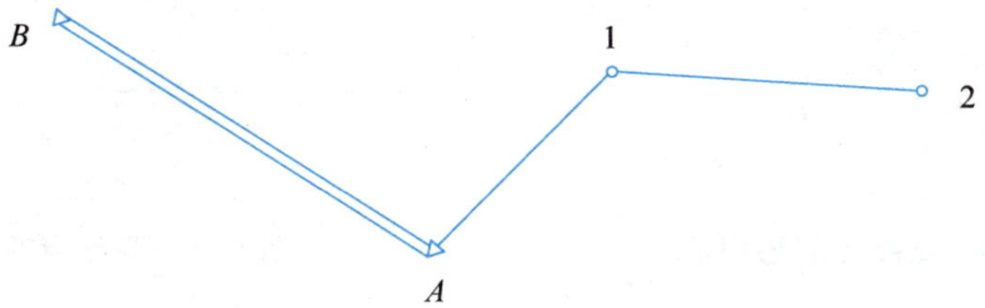

图 5-7　支导线

闭合导线和附合导线在外业测量与内业计算中都能检核，它们是布设导线的主要形式。支导线没有检核条件，差错不易发现，故支导线的点数不宜超过两个，一般仅作补点使用。此外，根据测区的具体条件，导线还可以布设成具有结点或多个闭合环的导线网。

5.2.2　导线测量的外业

导线测量的外业工作包括踏勘选点及建立标志、导线边长测量、导线转折角测量及连接角测量和导线点的高程测量。

1. 踏勘选点及建立标志

选点前，应调查搜集测区已有的地形图和控制点的资料，先在已有的地形图上拟定导线布设方案，然后到野外去踏勘、核对、修改和落实点位。如果测区没有地形图资料，则需详细踏勘现场，根据已知控制点的分布、地形条件及测图和施工需要等具体情况，合理地选定导线点的位置。选点时应满足下列要求：

（1）相邻点间必须通视良好，地势较平坦，便于测角和量距。

（2）点位应选在土质坚实处，便于保存标志和安置仪器。

（3）视野开阔，便于测图或放样。

（4）导线各边的长度应大致相等，最长不超过平均边长的两倍，相邻边长尽量不使其长短相差悬殊。除特殊条件外，导线边长一般为 50～350m，平均边长符合表 5-2 的规定。

（5）导线点应有足够的密度，分布较均匀，便于控制整个测区。

确定导线点位置后，应在地上打入木桩，桩顶钉一小钉作为导线点的标志。如导线点需长期保存，可按图 5－8 所示埋设水泥桩或石桩，桩顶刻凿十字或嵌入锯有十字的钢筋作标志。如图 5－9 所示，导线点应按顺序编号，导线点埋设后，为便于在观测和使用时寻找，可根据导线点与周围地物的相对关系绘制导线点点位略图，在图上注记导线点编号、地名、路名和单位名，以及导线点至临近地物特征点的距离。

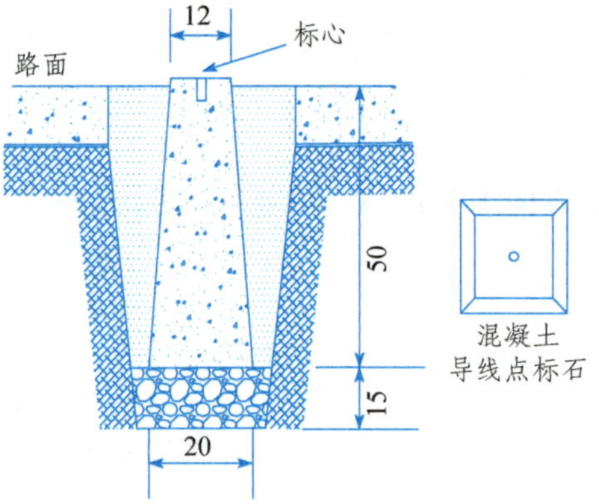

图 5－8　混凝土导线点标石

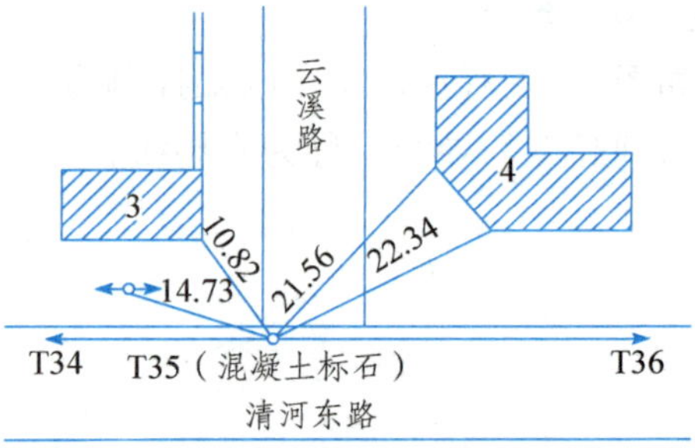

图 5－9　导线点的点之记

2. 导线边长测量

导线边长一般用电磁波测距仪或全站仪观测，同时观测竖直角将斜距化为平距。导线边长应进行对向观测，以增加检核条件。图根导线边长也可用检定过的钢尺进行往返丈量，满足要求时，取其平均值作为丈量的结果。

3. 导线转折角测量

导线的转折角有左、右之分，在导线前进方向左侧的称为左角，右侧的称为右角。对于附合导线，应统一观测左角或右角（在公路测量中，一般是观测右角）；对于闭合导线，则观测内角。当按顺时针方向编号时，闭合导线的右角即为内角；当按逆时针方向编号时，则左角为内角。

导线的转折角通常采用测回法进行观测。各级导线的测角技术要求参见表 5－2。对于图根导线，一般用 DJ_6 级光学经纬仪或全站仪测一个测回，盘左、盘右测得角值的差值不大于 40″时，则取其平均值作为观测结果。

当测角精度要求较高，而导线边长比较短，为了减少对中误差和目标偏心误差，可采用三联脚架法作业。如图 5－10 所示，经纬仪置于导线点 2 时，在点 1、3 上安置与观测仪器同型号的三脚架和基座，基座上插入照准用的觇标。在导线点 2 测角结束后，将经纬仪照准部和 3 点上的觇标自基座上取出并互相对调，将 1 点的三脚架连同觇标迁至 4 点，这样在 3 点又进行角度观测。依次向前作业，直到测完全部转折角为止。图 5－11 所示为觇标大样图。

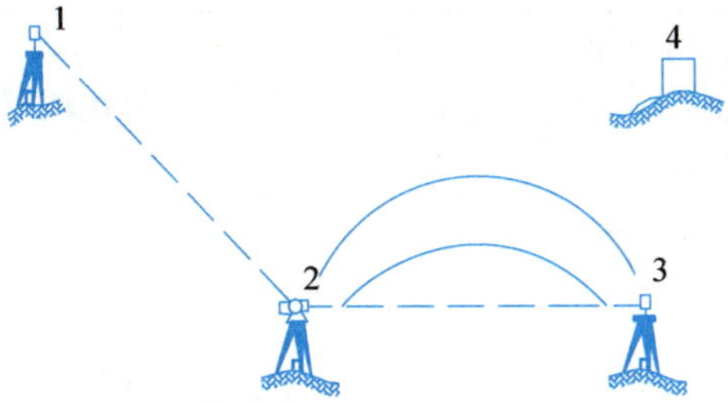

图 5 - 10　三联脚架法测量

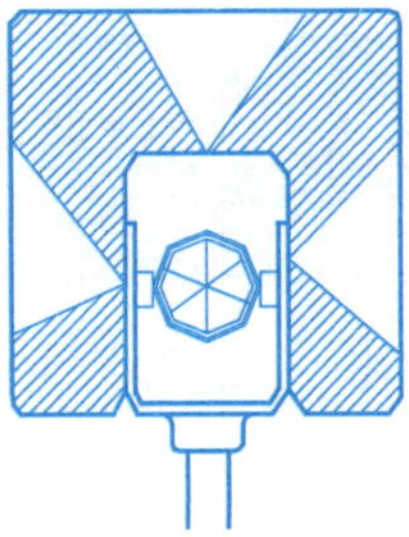

图 5 - 11　觇标大样图

4. 导线连接角测量

导线与高级控制网联测，必须观测连接角和连接边作传递坐标方位角和坐标之用。若附近无高级控制点，可用罗盘仪观测导线起始边的磁方位角，并假定起始点的坐标作为起算数据。

5. 导线点的高程测量

导线点的高程测量可采用水准测量或三角高程测量的方法。目前多采用电磁波测距仪三角高程测量进行对向观测来确定导线点的高程，此时必须观测竖直角、量取仪器高和目标高。

表 5 - 8 为导线水平角观测及距离测量的记录示例。

表 5 - 8　导线水平角观测及距离测量记录表

测点	盘位	目标	水平度盘读数 ° ′ ″	水平角 半测回值 ° ′ ″	水平角 一测回值 ° ′ ″	距离测量
N_1	左	N_2	0　02　12	272　27　06	272　27　06	边长名：$N_1 - N_2$ 第一次=130.897m 第二次=130.895m 边长名：$N_1 - N_4$ 第一次=110.130m 第二次=110.130m
		N_4	272　29　18			
	右	N_4	92　29　03	272　26　57		
		N_2	180　02　06			
N_2	左	N_1	0　02　12	145　50　18	145　50　20	边长名：$N_2 - N_1$ 第一次=130.899m 第二次=130.898m 边长名：$N_2 - N_3$ 第一次=81.175m 第二次=81.176m
		N_3	145　52　30			
	右	N_3	325　52　31	145　50　23		
		N_1	180　02　08			
						边长名：________ 第一次=________ m 第二次=________ m 边长名：________ 第一次=________ m 第二次=________ m

续表

测点	盘位	目标	水平度盘读数 ° ′ ″	水平角 半测回值 ° ′ ″	 一测回值 ° ′ ″	距离测量
						边长名：________ 第一次=________ m 第二次=________ m 边长名：________ 第一次=________ m 第二次=________ m

5.2.3 闭合导线的近似平差计算

导线测量的最终目的是获得每个导线点的平面直角坐标，因此外业工作结束后就要进行内业计算。在计算之前，应全面检查导线测量外业的水平角、竖直角和距离观测记录有无遗漏或记错，是否符合测量的限差要求。然后绘制导线略图，在图上注明已知点和导线点点号。

计算的起始数据包括已知点坐标、已知坐标方位角。观测数据为观测角度值和观测边长。求各导线点的坐标，需要首先推算各导线边的坐标方位角，由导线边的边长和坐标方位角，计算两相邻导线点的坐标增量，然后推算各点的坐标。近似平差的基本思路是将角度误差和边长误差分别进行平差处理，先进行角度闭合差的分配，在此基础上再进行坐标闭合差的分配，通过调整坐标闭合差，以达到处理角度误差和边长误差的目的。

闭合导线坐标计算是按一定的次序在表 5－9 中进行，也可以在计算机上用计算程序计算。计算前应检查外业观测成果是否符合技术要求，然后将角度、起始边方位角、边长和起算点坐标分别填入表 5－9 中对应栏，或输入计算机。计算时还应绘制导线略图。现以图 5－12 所示的闭合五边形导线为例，说明闭合导线坐标计算的步骤。

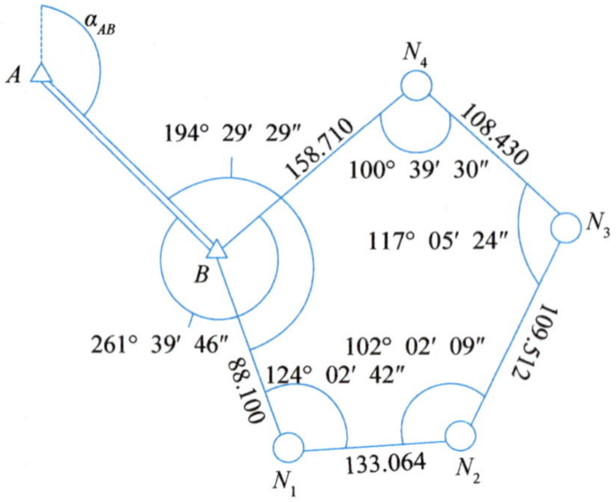

图 5－12　闭合五边形导线计算简图

表 5-9 闭合导线计算表

略图与备注	点	X	Y	
	A	1 640.460	1 111.401	$R_{AB}=\arctan\left\lvert\frac{125.301}{-100.074}\right\rvert=51^\circ23'12''$
	B	1 540.386	1 236.702	

点名	角度观测值 ° ′ ″	改正数 ″	改正后角度 ° ′ ″	坐标方位角 ° ′ ″	边长（m）	坐标增量（m）		坐标增量改正数（mm）		改正后坐标增量（m）		坐标（m）	
						ΔX	ΔY	$v\Delta X$	$v\Delta Y$	ΔX	ΔY	X	Y
1	2	3	4	5	6	7	8	9	10	11	12	13	14
A													
				128 36 48									
B	194 29 29	+10	194 29 39									1 540.386	1 236.702
				143 06 27	88.100	−70.459	+52.888	−11	+13	−70.470	+52.901		
N_1	124 02 42	+10	124 02 52									1 469.916	1 289.603
				87 09 19	133.064	+6.604	+132.900	−17	+20	+6.587	+132.920		
N_2	102 02 09	+10	102 02 19									1 476.503	1 422.523
				9 11 38	109.512	+108.105	+17.497	−14	+17	+108.091	+17.514		
N_3	117 05 24	+10	117 05 34									1 584.594	1 440.037
				306 17 12	108.430	64.172	−87.402	−14	+17	64.158	−87.385		
N_4	100 39 30	+10	100 39 40									1 648.752	1 352.652
				226 56 52	158.710	−108.346	−115.974	−20	+24	−108.366	−115.950		
B	261 39 46	+10	261 39 56									1 540.386	1 236.702
				308 36 48	Σ=597.811	Σ=76mm	Σ=−91mm	Σ=−76	Σ=91				
A													
Σ	899 59 00	$f_\beta=-60''$　$f_x=0.076\text{m}$　$f_y=-0.091\text{m}$　$f_s=0.118\text{m}$　$K=\frac{0.118}{597.811}=\frac{1}{5\ 000}$											

1. 角度闭合差的计算与调整

由于角度观测存在误差，闭合导线实测的多边形内角总和计算值$\sum\beta_{测}$不等于其理论值$(n-2)\cdot 180°$，其差值称为角度闭合差，以f_β表示：

$$f_\beta=\sum\beta_{测}-(n-2)\cdot 180° \tag{5-1}$$

各级导线角度闭合差的容许值$f_{\beta容}$，如表5-2所示，如三级导线：$f_{\beta容}=\pm 24\sqrt{n}''$。

若$f_\beta\leqslant f_{\beta容}$，则可进行角度闭合差的调整，否则，应分析情况进行重测。角度闭合差的调整原则是：将f_β以相反的符号平均分配到各观测角中，即各角的改正数为：

$$v_\beta=-f_\beta/n \tag{5-2}$$

计算时，根据角度取位的要求，改正数可凑整到1″、6″或10″。若不能均分，一般情况下，给短边的夹角多分配一点，使各角改正数的总和与反号后的角度闭合差相等，即$\sum v_\beta=-f_\beta$。

表5-9的五边形闭合导线的计算实例$f_\beta=-60''$，共有6个观测角（包括1个连接角），故每个观测角分配改正值$+10''$，然后计算改正后的角度值，填入改正后角度栏。

2. 推算各边的坐标方位角

根据起始方位角和改正后的转折角，以及观测的是左角或右角，按式（5-3）依次推算各边的坐标方位角，填入表5-9中坐标方位角栏。

$$\alpha_{前}=\alpha_{后}+\beta_{左}-180° \text{或} \alpha_{前}=\alpha_{后}+180°-\beta_{右} \tag{5-3}$$

在推算过程中，如果算出的$\alpha_{前}>360°$，则应减去360°；如果算出的$\alpha_{前}<0°$，则应加上360°。为了发现推算过程中的差错，最后必须推算至起始边的坐标方位角，看其是否与已知值相等，以此作为计算检核。

3. 计算各边的坐标增量

坐标增量是相邻两点的坐标差，用Δx、Δy表示，根据各边的坐标方位角α和边长D，按式（5-4）计算各边的坐标增量，将计算结果填入表5-9中坐标增量栏。

$$\left.\begin{aligned}x_B&=x_A+\Delta x_{AB}\\y_B&=y_A+\Delta y_{AB}\end{aligned}\right\} \tag{5-4}$$

其中：

$$\left.\begin{aligned}\Delta x_{AB}&=D_{AB}\cdot\cos\alpha_{AB}\\\Delta y_{AB}&=D_{AB}\cdot\sin\alpha_{AB}\end{aligned}\right\} \tag{5-5}$$

式中，Δx_{AB}、Δy_{AB}分别称为纵、横坐标增量。

4. 坐标增量闭合差的计算与调整

（1）坐标增量闭合差f_x、f_y的计算。

闭合导线的纵、横坐标增量总和的理论值应为零，即：

$$\left.\begin{aligned}\sum\Delta x_{理}&=0\\\sum\Delta y_{理}&=0\end{aligned}\right\} \tag{5-6}$$

由于测量误差，改正后的角度仍有残余误差，坐标增量总和的测量计算值$\sum \Delta x_{测}$与$\sum \Delta y_{测}$一般都不为零，其值称为坐标增量闭合差，以f_x与f_y表示，即：

$$\left.\begin{aligned} f_x &= \sum \Delta x_{测} \\ f_y &= \sum \Delta y_{测} \end{aligned}\right\} \tag{5-7}$$

(2) 导线全长闭合差f_s和相对误差K的计算。

实际上，计算的闭合导线并不闭合，而是存在一个缺口，这个缺口的长度称为导线全长闭合差，以f_s表示。

$$f_s = \sqrt{f_x^2 + f_y^2} \tag{5-8}$$

导线越长，全长闭合差也越大。因此，通常用相对闭合差来衡量导线测量的精度，导线的全长相对闭合差按下式计算：

$$K = \frac{f_s}{\sum D} = \frac{1}{\sum D / f_s} \tag{5-9}$$

式中，$\sum D$为导线边长的总和。

(3) 坐标增量闭合差的调整。

导线的全长相对闭合差应满足表 5－2 的规定。否则，应先检查外业记录和全部内业计算，必要时到现场检查，重测部分或全部成果。若K值符合精度要求，则可将坐标增量闭合差f_x与f_y以相反符号，按与边长成正比分配到各增量中，任一边分配的改正数$v_{\Delta x_{i,i+1}}$、$v_{\Delta y_{i,i+1}}$按下式计算：

$$\left.\begin{aligned} v_{\Delta x_{i,i+1}} &= -\frac{f_x}{\sum D} D_{i,i+1} \\ v_{\Delta y_{i,i+1}} &= -\frac{f_y}{\sum D} D_{i,i+1} \end{aligned}\right\} \tag{5-10}$$

改正数应按坐标增量取位的要求凑整到 cm 或 mm，并且必须使改正数的总和与反符号闭合差相等，即

$$\left.\begin{aligned} \sum v_{\Delta x} &= -f_x \\ \sum v_{\Delta y} &= -f_y \end{aligned}\right\} \tag{5-11}$$

改正数填入表 5－9 中坐标增量改正数栏，然后计算改正后的坐标增量，将其填入表 5－9 中改正后坐标增量栏。

5. 坐标计算

根据起始点的已知坐标和改正后的坐标增量，按式（5－4）依次推算各点的坐标，填入表 5－9 中坐标栏。

如果导线未与高级控制点连接，则起始点的坐标可自行假定，为了检查坐标推算中的差错，最后还应推回到起算点的坐标，看其是否和已知值相等，以此作为计算检核。

5.2.4 附合导线的近似平差计算

如图 5－13 所示的双定向附合导线，两端依附于已知点B、C，连测已知方位角α_{AB}、

α_{CD}，观测了各导线边边长 D 及转折角 β。A、B、C、D 均为高级控制点，它们的坐标已知，则可以计算出起始边 AB 和终止边 CD 的坐标方位角 α_{AB}、α_{CD}。

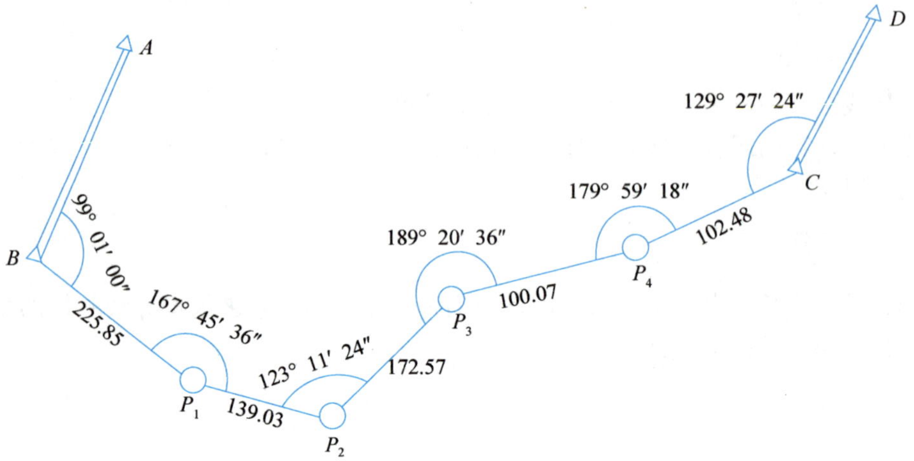

图 5-13　附合导线计算简图

附合导线坐标计算是按一定的次序在表 5-10 中进行的，也可以用计算程序在计算机上计算。计算前应检查外业观测成果是否符合技术要求，然后将角度、起始边方位角、边长和起算点坐标分别填入表 5-10 的对应栏，或输入计算机。计算时还应绘制导线略图。

附合导线的坐标计算基本与闭合导线相同，但由于附合导线两端和已知点相连，所以在角度闭合差和坐标增量闭合差上有所不同。下面介绍这两项的计算方法。

1. 角度闭合差的计算

A、B、C、D 均为高级控制点，它们的坐标已知，则可求得起始边 AB 和终止边 CD 的坐标方位角 α_{AB}、α_{CD}。由起始方位角 α_{AB} 经各转折角推算终止边的方位角 α'_{CD} 与已知值 α_{CD} 不相等，其差数即为附合导线角度闭合差 f_β，即：

$$\alpha'_{CD}=\alpha_{AB}+\sum\beta_{左}-n\cdot 180° \tag{5-12}$$

角度闭合差为：

$$f_\beta=\alpha'_{CD}-\alpha_{CD}=\alpha_{AB}+\sum\beta_{左}-n\cdot 180°-\alpha_{CD} \tag{5-13}$$

参照图 5-13，按式（5-3）或式（5-4）可推算终止边的坐标方位角。

同理可得 β 为右角时：

$$\alpha'_{CD}=\alpha_{AB}-\sum\beta_{右}+n\cdot 180° \tag{5-14}$$

角度闭合差为：

$$f_\beta=\alpha'_{CD}-\alpha_{CD}=\alpha_{AB}-\sum\beta_{右}+n\cdot 180°-\alpha_{CD} \tag{5-15}$$

或将上式写成一般式为：

$$\left.\begin{aligned}f_\beta=(\alpha_{始}-\alpha_{终})+\sum\beta_{左}-n\cdot 180°\\ f_\beta=(\alpha_{始}-\alpha_{终})-\sum\beta_{右}+n\cdot 180°\end{aligned}\right\} \tag{5-16}$$

表 5-10　附合导线计算表

略图与备注			点	X	Y	点	X	Y					
			A	2 603.177	1 368.392	C	2 166.720	1 757.290	$R_{AB}=\arctan\left\|\frac{-152.762}{-95.487}\right\|=57°59'30''$				
			B	2 507.690	1 215.630	D	2 273.831	1 871.186	$R_{CD}=\arctan\left\|\frac{113.896}{107.111}\right\|=46°45'30''$				
点名	角度观测值 ° ′ ″	改正数 ″	改正后角度 ° ′ ″	坐标方位角 ° ′ ″	边长（m）	坐标增量（m）		坐标增量改正数（cm）		改正后坐标增量（m）		坐标（m）	
						ΔX	ΔY	vΔX	vΔY	ΔX	ΔY	X	Y
1	2	3	4	5	6	7	8	9	10	11	12	13	14
A				237 59 30									
B	99 01 00	+7	99 01 07	157 00 37	225.85	−207.91	+88.21	+4	−4	−207.87	+88.17	2 507.69	1 215.63
P_1	167 45 36	+7	167 45 43	144 46 20	139.03	−113.57	+80.20	+2	−2	−113.55	+80.18	2 299.82	1 303.80
P_2	123 11 24	+7	123 11 31	87 57 51	172.57	+6.13	+172.46	+3	−3	+6.16	+172.43	2 186.27	1 383.98
P_3	189 20 36	+7	189 20 43	97 18 34	100.07	−12.73	+99.26	+2	−1	−12.71	+99.25	2 192.43	1 556.41
P_4	179 59 18	+7	179 59 25	97 17 59	102.48	−13.02	+101.65	+2	−2	−13.00	+101.63	2 179.72	1 655.66
C	129 27 24	+7	129 27 31	46 45 30	Σ=740.00	Σ=−341.10	Σ=541.78					2 166.72	1 757.29
D													
Σ	888 45 18		$\alpha_{CD}-\alpha_{AB}=-191°14'00''$　$f_\beta=-42''$　$f_x=-0.13m$　$f_y=+0.12m$　$f_s=0.18m$　$K=\frac{0.18}{740}=\frac{1}{4\,000}$										

必须特别注意，在调整角度闭合差时，若观测角为左角，则应以与角度闭合差相反的符号分配角度闭合差；若观测角为右角，则应以与角度闭合差相同的符号分配角度闭合差。

2. 坐标增量闭合差的计算

附合导线的起点及终点均是已知的高级控制点，其误差可以忽略不计。附合导线的纵、横坐标增量的总和，在理论上应等于终点与起点的坐标差值，即

$$\left.\begin{aligned}\sum\Delta x_{理}=x_{终}-x_{始}\\ \sum\Delta y_{理}=y_{终}-y_{始}\end{aligned}\right\}\tag{5-17}$$

由于量边和测角有误差，因此算出的坐标增量总和$\sum\Delta x_{测}$与$\sum\Delta y_{测}$与理论值不相等，其差数即为坐标增量闭合差：

$$\left.\begin{aligned}f_x=\sum\Delta x_{测}-(x_{终}-x_{始})\\ f_y=\sum\Delta y_{测}-(y_{终}-y_{始})\end{aligned}\right\}\tag{5-18}$$

附合导线坐标计算实例见表 5-10。

5.3 交会法测量

为了满足测绘地形图的需要，控制点应具有足够的密度，当原有控制点不能满足工程需要时，可用交会法加密控制点，这种加密的控制点称为交会点。常用的交会法有前方交会、后方交会、侧方交会和测边交会，这些方法也可以用于工程测量。

5.3.1 前方交会

前方交会法又叫角度交会法，是指从两个（或三个）已知点测定已知方向与待定点方向之间的水平夹角，以交会出待定点位置的方法。前方交会如图 5-14 所示，A、B 为已知坐标的控制点，P 为待求点。用经纬仪测得 α、β 角，则根据 A、B 点的坐标，即可求得 P 点的坐标。

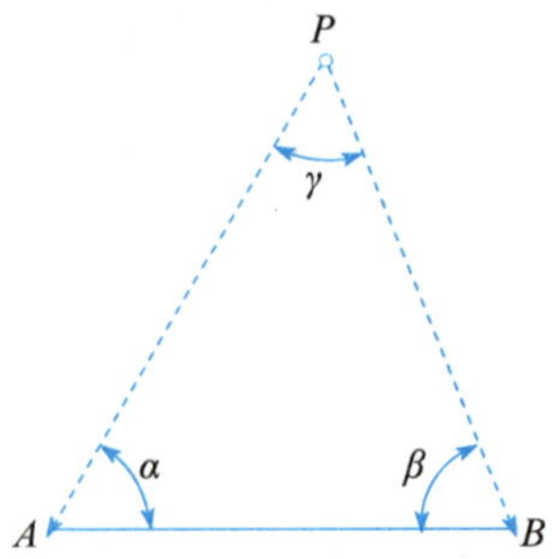

图 5-14 前方交会

1. 根据两已知点的坐标反算已知边的边长和坐标方位角

$$D_{AB}=\sqrt{\Delta x_{AB}^2+\Delta y_{AB}^2} \tag{5-19}$$

$$\alpha_{AB}=\arctan\left(\frac{\Delta y_{AB}}{\Delta x_{AB}}\right) \tag{5-20}$$

2. 推算出待定边的边长和坐标方位角

待定边 AP、BP 的边长可用正弦定理计算：

$$D_{AP}=D_{AB}\frac{\sin\beta}{\sin\gamma} \tag{5-21}$$

$$D_{BP}=D_{AB}\frac{\sin\alpha}{\sin\gamma} \tag{5-22}$$

式中，$\gamma=180°-\alpha-\beta$。

待定边坐标方位角计算：

$$\alpha_{AP}=\alpha_{AB}-\alpha \tag{5-23}$$

$$\alpha_{BP}=\alpha_{BA}+\beta \tag{5-24}$$

3. 计算待定点的坐标

按式（5-4）、式（5-5）分别由已知点 A、B 计算待定点 P 的坐标，所得结果应相等，作为计算检核条件。

5.3.2 后方交会

如图 5-15 所示，后方交会是指在待求点 P 上安置仪器，向三个已知点 A、B、C 进行水平角观测，观测三个已知点之间的夹角 α、β，然后根据已知点的坐标和 α、β 计算 P 点的坐标，这种方法称为后方交会法。待定点可以在已知点组成的三角形之内，也可以在其外。由于后方交会只需在待求点上设站，因而较前方交会、侧方交会的外业工作量少。它不仅用于控制点加密，也多用于导线点与高级控制点的联测。

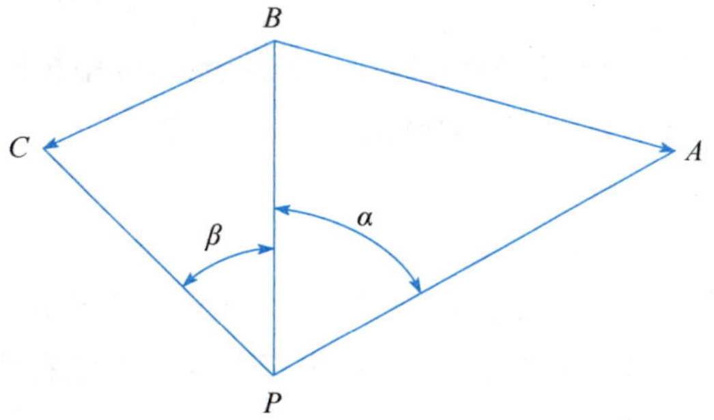

图 5-15　后方交会

采用后方交会法测量时，称不在一条直线上的三个已知点 A、B、C 所构成的圆为危险圆。如图 5-16 所示，当待定点 P 位于三个已知点 A、B、C 所构成的危险圆上时，则会出现无解或无穷多解的情况，此时，P 点虽然在圆周上移动，但由于 α、β 值不变，故

x_P、y_P 值不变，因而 P 点坐标产生错误。故在采用后方交会法用待定点坐标时，应避免待定点位于危险圆上。

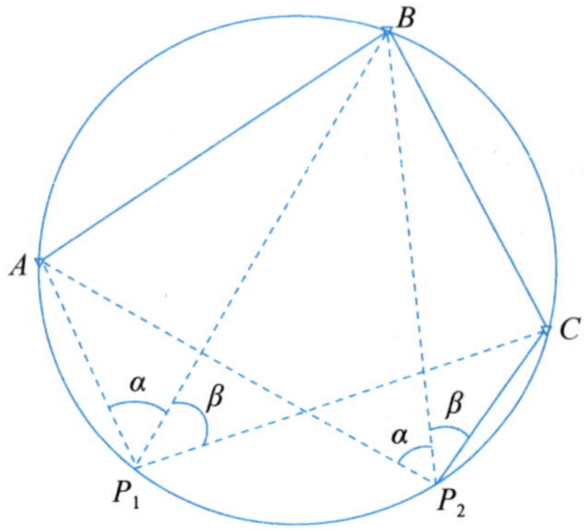

图 5-16　后方交会的危险圆

5.3.3　侧方交会

如图 5-17 所示，A、B 为两已知点，在已知点 A 和未知点 P 上设站，观测角 α 和交会角 γ，并由此推算出 β 角（$\beta=180°-\alpha-\gamma$），以确定 P 点位置的方法，称为侧方交会。侧方交会主要用于有一个已知点（如 B 点）不方便安置仪器的情况，为了检核，它亦需要测出第三个已知点 C 的 ε 角。

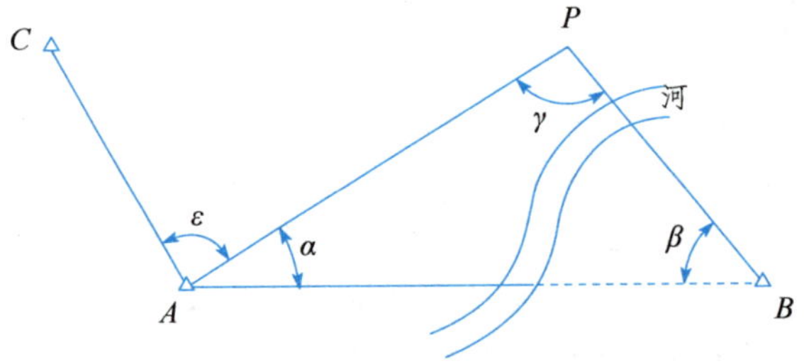

图 5-17　侧方交会

侧方交会求未知点的坐标和前方交会求未知点的坐标应用相同的公式，即先求 AP 边长 D_{AP} 及方位角 α_{AP}，后求未知点 P 的坐标。

5.3.4　测边交会

如图 5-18 所示，由待定点 P 向两个已知点 A、B 量取边长 D_{PA}、D_{PB}，根据观测边长 D_{PA}、D_{PB} 和已知点 A、B 坐标值计算 P 点坐标。这种方法称为测边交会，又称为距离交会。测边交会计算坐标步骤如下：

（1）根据已知点的坐标反算已知边 AB 的边长 D_{AB} 和坐标方位角 α_{AB}。

（2）根据 D_{PA}、D_{PB}、D_{AB} 由余弦定理分别计算出三角形的三个内角 β_A、β_B、β_P。

（3）根据式（5-3）由 α_{AB}、β_A、β_B 分别推算出 AP、BP 的坐标方位角。

（4）与前方交会最后一个步骤相同，分别由已知点 A、B 计算，待定点 P 的坐标所得结果应相等，作为计算检核条件。

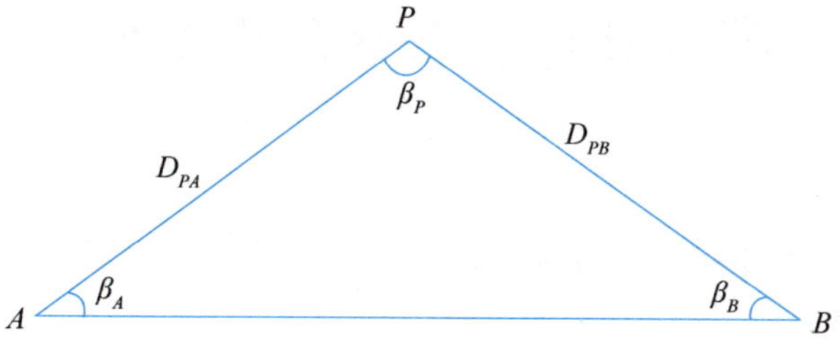

图 5-18　测边交会

交会测量是根据多个已知点的平面坐标（或高程），通过测定已知点到某待定点的方向或（和）距离（或测定其竖直角），以推求此待定点的平面坐标（或高程）的测量技术和方法。以确定待定点平面坐标为目的的测量，称为平面交会测量。以确定待定点高程为目的的测量，称为高程交会测量。以确定待定点三维坐标为目的的测量，称为空间交会测量。仅在已知点设站进行观测，称为前方交会。仅在待定点设站进行观测，称为后方交会。既在待定点设站又在个别已知点设站进行观测，称为侧方交会。

在平面和空间交会测量中，若经观测获得的成果仅有角元素，称为测角交会；经观测获得的成果仅有边元素，称为测边交会；经观测直接或间接获得的成果既有角元素又有边元素，称为边角交会。在平面测角交会中，若控制点的平面坐标是用解析法求得的，称为解析交会；用图解法确定且直接展绘到图板上的，则称为图解交会。

小区域控制测量案例

项目实训：一级闭合导线测量

实训目标

（1）熟悉全站仪的基本结构与性能，以及各操作部件、螺旋的名称和作用。

（2）掌握全站仪的基本操作方法。

（3）掌握测回法测量水平角的方法，并进行记录及计算。

（4）掌握闭合导线测量的原理，以及闭合导线测量的外业施测和内业成果计算，并能正确判断观测成果是否合格。

实训器材

全站仪 1 套、棱镜 2 套、记录板 1 块、观测手簿等。

实训内容

（1）测量一级闭合导线，导线路线经过 3 个指定未知点，提供一个已知点和一条已知导线边作为导线的起点和定向边。

（2）要求在规定的时间内，完成闭合导线测量，计算出待定点的坐标。

实训步骤

1. 操作步骤

（1）在地面上选择 B 点和 A_1、A_2、A_3、A_4 共 5 个点，如下图所示，假定 A_1 点坐标和 A_1B 的方位角为已知，欲求 A_2、A_3、A_4 点的坐标。

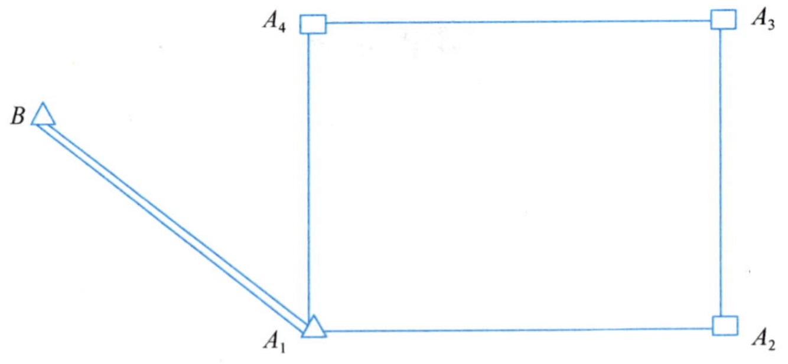

闭合导线示意图

（2）在 A_1 点安置全站仪，对中、整平，在 B、A_4、A_2 点安置棱镜，用两测回法（第 1 测回，起始方向水平度盘设置在为 0°02′30″附近；水平角观测第 2 测回，起始方向水平度盘设置 90°17′30″附近）分别观测 $\angle BA_1A_2$、$\angle A_4A_1A_2$，再用全站仪观测导线边 A_1A_4、A_1A_2 的水平距离，记入观测手簿。

（3）在 A_2 点安置全站仪，对中、整平，在 A_1、A_3 点安置棱镜，用两测回法观测水平角$\angle A_1A_2A_3$，再用全站仪观测导线边 A_2A_1、A_2A_3 的水平距离（导线边水平距离需往返测量），记入观测手簿。

(4) 同理，分别在 A_3、A_4 点安置全站仪，用两测回法分别观测 $\angle A_2A_3A_4$、$\angle A_3A_4A_1$，观测导线边 A_3A_2、A_3A_4 以及 A_4A_3、A_4A_1 的水平距离，记入观测手簿。

2. 成果计算

(1) 原始数据记录与整理：将所有观测数据、气象条件、仪器参数等详细记录在观测手簿中，确保数据完整、清晰、无误。

(2) 角度闭合差计算与调整：计算角度闭合差，判断其是否满足规范要求。若超出限差，需进行角度闭合差调整（如改正数法、平差法）。

(3) 坐标增量闭合差的计算与调整：计算坐标增量闭合差及导线全长相对闭合差，判断其是否满足规范要求。

(4) 坐标计算：根据角度和距离数据，采用坐标正算或反算方法，计算各导线点的坐标。

(5) 精度评估：计算导线网的相对精度指标，如平均边长中误差、角度闭合差允许值等，评估观测成果的可靠性。

注意事项

(1) 全站仪是目前结构复杂、价格较贵的先进仪器之一，在使用时必须严格遵守操作规程，注意爱护仪器。

(2) 在阳光下使用全站仪测量时，一定要撑伞遮阳，严禁用望远镜对准太阳。

(3) 仪器、反光棱镜站必须有人看守。观测时应尽量避免两侧和后面反射物所产生的信号干扰。

(4) 开机后先检测信号，停测时随时关机。

(5) 更换电池时，应先关断电源开关。

实训成果

要求提交以下成果

水平角观测手簿

测回 测站	盘位	目标	水平度盘读数	半测回值	一测回平均值	二测回平均值	备注
			° ′ ″	° ′ ″	° ′ ″	° ′ ″	

续表

测回 测站	盘位	目标	水平度盘读数 ° ′ ″	半测回值 ° ′ ″	一测回平均值 ° ′ ″	二测回平均值 ° ′ ″	备注

注：角度计算等取位至1″。

距离观测手簿

边名	观测	读数（m）	备注	边名	观测	读数（m）	备注
	平均				平均		
往返测平均				往返测平均			
边名	观测	读数（m）	备注	边名	观测	读数（m）	备注
	平均	369.627			平均	294.639	
往返测平均		369.627		往返测平均			

注：距离平均值计算等取位至1mm。

技能检测

一、填空题

1. 控制网分为__________和__________两种。

2. 前方交会是在__________点上安置仪器进行水平角观测；后方交会是在__________点上安置仪器进行水平角观测。

3. 坐标反算是根据两点平面直角坐标推算__________和__________。

4. 单一导线的布设形式有__________、__________和支导线三种。

5. 已知 AB 边坐标方位角 $\alpha_{AB}=165°15'36''$，AB 边水平距离 $D_{AB}=150.273$，A 点坐标为（1 560.000，1 236.000），则 Δx_{AB} 为__________，Δy_{AB} 为__________，B 点 X 坐标为__________，B 点 Y 坐标为__________。

6. __________交会法主要用于有一个已知点不方便安置仪器的情况。

二、选择题

1. 如图所示的支导线，AB 边的坐标方位角为 $\alpha_{AB}=125°30'30''$，则 CD 边的坐标方位角 α_{CD} 为（　　）。

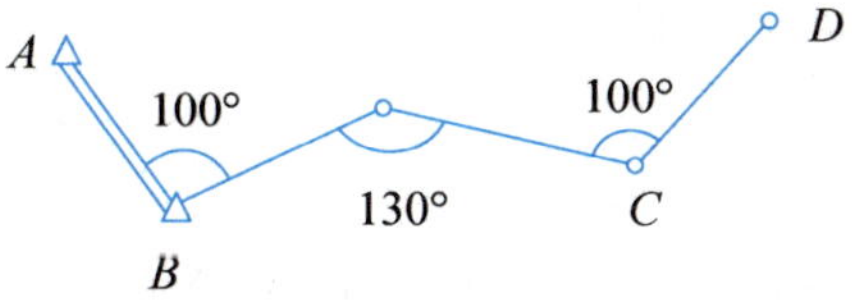

A. 75°30′30″　　B. 15°30′30″
C. 45°30′30″　　D. 25°29′30″

2. 下面关于控制网的叙述错误的是（　　）。
A. 国家控制网从高级到低级布设
B. 国家控制网按精度可分为 A、B、C、D、E 五级
C. 国家控制网分为平面控制网和高程控制网
D. 直接为测图建立的控制网，称为图根控制网

3. 根据两点坐标计算边长和坐标方位角的计算称为（　　）。
A. 坐标正算　　B. 导线计算
C. 前方交会　　D. 坐标反算

4. 直线 AB 的坐标方位角为 127°58′41″，$\delta=2'18''$，$\gamma=-2'18''$，则该直线的磁方位角为（　　）。
A. 127°54′05″　　B. 128°00′59″
C. 127°56′23″　　D. 128°03′17″

5. 坐标增量是两点平面直角坐标之（　　）。
A. 比　　B. 和　　C. 差　　D. 积

6. 已知直线 AB 的起点 A 的坐标（3 526.236，4 800.365），终点 B 的坐标（3 415.760，

4 923.126)，则 AB 直线坐标方位角为（　　）。

A. 48°00′54″　　B. 131°59′06″

C. −48°00′54″　　D. 311°59′06″

7. 已知 α_{AB}=312°00′54″，S_{AB}=105.22，则 ΔX，ΔY 分别为（　　）。

A. 70.43，78.18　　B. 70.43，−78.18

C. −70.43，−78.18　　D. −70.43，78.18

8. 在待定点安置仪器，向已知点进行水平角观测的方法是（　　）。

A. 前方交会　　B. 后方交会　　C. 侧方交会　　D. 测边交会

9. 已知一导线横坐标增量闭合差为−0.08m，纵坐标增量闭合差为+0.06m，导线全长为 392.90m，则该导线的全长相对闭合差为（　　）。

A. 1/4 911　　B. 1/6 548　　C. 1/4 000　　D. 1/3 929

10. 某闭合导线，观测的内角分别为 β_1、β_2、β_3、β_4，其角度闭合差 f_β 为（　　）。

A. $(n+2)\cdot 180°$　　B. $\sum\beta-(n-2)\cdot 180°$

C. $(n-2)\cdot 180°$　　D. $\sum\beta-(n+2)\cdot 180°$

三、问答题

1. 导线的布设形式有哪几种？各适用于什么场合？选择导线点应注意哪些事项？

2. 附合导线坐标计算的一般步骤是什么？

四、计算题

1. 已知 A、B 两点的坐标为 X_A=1 011.358m，Y_A=1 185.395m；X_B=883.122m，Y_B=1 284.855m。

(1) 设在 AB 线段的延长线上有一点 C，BC 间距离 D_{BC}=50.000m，计算 C 点的坐标。

(2) 设 D 点的设计坐标为（1 100.000m，1 100.000m），试计算在 A 点架设仪器用极坐标法测设 D 点的测设元素 D_{AB} 和 β。

2. 已知 AB、CD 两已知边坐标方位角 α_{AB}=168°30′18″，α_{CD}=165°39′38″，各观测角度如图所示，试计算该附合导线各边的坐标方位角。

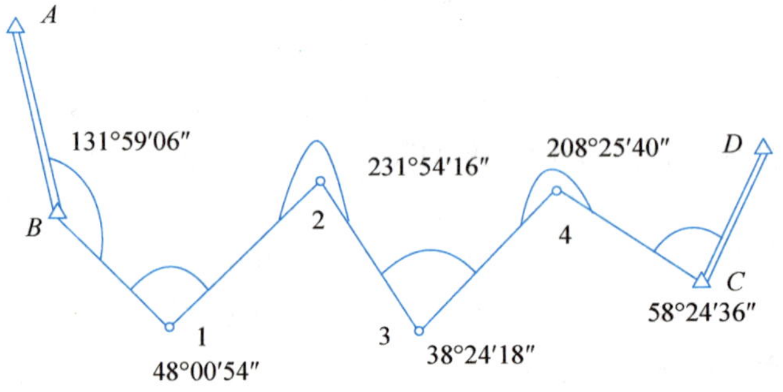

3. 附合导线 $A-B-K_1-K_2-K_3-C-D$ 如图所示。其中 A、B、C、D 为坐标已知

的点，$K_1 \sim K_3$ 为待定点，试计算各待定导线点的坐标。

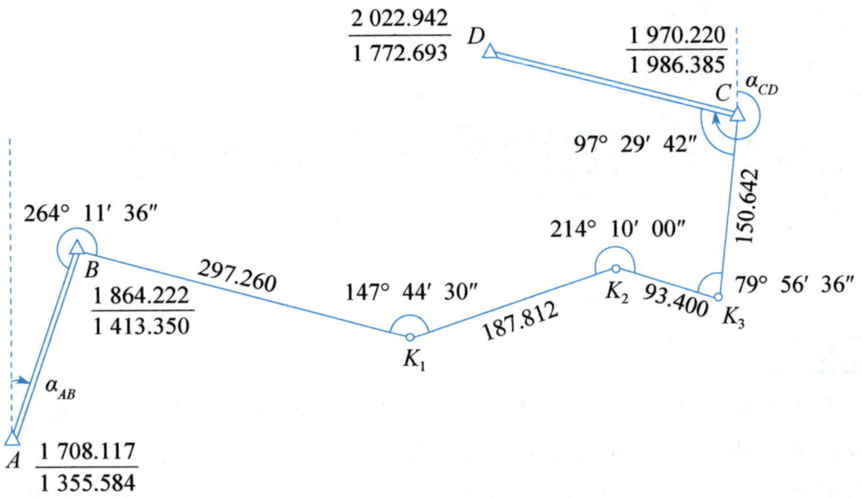

4. 闭合导线 $P_1-P_2-P_3-P_4-P_5-P_1$ 的已知数据和观测数据见下表，试计算各待定导线点的坐标。

点号	角度观测值	方位角	边长（m）	计算坐标增量		改正后坐标增量		坐标	
	° ′ ″	° ′ ″		Δx	Δy	Δx	Δy	X	Y
P_1	87 51 12							800.00	800.00
		156 45 30	107.61						
P_2	150 20 12								
			72.44						
P_3	125 06 42								
			179.92						
P_4	87 29 12								
			179.38						
P_5	89 13 42								
			224.50						
P_1									
Σ									

项目 6　地形图识读与应用

项目导读

地球表面复杂多样的形体，归纳起来可分为地物和地貌两大类。地物是指地面上天然或人工形成的固定性物体，如湖泊、河流、海洋、房屋、道路、桥梁等；地貌是指地球表面各种高低起伏的形态，如山地、丘陵和平原等。地形是地物和地貌的总称。地形图是按照一定的比例尺，用规定的符号表示的地物、地貌平面位置和高程以及基本的地理要素的正射投影图。地形图是资源勘察、城乡规划、土地利用、工程设计、河道整治等工作的重要资料。

项目重点

1. 比例尺的概念和比例尺精度。
2. 地物和地貌表示方法。
3. 地形图分幅和编号。
4. 地形图测绘的常用方法。
5. 地形图上坐标、距离、高程、方位角的量算。

学习目标

本项目通过任务驱动的方式，使学生了解地形图符号的分类、地形图要素及分幅与编号，熟悉数字测图的作业过程，能利用地形图求点的坐标、直线方位角和距离等；培养学生诚实、守信的品质，以及吃苦耐劳的精神。

6.1　地形图测绘的基础知识

6.1.1　比例尺

1. 地形图比例尺的定义

就地图制图而言，要把地面上的线段描绘到地图上，要经过如下主要过程：先将地面线段沿垂线投影到大地水准面上，然后归化到椭圆球体面上，再按某种方法将其投影到平面上，最后按某一比率缩小到地图上。这个缩小比率就是地图比例尺。

因此，地形图的比例尺可定义为地形图上某线段的长度与实地对应线段的投影长度之比。设地形图上某线段的长度为 d，实地相应的水平距离为 D，则该地图的比例尺为：

$$\frac{1}{M}=\frac{d}{D}=\frac{1}{\frac{D}{d}} \tag{6-1}$$

式中，M 为地形图比例尺分母。

式（6－1）可用于地形图上的线段与实地对应线段投影长度之间的换算。分母 M 越大，比例尺越小；分母 M 越小，比例尺越大。

2. 比例尺的形式

（1）数字比例尺。

一般将数字比例尺化为以下形式：分子为 1，分母用一个比较大的整数 M 表示。M 越大，比例尺的值就越小；M 越小，比例尺的值就越大，如数字比例尺 1∶500>1∶1 000。通常把比例尺为 1∶500、1∶1 000、1∶2 000、1∶5 000 的地形图称为大比例尺地形图；比例尺为 1∶10 000、1∶25 000、1∶50 000、1∶100 000 的地形图称为中比例尺地形图；比例尺为 1∶200 000、1∶500 000、1∶1 000 000 的地形图称为小比例尺地形图。

我国规定 1∶5 000、1∶10 000、1∶25 000、1∶50 000、1∶100 000、1∶250 000、1∶500 000、1∶1 000 000 八种比例尺地形图为国家基本比例尺地形图。

中比例尺地形图是国家的基本地图，由国家专业测绘部门负责测绘，目前均用航空摄影测量方法成图；小比例尺地形图一般由中比例尺地图缩小编绘而成。

城市和工程建设一般需要大比例尺地形图，其中比例尺为 1∶500 和 1∶1 000 的地形图一般用平板仪、经纬仪或全站仪等测绘；比例尺为 1∶2 000 和 1∶5 000 的地形图一般由 1∶500 或 1∶1 000 的地形图缩小编绘而成。大面积 1∶500～1∶5 000 的地形图也可以用航空摄影测量方法成图。

（2）图示比例尺。

为了方便用图，以及避免由于图纸伸缩而引起的误差，通常在图上绘制图示比例尺，也称为直线比例尺。图 6－1 所示为 1∶500 的图示比例尺，在两条平行线上分成若干 2cm 长的线段，称为比例尺的基本单位，左端一段基本单位细分成 10 等份，每等份相当于实地 1m，每一基本单位相当于实地 10m。

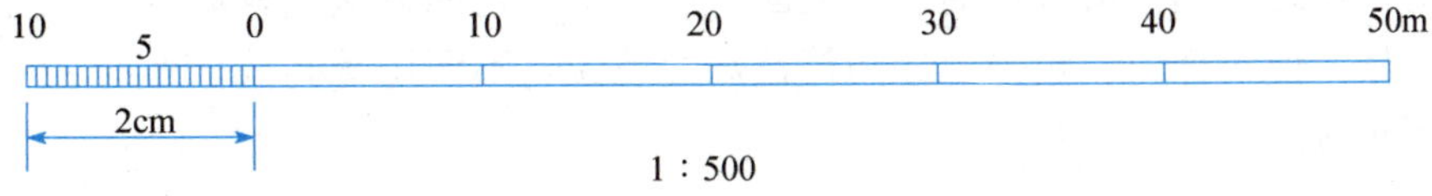

图 6－1　1∶500 图示比例尺

3. 地形图比例尺精度

地形图比例尺的大小与图上内容的显示程度有很大关系。因此，必须了解各种比例尺地形图所能达到的最大精度。显然，地形图所能达到的最大精度取决于人眼分辨能力和绘图与印刷的能力。其中，人眼的分辨能力是主要的因素。

由对人眼分辨能力的分析可知，在一般情况下，人眼的最小鉴别角为 $\theta=60'$。若以明视距离 250mm 计算，则人眼能分辨出两点间的最小距离为 0.1mm。因此，某种比例尺地形图上 0.1mm 所对应的实地投影长度，称为该地形图比例尺精度。例如 1∶100 000、1∶1 000、1∶500 的地形图比例尺精度依次为 100m、1m、0.05m。表 6－1 列出了几种比例尺地形图的比例尺精度。

表 6－1　比例尺精度表

比例尺	1∶500	1∶1 000	1∶2 000	1∶5 000	1∶10 000
比例尺精度（m）	0.05	0.1	0.2	0.5	1.0

利用比例尺精度，根据比例尺可以推算出测图时距离测量应准确到什么程度。例如，1∶1 000 地形图的比例尺精度为 0.1m，测图时距离测量的精度为 0.1m，小于 0.1m 的距离在图上表示不出来。反之，根据图上表示实地的最短长度，可以推算测图比例尺。例如，欲表示实地最短线段长度为 0.5m，则测图比例尺不得小于 1∶5 000。

比例尺越大，采集的数据信息越详细，精度要求就越高，测图工作量和投资往往成倍增加，因此使用何种比例尺测图，应从实际需要出发，不应盲目追求更大比例尺的地形图。

6.1.2　地形图图式

为了便于测图和用图，用各种符号将实地的地物和地貌表示在图上，这些符号总称为地形图图式。图式是测绘和使用地形图的重要依据，由国家测绘部门统一颁布。地形图图式中的符号有地物符号、地貌符号、注记三种，它们是测绘图和用图的重要依据。

1. 地物符号

地物符号用于表示地物的类别、形状、大小及位置，分为比例符号、非比例符号与半比例符号。如地面上的房屋、桥梁、旱田等地物可以按测图比例尺缩小，用地形图图式中的规定符号绘出，这种符号称为比例符号。某些地物的轮廓较小，如三角点、导线点、水准点、水井等按比例无法在图上绘出，只能用特定的符号表示它的中心位置，这种符号称为非比例符号。一些呈线状延伸的地物，如铁路、公路、管线、围墙、篱笆等，其长度能按比例缩绘，但其宽度则不能按比例表示这种符号称为半比例符号。

2. 地貌符号

在大比例尺地形图上最常用的表示地面高低起伏变化的方法是等高线法，等高线是常见的地貌符号。但对梯田、峭壁、冲沟等特殊的地貌，不便用等高线表示时，可根据地形图图式绘制相应的符号。

3. 注记

为表明地物的种类和特性，除用相应的符号表示外，还需配合一定的文字和数字加以说明。注记包括地名注记和说明注记。地名注记主要包括行政区划、居民地名称、道路名称、河流名称、湖泊名称、水库名称、山脉名称、岛礁名称等。说明注记包括文字和数字注记，主要用以补充说明对象的质量和数量属性，如房屋的结构和层数、管线性质和输送物质、河流的深度及流速、等高线高程等。

部分地形图图式和代码如表6-2所示。

表6-2　部分地形图图式和代码

代码	名称	图式	代码	名称	图式	代码	名称	图式
11	三角点	△	511	高压输电线		59c	阀门	
13	导线点	⊙	521	配电线		81	稻田	↓
14	埋石图根点		531	电线杆	○	82	旱田	
16	水准点	⊗	54	变电室		83	菜地	
17	卫星定位等级点		58a	上水检修井	⊖	861a	果园	
3106	路灯		58b	下水检修井	⊕	87	树林	○
319	水塔		58c	下水暗井		810	竹林	
321	烟囱		58d	煤气检修井		818a	天然草地	
368	亭子		59b	消防栓		821	花圃	

6.1.3 地貌

地貌是指地球表面高低起伏、凹凸不平的自然形态。地球表面的形态主要是地球内部矛盾运动（内力和外力作用）的结果。因此，地球表面的自然形态多数是有一定规律的，认识这种规律性，然后采用恰当的符号，即可将它表示在图纸上。

1. 地貌的基本形状及名称

尽管地貌千姿百态，错综复杂，但其基本形态可归纳为五种典型地貌，如图6-2所示。

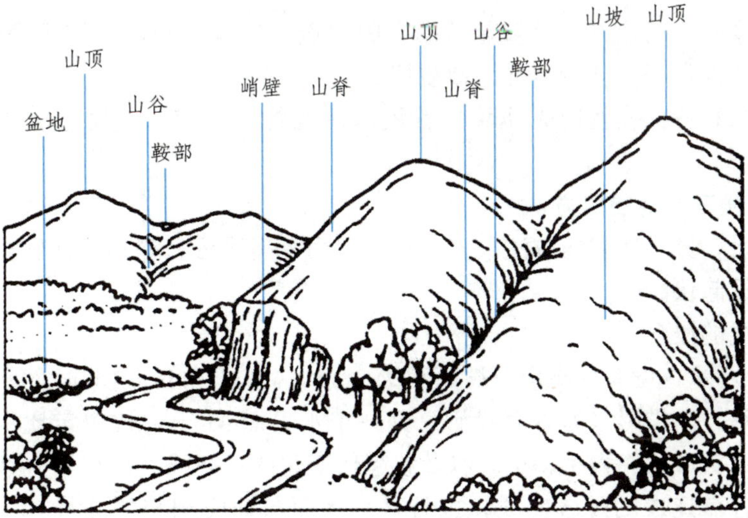

图6-2　典型地貌图

（1）山。

较四周显著凸起的高地称为山，大者叫山岳，小者（比高低于 200m）叫山丘。山的最高点叫山顶，山顶形状很多，有尖山顶、圆山顶、平山顶等。尖山顶山峰附近倾斜较为一致，等高线之间平距大小相等。圆山顶顶部坡度较为平缓，然后逐渐变陡，等高线平距在距山顶较远处的山坡部分较小，越到山顶，等高线平距越大。山的侧面叫山坡（斜坡）。山坡倾斜 20°～45°的叫陡坡，几乎呈竖直形态的叫峭壁（陡壁），下部凹入的峭壁叫悬崖，山坡与平地相交处叫山脚。

（2）山脊。

山脊是山体延伸的最高棱线，由山体凸棱从山顶延伸至山脚。山脊最高的棱线称为山脊线。以等高线表示的山脊，其等高线凸向低处。雨水以山脊为界流向两侧坡面，故山脊线又称为分水线。

（3）山谷。

两山脊之间的凹部称为山谷。以等高线表示的山谷，其等高线凹向低处、凸向高处。山谷两侧称为谷坡。两谷坡相交部分叫谷底。谷底最低点连线称为山谷线，雨水从山坡面汇流在山谷，因此谷底最低点连线又称为合水线。谷地与平地相交处称为谷口。

（4）鞍部。

两个山顶之间的低洼山脊处，形状似马鞍形，称为鞍部。鞍部是两个山脊和山谷的汇合点，其等高线是两组相对的山脊等高线和山谷等高线的对称结合。

（5）盆地（洼地）。

四周高中间低的地形称为盆地。最低处称为盆底。盆底没有泄水道，水都停滞在盆地中最低处。湖泊实际上是汇集有水的盆地。

地球表面的形状，虽有千差万别，但实际上都可看作一个个不规则的曲面。这些曲面由不同方向和不同倾斜度的平面组成，两相邻斜面相交处即为棱线，山脊和山谷都是棱线，也称为地貌特征线（地性线）。将这些棱线端点的高程和平面位置测出，就能确定棱线的方向和坡度。

在地面坡度变化的地方，比较显著的有山顶点、盆地中心点、鞍部最低点、谷口点、山脚点、坡度变换点等，这些都称为地貌特征点。

这些特征点和特征线就构成地貌的骨骼。在地貌测绘中，立尺点应选择在这些特征点上。

2. 用等高线表示地貌的方法

在地形图上，显示地貌的方法很多，目前常用等高线法。等高线能够真实反映出地貌形态和地面高低起伏。

（1）等高线的概念。

如图 6－3 所示，设有一座山头被高程为 40m、60m、80m、100m 的水准面所截，将这些截面沿铅垂方向投影（即垂直投影）到一个水平面 M 上，按一定比例尺缩小，从而得到一簇表现山头形状、大小、位置以及它起伏变化的等高线。所以等高线就是地面上高程相等的相邻各点连成的闭合曲线，也就是水准面与地面相交的曲线。一簇等高线，在图上不仅能表达地面起伏变化的形态，还具有一定的立体感。

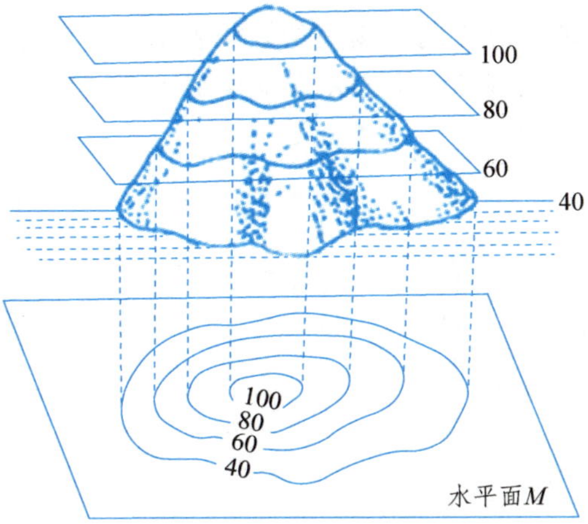

图6-3 等高线

(2) 等高距及示坡线。

由上述介绍可以知道，等高线是一定高度的水准面与地面相截的截线，水准面的高度不同，等高线表示的地面高程就不同。相邻两等高线之间的高差称为等高距，在同一幅地形图上等高距是相同的，一般不能有两种不同的等高距。相邻等高线间的水平距离 d，称为等高线平距。等高线平距越大，表示地面坡度越缓，反之越陡。坡度与等高线平距成反比。

用等高线表示地貌，若等高距选择过大，则不能精确显示地貌；反之，若选择过小，等高线密集，就会失去图面的清晰度。因此，应根据地形和比例尺参照表6-3选用等高距。

表6-3 地形图基本等高距

地形类别	比例尺				备注
	1∶500	1∶1 000	1∶2 000	1∶5 000	
平地	0.5m	0.5m	0.5(1)m	1m	等高距为0.5m时，特征点高程可注至cm，其余均注至dm
丘陵	0.5m	0.5(1)m	1m	2.5m	
山地	1(0.5)m	1m	2m	5m	

按上表选定的等高距称为基本等高距，同一幅图只能采用一种基本等高距。等高线的高程应为基本等高距的整倍数。按基本等高距描绘的等高线称为首曲线，用细实线描绘；为了读图方便，高程为五倍基本等高距的等高线用粗实线描绘并注记高程，称为计曲线；在基本等高线不能反映出地面局部地貌的变化时，可用高程为二分之一基本等高距的等高线以长虚线加密描绘，称为间曲线，间曲线可不闭合，但一般应对称；对于更加细小的变化，还可用高程为四分之一基本等高距的等高线以短虚线加密描绘，称为助曲线。

用等高线表示地形时，将会发现盆地的等高线和山的等高线在外形上非常相似。图6-4 (a) 所示为山地貌的等高线，图6-4 (b) 所示为盆地地貌的等高线。它们之间的区别在于：山地貌的等高线高程大；盆地地貌的等高线高程小。为了便于区别这两种地形，就在某些等高线的斜坡下降方向绘制一条短线表示坡，这种短线称为示坡线。示坡线一般仅选择在最高、最低两条等高线上表示，能明显地表示出坡度方向即可。

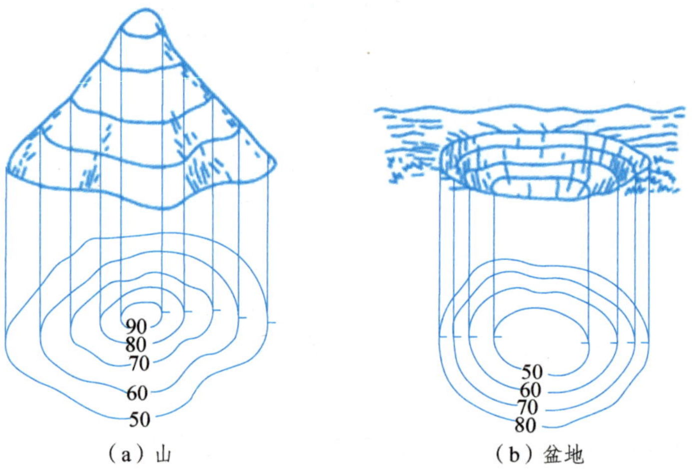

图 6-4　等高线

（3）等高线的特性。

1）在同一条等高线上的各点高程相同。因为等高线是水准面与地面的交线，而在一个水准面上的高程是一样的。但是不能得出结论：凡高程相等的点一定在同一条等高线上。当水准面和两座山相交时，会得出同样高程的两条等高线，如图 6-5 所示。

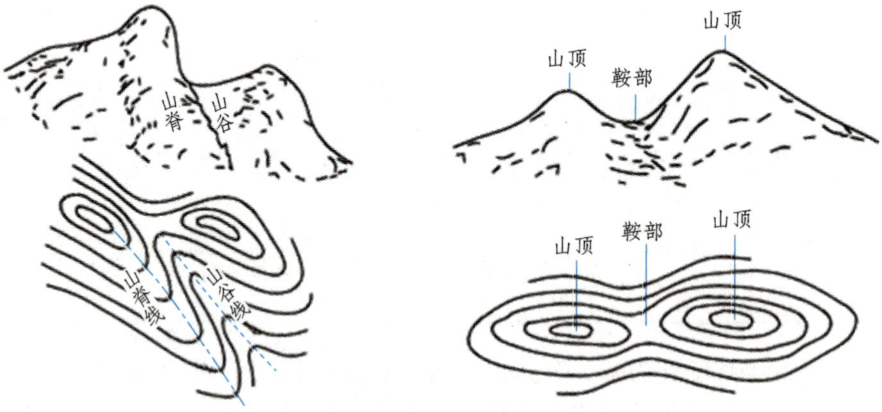

图 6-5　山脊、山谷、鞍部等高线

2）等高线是闭合的曲线。一个无限伸展的水准面和地表面相交，构成的交线是一个闭合曲线，所以某一高程等高线必然是一条闭合曲线。由于具体测绘地形图的范围是有限的，所以等高线若不在同一幅图内闭合，也会跨越一个或多个图幅闭合。

3）不同高程的等高线一般不能相交。但是一些特殊地貌，如陡坡、峭壁的等高线就会重叠在一起，这些地貌必须加陡坡、峭壁符号，如图 6-6（a）和图 6-6（b）所示。通过悬崖的等高线可能相交，如图 6-6（c）所示。

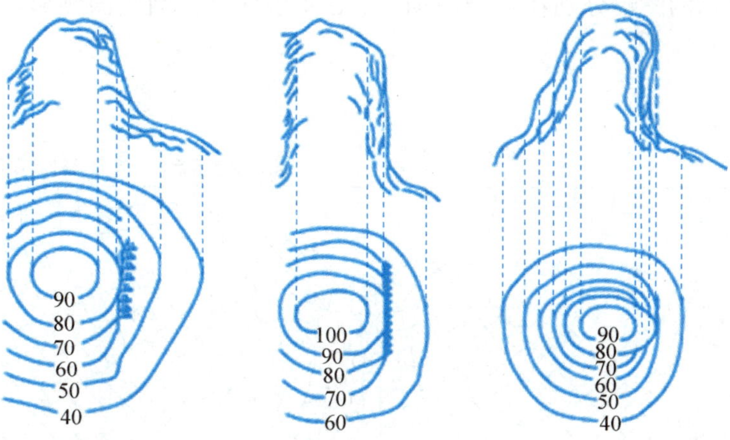

图 6-6 陡坡峭壁和悬崖等高线

4）等高线和分水线（山脊线）、合水线（山谷线）正交。由于等高线在水平方向上始终沿着同高的地面延伸，因此等高线在经过山脊或山谷时，几何对称的在另一山坡上延伸，这样就形成了等高线与山脊或山谷线在相交处成正交，如图 6-5 所示。

5）两等高线间的水平距离称为平距，等高线间的平距与地面坡度成反比。在同一等高距的情况下，地面坡度越小，等高线在图上的平距越大；反之，如果地面坡度越大，则等高线在图上的平距越小。换句话说，坡度陡的地方，等高线就密；坡度缓的地方，等高线就稀。

6）高程相等的两条等高线间不能单独存在一条不闭合的等高线。

7）鞍部等高线必是对称的不同高程的双曲线。

等高线的这些特性是互相联系的，其中最本质的特性是第一个特性，其他的特性是由第一个特性所决定的。在碎部测图中，要掌握这些特性，才能用等高线较逼真地显示出地貌的形状。

6.1.4 地形图分幅与编号

为了便于测绘、使用和保管地形图，需要将大面积的地形图进行分幅，并将分幅的地形图进行系统编号，因此需要研究地形图的分幅和编号问题。

地形图的分幅可分为两大类：一种是按经纬线分幅的梯形分幅法，另一种是按坐标格网分幅的矩形分幅法。

1. 梯形分幅

（1）国际 1∶1 000 000 地形图的分幅及编号。

为了确保全球地形图的统一，1∶1 000 000 比例尺的地形图分幅编号由国际统一规定，做法是：将整个地球表面用子午线分为 60 个 6°的纵列，由经度 180°起，自西向东用阿拉伯数字 1～60 编列号数；同时由赤道起，向南北两极起，到纬度 88°止，以每隔 4°的纬线圈分成许多横行，这些横行用大写的拉丁字母 A、B、C、…、V 标明。以两极为中心，以纬度 88°为界的圆，则用 Z 标明。图 6-7 为北半球 1∶1 000 000 地形图的分幅与编号。

在北半球与南半球的图幅分别在编号前加 N、S 予以区别，因我国领域全部位于北半球，故省注 N。

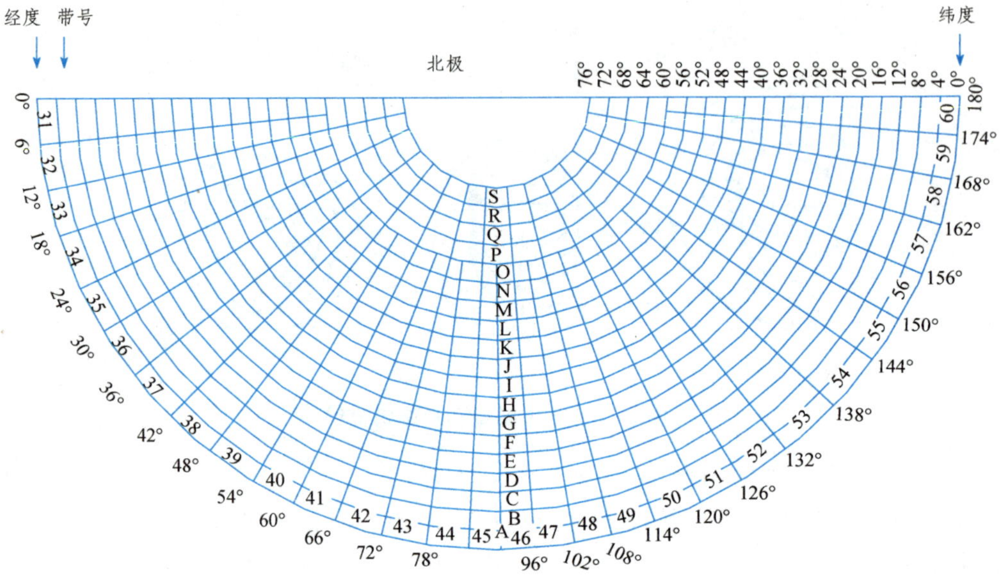

图 6-7　北半球北纬 1∶1 000 000 地形图分幅与编号

由上述可知，一张 1∶1 000 000 的地形图，它是由纬差 4°和经差 6°的子午线所形成的梯形。每一幅 1∶1 000 000 的梯形图图号由横行的字母与纵列的号数组成。例如，甲地的纬度为北纬 39°54′30″、经度为东经 116°28′25″，其所在 1∶1 000 000 比例尺的图幅的编号为 J50。

（2）1∶50 000、1∶25 000、1∶10 000 地形图的分幅编号。

1∶50 000、1∶25 000、1∶10 000 比例尺地形图的分幅都由 1∶1 000 000 比例尺地形图加密划分而成，编号以 1∶1 000 000 比例尺地形图为基础，采用代码行列编号方法，由其所在 1∶1 000 000 比例尺地形图的图号、比例尺代码和图幅的行列号共十位数码组成。各种比例尺代码见表 6-4。

表 6-4　地形图比例尺代码表

比例尺	1∶500 000	1∶250 000	1∶100 000	1∶50 000	1∶25 000	1∶10 000	1∶5 000
代码	B	C	D	E	F	G	H
示例	J50B001002	J50C003003	J50D009010	J50E018022	J50F038012	J50G081072	J50H156072

每幅 1∶1 000 000 比例尺地形图划分为 2 行 2 列，共 4 幅 1∶500 000 比例尺地形图，每幅 1∶500 000 比例尺地形图的分幅为经差 3°、纬差 2°，如图 6-8 所示的阴影线部分所在 1∶500 000 比例尺图幅的编号为 J50B001002。将 1∶1 000 000 比例尺地形图分为 144 幅 1∶100 000 的图，图幅经差为 30′、纬度为 20′，如图 6-9 所示，阴影线部分所在 1∶100 000 比例尺图幅的编号为 J50D010004。其余各种比例尺地形图均由 1∶1 000 000 地形图划分而成，分幅的图幅范围、行列数量关系见表 6-5。

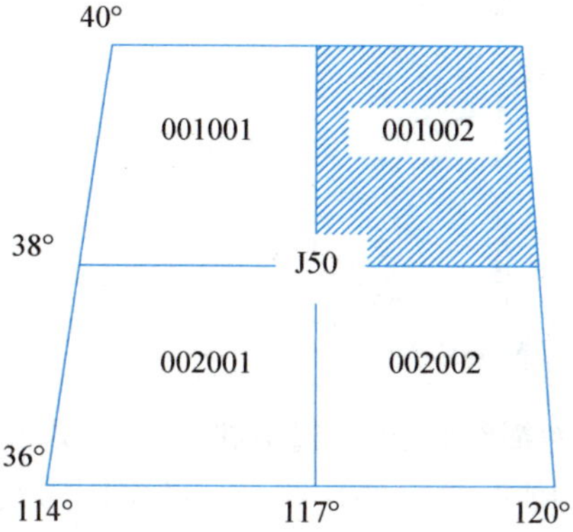

图 6-8　1∶500 000 比例尺地形图编号

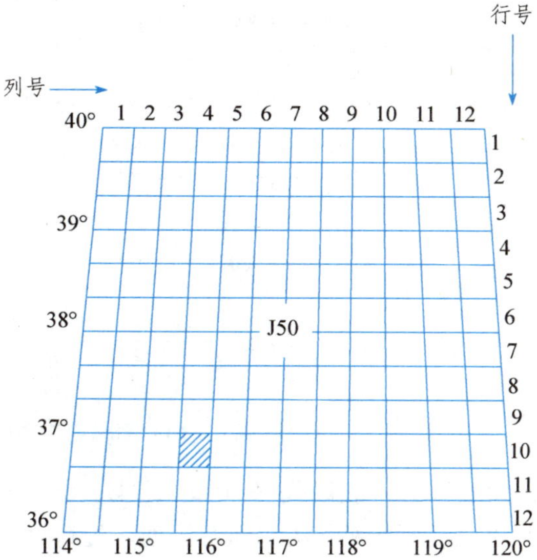

图 6-9　1∶100 000 比例尺地形图编号

表 6-5　国家基本比例尺地形图分幅表

比例尺		1∶1 000 000	1∶500 000	1∶250 000	1∶100 000	1∶50 000	1∶25 000	1∶10 000	1∶5 000
图幅范围	经差	6°	3°	1°30′	30′	15′	7′30″	3′45″	1′52.5″
	纬差	4°	2°	1°	20′	10′	5′	2′30″	1′15″
行列数量	行数	1	2	4	12	24	48	96	192
	列数	1	2	4	12	24	48	96	192

2. 矩形分幅

国家标准《国家基本比例尺地形分幅和编号》(GB/T 13989—2012) 规定：1∶2 000、1∶1 000、1∶500 比例尺地形图一般采用 50cm×50cm 正方形分幅或 40cm×50cm 矩形分幅。每幅图中以 10cm×10cm 为基本方格，共 25 格，以整千米（或百米）坐标进行分幅；根据需要，也可以采用其他规格的分幅，如测区为狭长带状，为了减少图版和接图，也可采用任意分幅。1∶5 000 比例尺采用纵、横 40cm，即实地为 2km 的分幅。每个小方格为 10cm，每幅图 16 格。如测区的范围较大，整个测区需要在几幅甚至几十幅图中，这时应画一张分幅总图。

地形图编号一般采用图廓西南角坐标千米数编号法，也可选用流水编号法或行列编号法等。采用图廓西南角坐标公里数编号法时 X 坐标在前、Y 坐标在后，1∶500 地形图取至 0.01km，1∶1 000、1∶2 000 地形图取至 0.1km。如图 6-10 所示，1∶1 000 地形图按图幅西南角坐标千米数编号法编号。采用国家统一坐标系时，图廓间的千米数根据需要加注带号和百千米数，如 X 为 4 327.8，Y 为 37 457.0。

带状测区或小面积测区，可按测区统一顺序进行编号，一般从左到右、从上到下用数字 1、2、3、4…编定，这种方法称为流水编号法，如图 6-11 (a) 所示，图中阴影线部分的编号为杜阮-7。

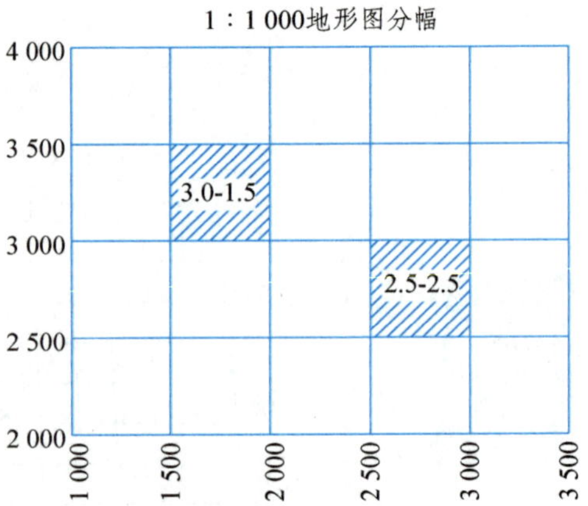

图 6-10　图幅西南角坐标千米数编号法

行列编号法一般以代号（如 A、B、C、D…）为横行，由上到下排列，以数字代号（1、2、3…）为纵列，从左到右排列，先行后列，如图 6-11（b）所示，图中阴影线部分的编号为 A-4。

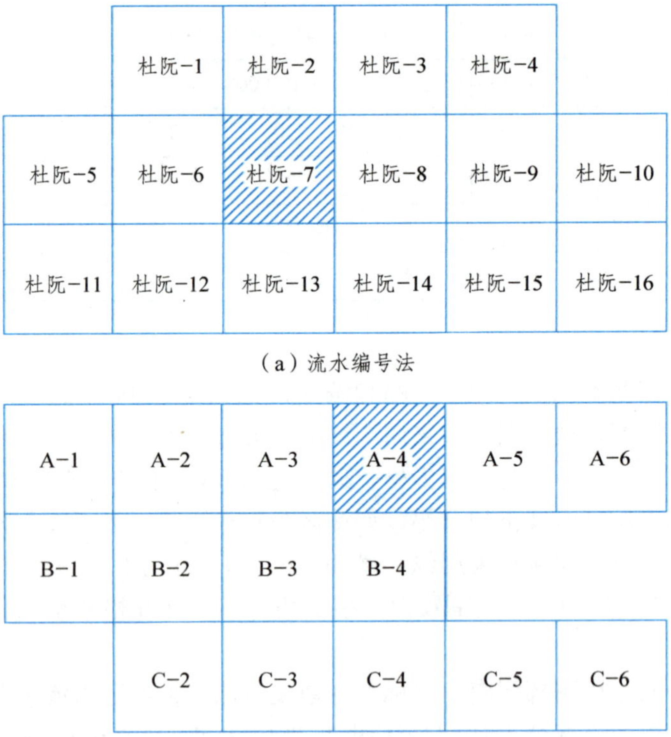

（b）行列编号法

图 6-11　流水编号法和行列编号法

但也有用各种代号进行编号，如用工程代号与阿拉伯数字相结合的方法，因为大比例尺地形图不少是小面积地区的工程设计施工用图，在分幅编号问题上，要本着从实际出发，根据用图单位的要求和意见，结合作业的方便灵活处理，以达到测图、用图、管图方便的目的。

6.2 大比例尺地形图测绘方法

6.2.1 测图前的准备工作

1. 图纸的准备

为保证测图的质量，应选择优质绘图纸。一般临时性测图，可直接将图纸固定在图板上进行测绘；需要长期保存的地形图，为减少图纸的伸缩变形，通常将图纸裱糊在锌板、铝板或胶合板上。目前各测绘部门大多采用聚酯薄膜代替绘图纸，这种经打毛后的聚酯薄膜，其优点是：伸缩性小、无色透明、牢固耐用、化学性能稳定、质量轻、不怕潮湿、便于携带和保存。聚酯薄膜图纸的厚度为 0.07～0.1mm，表面打毛，可直接在底图上着墨复晒蓝图，如果表面不洁净，还可用水洗涤，因而简化了成图的工序。但聚酯薄膜易燃，易折和老化，故在使用和保管过程中应注意防火防折。测图时，在图板上先垫一块硬胶板和一张浅色薄纸，衬在聚酯薄膜下面，然后用胶带纸或铁夹将其固定在图板上。

2. 坐标格网（方格网）的绘制

根据控制点直角坐标的 x、y 值，先将控制点展绘在图纸上，然后据此到野外测图。为了能把控制点位置绘得比较准确，需在图纸上先绘制直角坐标格网，又称为方格网，其常用的绘制方法有以下几种。

（1）用直尺和圆规绘制坐标格网。

如图 6－12 所示，在裱糊好的图板上，用直尺和铅笔轻轻画出两条对角线，设相交于 O 点，以 O 点为圆心沿对角线截取相等长度 OA、OB、OC、OD，用铅笔连接各点，得到矩形 $ABCD$，再在各边上以 10cm 的长度截取 1、2、3、4、5 和 1′、2′、3′、4′、5′诸点，连接相应各点即得坐标格网。

（2）用坐标格网尺绘制坐标格网。

如图 6－13 所示的坐标格网尺是一种带有方眼的金属直尺，尺上有间隔为 10cm 的 6 个小孔，每孔有一斜面，起始孔斜面边缘为一直线，其上刻有一细线表示该尺长度的起始点（即零点）。其余各孔以及末端的斜面边缘是以零点为圆点，各以 10cm、20cm、……、50cm 以及 70.711cm 为半径的圆弧。70.711cm 是边长为 50cm 的正方形对角线长度，可以用它直接绘制 50cm×50cm 的正方形，以及 10cm×10cm 的坐标格网。

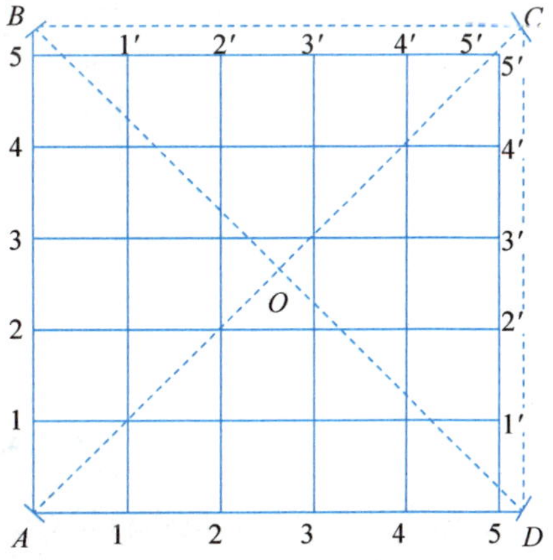

图 6－12　用尺和圆规绘制坐标格网

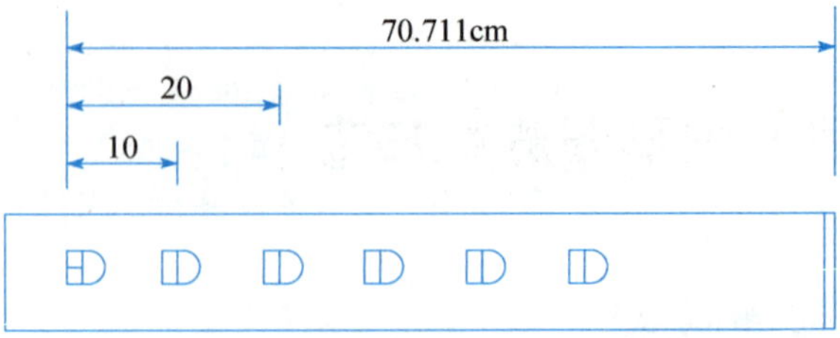

图 6-13　坐标格网尺

图 6-14 所示是用坐标格网尺绘制坐标格网的步骤。在图纸下方绘一条直线，左端取一点 A 使坐标格网尺的零点对准 A 点，并使尺上各孔的斜面中心通过该直线，然后沿孔斜边画短弧与直线相交，定出 5 个点，最右端点为 B。将尺子零点对准 B，并使尺子大致与 AB 直线垂直，再沿各孔画短弧线。将尺子零点仍对准 A 点，使尺子末端斜边缘与右边最上短弧线相交，得 C 点，连接 CB 定出右边各点。将尺子零点仍对准 A 点，并使尺子大致与 AB 线垂直，并沿各孔画短弧线。将尺子零点对准 C 点，并使尺子大致与 BC 线垂直，尺子左端最后一孔的弧线与左上方的弧线相交得 D 点，再沿其余各孔画短弧线，连接 AD、CD 即得 50cm×50cm 的正方形。将上下、左右相应的各点相连接得 10cm×10cm 的坐标格网。

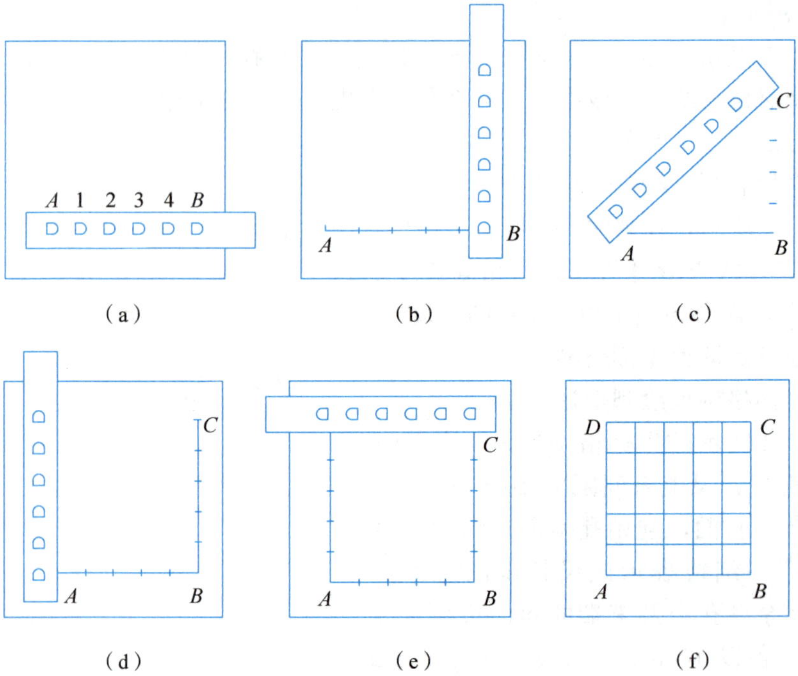

图 6-14　用坐标格网尺绘制坐标格网

坐标格网绘好后，应进行检查，将直尺边沿方格的对角线方向放置，各方格的角点应在一条直线上，偏离不应大于 0.2mm；再检查各个方格的对角线长度应为 14.14cm，容许误差为±0.2mm，检查合格后方可进行控制点的展绘。

3. 展绘图廓点及控制点

根据图廓点（梯形分幅时）及控制点的坐标位置，将它们按比例展绘到图纸上。展绘点质量的好坏与成图质量有着密切的关系，因此需本着一丝不苟的精神，认真地对待。

根据测区平面控制布置及分幅图，抄录并核对有关图幅内控制点的点号及坐标、高程、等级及相邻点间的距离等，用来展绘点并留作测图时检查之用。

在展绘点时，先确定控制点所在的方格，如图 6－15 中，控制点 2 的坐标 x_2＝5 674.10m，y_2＝8 662.72m，根据点 2 的坐标，知道它在 $klmn$ 方格内，然后从 m 点和 n 点向上量取 74.10，得到 a、b 两点；再从 k、m 向右量 62.72，得到 c、d 两点，ab 和 cd 的交点即为控制点 2 的位置。

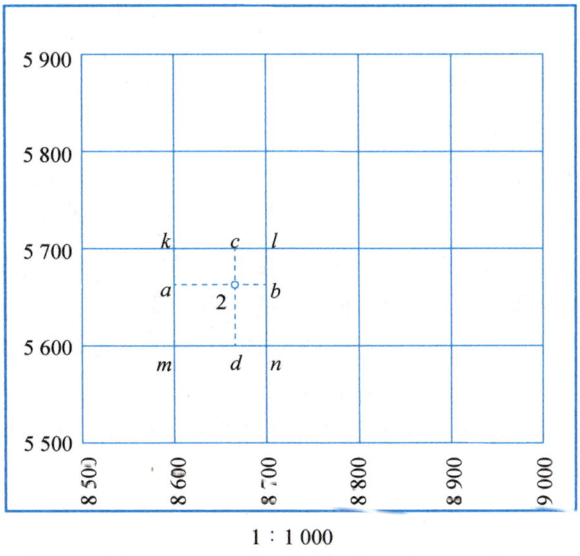

图 6－15　控制点展绘

用同样的方法将其他各点展绘在坐标格网内，展绘好各点后，要再认真检查一次，此时可在图上量取各相邻控制点之间的距离，和已知的边长相比较，其最大误差在图纸上不得超过 0.3mm，否则应重新展绘。当控制点的平面位置绘在图纸后，还应注上点号和高程。一般可在控制点的右侧以分数形式注明，分子为点名，分母为高程。需要注意的是，用一般直尺展绘点只能估读到尺子最小值的 1/10。

6.2.2　平板仪及其使用

1. 平板仪测量

（1）平板仪测量的概念。

在传统的解析控制测量中，对于地面点的平面位置，通常是通过观测水平角和水平距离，经计算获得其控制点的坐标；地面点的高程是通过水准测量或三角高程测量来获得的。当需要点在图板上的位置时，可根据图板上的坐标格网，按计算获得的平面坐标将其展绘在图板上。

在平板仪测量中，确定地面点平面位置所需要的水平角和水平距离，通常是按投影原理用图解的方法直接将其描绘在图板上，进而获得地面点在图板上的位置，而不像解析法那样要确切计算出其平面坐标。地面点的高程一般用三角高程测量和视距测量方法获得。

由于平板仪测量是应用图解方法获得地面点平面位置的，因此平板仪测量又称为图解测量。平板仪测图被广泛地用于地形图测绘时图根点、测站点的加密以及平板测图中。

（2）平板仪测量的原理。

现用图 6-16 来说明平板仪测量的原理。

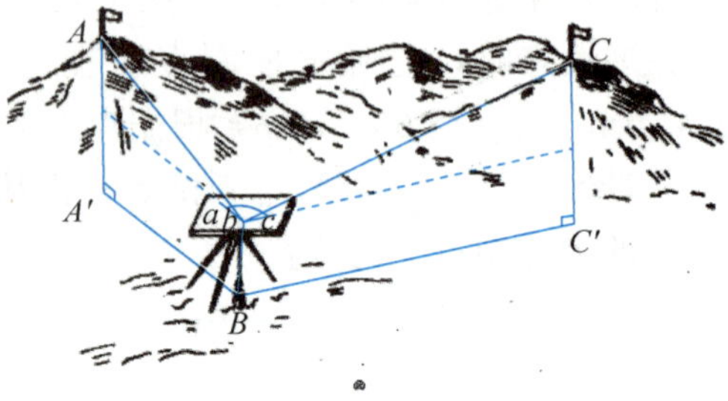

图 6-16　平板仪测量的原理

设在地面上有控制点 A、B、C，图板上对应于地面控制点的点为 a、b、c，将图板水平地安置在地面点 B 的上方，使 b 和 B 两点位于同一铅垂线上（这称为图板的对点），然后以 b 点为原点旋转图板使直线 ba 位于 BA 的铅垂面上（这称为图板的定向），再过 BC 作铅垂面与图板相交于 bc，则 $\angle abc$ 即为 $\angle ABC$ 的水平投影。假如沿着 bc 按照一定的比例尺（$1:M$）从 b 点起截取 BC 的水平距离，于是可得 C 点在图板上的位置 c。由于图上的 $\angle abc=\angle ABC$，$bc:bC'=ba:bA'=1:M$。故图上 a、b、c 三点组成的三角形与地面上 A、B、C 三点的水平投影组成的三角形相似。这就是平板仪测定地物点平面位置的原理。因此，在平板仪测量中，水平角是被直接投影到图板上的，未知点的图上位置是用图解方法直接获得的。在获得地面点和图上位置后，地面点的平面坐标，点间的相关元素（水平距离、水平角）均可使用图解法从图板上求得。由此可见，平板仪测量是以相似形原理为依据的。图上与地面上相似图形的对应边应当相互重合或平行。

（3）平板仪测量对仪器的要求。

由平板仪测量的原理可知，平板仪测量工作所用的仪器必须具备：能被安置成水平位置的平板、有照准目标的照准设备和画直线的直尺。另外，在平板仪测量中除了用图解法测定角度，通常还用视距法或量距法等测定水平距离和用三角高程法测定高程。因此，用于平板仪测量的仪器还应具有测定距离的视距丝、测定竖直角的竖盘或其他装置。

2. 平板仪的构造

平板仪有小平板仪和大平板仪两种。

（1）小平板仪。

小平板仪主要由平板、三脚架、照准仪、对点器、长盒罗盘等组成。小平板照准仪是在测图时照准目标和方向用的。它由一把木尺和与之相连的两把金属尺构成。金属尺装在木尺两端，可以折合，立起时与木尺底部垂直。一金属尺的中缝装有照准丝，称为接物觇板；另一金属尺有三个细孔，供照准不同高度的目标时选用，称为接目觇板。接目觇板的细孔与接物觇板上照准丝的连线，即为照准视线。照准仪直尺中央嵌有管水准器，是供平板整平使用的。用这种照准仪测量距离和高程的精度很低，故一般和经纬仪配合使用进行地形测量。

（2）大平板仪。

大平板仪由平板、三脚架、基座、照准仪及附件组成。

大平板仪的照准仪主要由望远镜、竖盘、直尺组成。望远镜和竖盘与经纬仪的构造相似，可以用作视距测量。用直尺代替了经纬仪上的水平度盘，直尺边和望远镜的视准轴在同一竖直面内，望远镜照准后，根据直尺在平板上划出的方向线就是照准的方向。大平板仪的附件有移点器、定向罗盘、圆水准器。移点器使平板上的点和相应地面点在同一条铅垂线上；定向罗盘使平板仪图纸上的南北方向和实地南北方向近似一致；圆水准器用以整平平板仪。

3. 平板仪的安置

测图时需安置图板于测站上。平板仪安置包括对点、整平和定向三个步骤。

（1）对点。

对点是用对点器使在图上展绘的控制点和地面上相应的控制点位于同一铅垂线上。先使图板基本水平，并使图板上图纸的方向大致与实地方向一致。对点时，将对点器上端对准图纸上展绘的控制点，根据垂球与地面点之间的差距挪动图板，直至垂球对准地面上的相应控制点。对点的容许误差和测图的比例尺有关，一般规定 0.05mm×M（M 为比例尺分母）。

（2）整平。

整平是使平板处于水平位置。放置平板时，先大致使平板水平，再精确调整。要领是先左右，再前后。

先把照准仪放在甲、乙两只三脚架的连线方向上，在此方向的一端抬高或压低三脚架，使照准仪上的水准器气泡居中。然后，将照准仪旋转 90°，再前后移动两腿，使水准器气泡居中。如此整平，一般要反复进行两三次，直至照准仪在平板任一部位其水准器气泡都居中。

（3）定向。

定向即标定图板方向，使之与实地的方向一致。定向的方法有两种：

1）按罗针定向。按罗针定向是把长盒罗盘放于平板上一角，使盒的长边与图纸边平行，然后旋松三脚架制动螺旋，转动平板，当罗针尖端位于指标“0”位置时，旋紧制动螺旋，固定平板。沿罗盘盒的长边在图纸上画一直线，在直线的北端绘一指示箭头，箭头所指的便是磁北方向。按罗针定向一般用于第一个测站。

2）按已知直线定向。图板上展绘的测站点和定向点对应地面上的已知测站点和定向点。在测站点安置小平板仪，对点、整平后，用照准仪直尺边紧靠定向方向线，旋松制动螺旋，转动图板，通过接目觇板孔与接物觇板照准丝，照准定向点标杆后，即拧紧制动螺旋，固定图板。此时，图板上的定向方向线便与实地上的测站点和定向点位于一铅垂面内，完成定向。

上述平板仪的安置工作是互相影响的，不可能一次完成。安置时应先目估定向、整平；在尽量保持目估定向、整平的条件下，移动三脚架大致对点，然后按对点、整平、定向的步骤进行精确的安置。

6.2.3 碎部测量的方法

1. 地物的测绘

（1）测绘地物的一般原则。

地物一般可分为两大类：一类是自然地物，如河流、湖泊、森林、草地、独立岩石等；另一类是经过人类物质生产活动改造的人工地物，如房屋、高压输电线、铁路、公路、水渠、桥梁等。所有这些地物都要在地形图上表示出来。

地物在地形图上的表示原则是：能依比例尺表示的地物，将它们水平投影的几何形状近似描绘在地形图上，如房屋、河流、运动场等。或将它们的边界位置表示在图上，边界内再绘上相应的地物符号，如森林、草地、沙漠等。对于不能依比例尺表示的地物，在地形图上是以相应的地物符号表示在地物的中心位置上，如水塔、烟囱、纪念碑、单线道路、单线河流等。

地物、地貌的特征点，统称为地形特征点，正确选择地形特征点是碎部测量中十分重要的工作，它是地形测绘的基础。碎部点的密度应该适当，过稀不能详细反映地形的细小变化，过密则增加野外工作量，造成浪费。测绘地物必须根据规定的测图比例尺，按规范和图式的要求，经过综合取舍，将各种地物表示在图上。

地物测绘主要将地物的形状特征点测定下来，如地物的转折点、交叉点、曲线上的弯曲交换点、独立地物的中心点等，以得到与实地相似的地物形状。

（2）居民地的测绘。

测绘居民地时，根据测图比例尺的不同，在综合取舍方面就不一样。居民地的外轮廓应准确测绘，其内部的主要街道以及较大的空地应区分出来；散列式的居民地、独立房屋应分别测绘。

测绘房屋时，只要测出房屋三个房角的位置，即可确定整个房屋的位置。

（3）公路的测绘。

公路在图上一律按实际位置测绘。在测量方法上，可以将标尺立于公路路面两侧，也可以将标尺立在路面的一侧，实量路面的宽度，作业时可视具体情况而定。

公路的转弯处、交叉处、标尺处应密一些，公路两旁的附属建筑物都应按实际位置测出，公路路堤和路堑的测绘方法与铁路相同。

大车路一般指农村中比较宽的道路，有的能通行汽车，但是没有铺设路面。这种路的宽度大多不均匀，道路部分的边界不十分明显。测绘时可将标尺立于道路中心，以地形图图式规定的符号描绘于图上。

人行小路主要是指居民地之间来往的通道，田间的小路一般不测绘，上山小路应视其重要程度选择测绘。若该地区小路稀少，则应少舍去。测绘时标尺立于道路中心，由于小路弯曲较多，标尺点的选择要注意弯曲部分的取舍，既要使标尺点不会太密，又要正确表示小路的位置。

人行小路若与田埂重合，应绘小路不绘田埂，有些小路虽不是直接由一个居民地通向另一个居民地，但它与大车路、公路或铁路相连，这时应根据测区道路网的情况进行取舍。

（4）水系的测绘。

水系包括河流、渠道、湖泊、池塘等地物，通常无特殊要求时均以岸边为界。

（5）植被的测绘。

测绘植被是为了反映地面的植物情况，所以要测出各类植物的边界，用地界符号表示其范围，再加注植物符号和说明。

2. 地貌的测绘

地表上高低起伏的自然形态称为地貌，如高山、平原、洼地等。在大、中比例尺地形图中是以等高线来表示地貌的。

测绘等高线与测绘地物一样，需要先确定地形特征点，然后连接地性线，得到地貌骨干的基本轮廓，按等高线的性质，再对照实地情况描绘出等高线。

（1）测定地形特征点。

地形特征点有山顶、鞍部、山脊、山谷倾斜变换点和山脚地形变换点等。

（2）连接地性线。

测定了地貌特征后，不能马上描绘等高线，必须先连接地性线。通常以实线连成山脊线，以虚线连成山谷线。地性线连接情况与实地是否相同，直接影响描绘等高线的逼真程度，必须充分注意。

（3）求等高线通过点。

完成地性线的连接工作之后，即可在同一坡度的两相邻点之间，内插出每整米高程的等高线通过点。例如，如图 6－17 所示，在同一坡度上有相邻的 a、b 两点，其高程分别为 21.2m 和 27.6m，从这两个点的高程，可以断定在 ab 直线上能够找出 22、23、24、…、27m 等高线所通过的点。假设 ab 间的坡度是均匀的，则根据 a 和 b 间的高差为 6.4m（即 27.6－21.2），ab 线长（图上平距）为 48mm，由 a 点到 22m 等高线的高差为 0.8m，由 b 点到 27m 等高线的高差为 0.6m，则由 a 点到 22m 等高线及由 b 点到 27m 等高线的直线长 x_1 和 x_2 可以根据相似三角形原理求得：

$$\frac{x_1}{0.8}=\frac{48}{6.4}$$

$$\frac{x_2}{0.6}=\frac{48}{6.4}$$

$$x_1=\frac{48\times0.8}{6.4}=6.0\text{mm}$$

$$x_2=\frac{48\times0.6}{6.4}=4.5\text{mm}$$

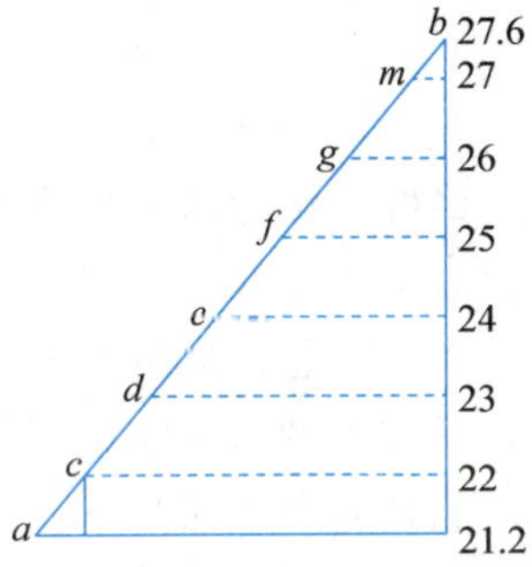

图 6－17　求等高线通过点

根据 x_1 和 x_2 的长度即可在 ab 直线上截取 22m 和 27m 等高线所通过的点 c 和 m，然后再将 c、m 两点之间的距离分为 5 等分，就得到 23m、24m、25m 和 26m 等高线所通过的点 d、e、f 和 g。用同样的方法，可以截得位于同一坡度上相邻点间等高线的通过点。

（4）勾绘等高线。

在地性线上求得等高线的通过点以后，即可根据等高线的特性，把相同高程的点连接起来，即为等高线，如图 6－18 所示。

在求出两相邻地性线之间的等高线通过点之后，应立即根据实地情况，将相同高程的点连接起来，不要等到把全部等高线通过点都求出后再勾绘等高线。应该一边求等高线通过点，一边求勾绘等高线。勾绘时，要对照实地情况来描绘等高线，这样才能逼真地显示出地貌的形态。

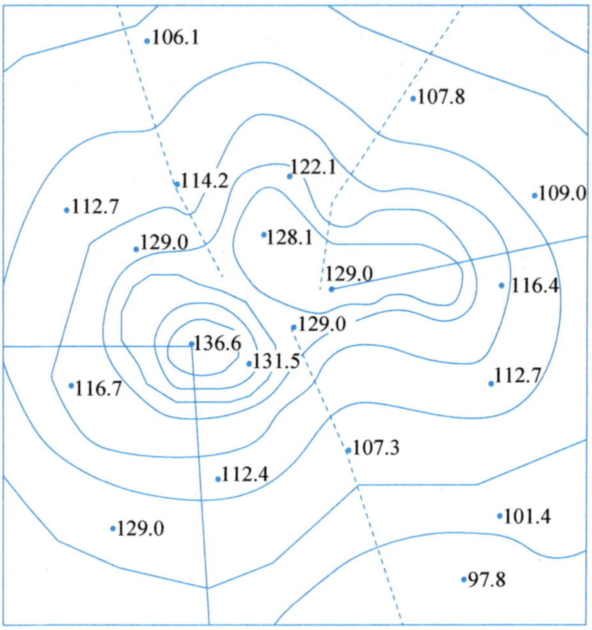

图 6-18　勾绘等高线

3. 经纬仪测绘法

经纬仪测绘法是指将经纬仪安置在控制点上，测绘板安置于测站旁，用经纬仪测出碎部点方向与已知方向之间的水平夹角；再用视距测量方法测出测站到碎部点的水平距离及碎部点的高程；然后根据测定的水平角和水平距离，用量角器和直尺将碎部点展绘在图纸上，并在点的右侧注记其高程；最后对照实地情况，按照地形图图式规定的符号绘出地形图。具体施测方法如下：

(1) 仪器安置。

如图 6-19 所示，在测站 A 安置经纬仪，量取仪器高 i，填入手簿，在视距尺上用红布条标出仪器高的位置 v，以便照准。照准另一个控制点 B，作为后视点，进行水平度盘定向，将水平度盘读数配置为 $0°00'00''$，并用视距法测定其距离和高差，填入手簿，以便进行检查。将小平板安置在测站附近，使图纸上控制边方向与地面上相应控制边方向大致一致。连接图上相应控制点 a、b，并适当延长 ab 线，则 ab 线为图上起始方向线。然后用小针通过量角器圆心的小孔插在 a 点，使量角器圆心固定在 a 点。

当测站周围碎部点测完后，再重新照准后视点，检查水平度盘零方向，在确定变动不大于 $4'$后，方能撤站。

(2) 跑尺。

在地形特征点上立尺的工作称为跑尺。立尺点的位置、密度、远近及跑尺的方法影响着成图的质量。跑尺员在立尺之前，应弄清实测范围和实地情况，选定立尺点，并与观测员、绘图员共同商定跑尺路线，依次将尺立于地物、地貌特征点上。如图 6-19 所示，现将视距尺立于 C 点上。

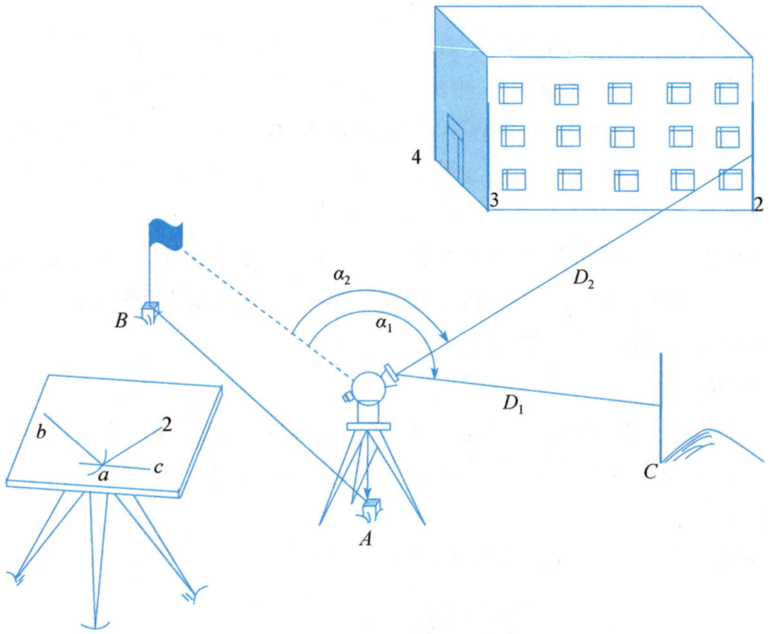

图 6-19　经纬仪测绘法

（3）观测。

观测员将经纬仪照准 C 点视距尺，读取尺间隔 I、中丝读数 v、竖盘读数 L 及水平角 β。同法观测 2、3…各点。在观测过程中，应随时检查定向点方向，其归零差不应大于 4′。否则，应重新定向。

（4）记录与计算。

将观测数据尺间隔 I、中丝读数 v、竖盘读数 L 及水平角 β 逐项记入表 6-6 相应栏内。根据观测数据，用视距测量计算公式，计算出水平距离和高程，填入表 6-6 相应栏内。在备注栏内注明重要碎部点的名称，如房角、山顶、鞍部等，以便必要时查对。

表 6-6　碎部测量记录手簿

名称：　测区：　仪器型号：　观测者：　记录者：
日期：　天气：　测站：A　定向点：B　测站高程（H）：86.74m
仪器高（i）：1.35m　乘常数（K）：100　指标差（x）：1′

测点	水平角	尺上读数		视距间隔	竖直角（α）			高差（m）			水平距离（D）	测点高程（H）	备注
		中丝（v）	下丝/上丝		竖盘读数	竖直角	改正后竖直角	$D\tan\alpha$（初算值）	$i-v$	h			
1	35 24	1.42	1.642 1.200	0.422	85 12	4 48	4 49	3.55	−0.07	3.28	41.90	90.02	房角
2	56 48	1.33	1.566 1.100	46.6	96 24	−6 24	−6 23	−5.15	0.02	−5.13	46.02	81.61	房角
3	54 36	1.49	1.876 1.100	77.6	81 24	8 36	8 37	11.50	−0.14	11.36	75.88	98.10	高程点

（5）绘图。

绘图是根据图上已知的定向方向，在 a 点用量角器定出碎部点方向，并在该方向上按比例尺定出碎部点位置，在碎部点右侧注记高程。同法展绘其他各点，并根据这些点绘图。测绘地物时，应对照外轮廓随测随绘。测绘地貌时，应对照地性线和特殊地貌外缘点勾绘等高线和描绘特征地貌符号。勾绘等高线时，应先勾绘出计曲线，经对照检查无误，再加密其余等高线。

用电磁波测距仪测绘地形图与用经纬仪测绘的方法基本一致，只是距离的测量方式不同。根据斜距 S、竖盘读数 L、仪器高 i 和棱镜高 v，就可算出竖直角、水平距离和点的高程，再根据所测水平角，即可展绘点。

4. 全站仪测图

利用全站仪能同时测定距离、角度、高差，提供待测点三维坐标，将仪器野外采集的数据，结合计算机、绘图仪以及相应软件，就可以实现自动化测图。

（1）全站仪测图模式。

结合不同的电子设备，全站仪数字化测图主要有以下三种模式（见图 6-20）。

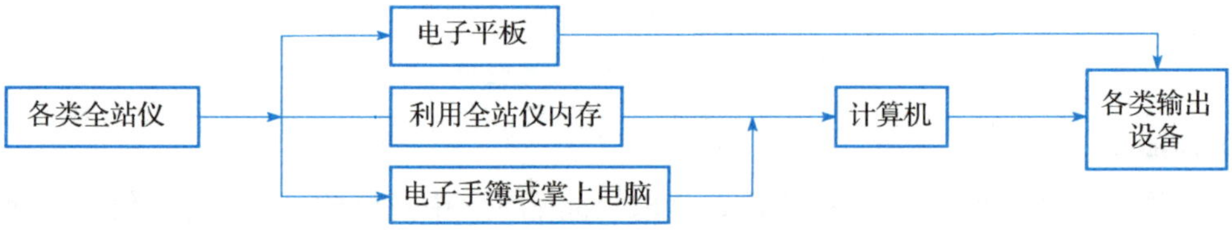

图 6-20　全站仪测图模式

1）全站仪加电子平板模式。该模式是以便携式电脑作为电子平板，通过通信线直接与全站仪通信。记录数据，实时成图。这种模式具有图形直观、准确性强、操作简单等优点，即使在地形复杂地区，也可现场测绘成图，避免野外绘制草图。目前这种模式的开发与研究相对比较完善，由于便携式电脑性能和测绘人员综合素质不断提高，因此它符合今后的发展趋势。

2）直接利用全站仪内存模式。该模式使用全站仪内存或自带记忆卡，把野外测得的数据，通过一定的编码方式，直接记录，同时现场绘制复杂地形草图，供室内成图时参考对照。这种模式操作简单，无须附带其他电子设备；对野外观测数据直接存储，纠错能力强，可进行内业纠错处理。随着全站仪存储能力的不断增强，使用此模式进行小面积地形测量时，具有一定的灵活性。

3）全站仪加电子手簿或高性能掌上电脑模式。该模式通过通信线将全站仪与电子手簿或掌上电脑相连，把测量数据记录在电子手簿或掌上电脑上，同时可以进行一些简单的属性操作，并绘制现场草图。内业时把数据传输到计算机中，进行成图处理。它携带方便，采用图形界面交互系统，可以对测量数据进行简单的编辑，减少了内业工作量。科技人员正进行针对于全站仪加掌上电脑的二次开发工作，此模式会在实践中进一步完善。

（2）全站仪数字测图过程。

全站仪数字化测图主要分为准备工作、数据获取、数据传输、数据处理和数据输出五个阶段。准备工作阶段，包括资料准备、控制测量、测图准备等，与传统地形图测绘一样，在此不再赘述，现以实际生产中普遍采用的全站仪加电子手簿测图模式为例，从数据采集到成图输出介绍全站仪数字化测图的基本过程。

1）数据获取（野外碎部点采集）。一般用“解算法”进行碎部点测量采集，用电子手簿记录三维坐标（x，y，H）及绘图信息。既要记录测站参数、距离、水平角和竖直角等碎部点位置信息，还要记录编码、点号、连接点和连接线型等信息，在采集碎部点时要及时绘制观测草图。

2）数据传输。用数据通信线连接电子手簿和计算机，把野外观测数据传输到计算机中，每次观测的数据要及时传输，避免数据丢失。

3）数据处理。数据处理包括数据转换和数据计算。数据转换是指对野外采集的数据进行预处理，检查可能出现的各种错误，然后把这些数据转化成绘图系统所需的编码格式。数据计算针对地貌关系，当测量数据输入计算机后，生成平面图形、建立图形文件、绘制等高线。

4）数据输出（图形处理与成图输出）。编辑、整理经数据处理后所生成的图形数据文件，对照外业草图，修改、整饰新生成的地形图，补测、重测漏测或测错的地方。然后加注高程、注记等，进行图幅整饰，最后成图输出。

（3）数据编码。

野外数据采集时，仅测定碎部点的位置并不能满足计算机自动成图的需要，必须将所测地物点的连接关系和地物类别（或地物属性）等绘图信息记录下来，并按一定的编码格式记录数据。代码采用 6 位十进制数字码，分别为按顺序排列的大类码、中类码、小类码和子类码，具体代码结构如下：

×	×	××	××
|	|	|	|
大类码	中类码	小类码	子类码

左起第一位为大类码；左起第二位为中类码，是在大类码基础上细分形成的要素类；左起第三、四位为小类码，是在中类码基础上细分形成的要素类；左起第五、六位为子类码，为小类码的进一步细分。

野外观测，除要记录测站参数、距离、水平角和竖直角等外，还要记录地物点连接关系信息代码。目前开发的测图软件一般根据自身特点、作业习惯、仪器设备和数据处理方法制定自己的编码规则。利用全站仪进行野外测设时，代码一般由地物代码和连接关系的简单符号组成。

5. 大平板仪测图

这种方法是将大平板仪安置在测点上，经对点、整平、定向后，用照准仪直尺靠紧测站点，照准各碎部点，沿直尺画方向线，同时在照准仪望远镜中读出视距间隔和竖直角，计算出水平距离和高差，按测图比例尺在方向线上截取水平距离，就得到碎部点在图上的位置。通过量取照准仪横轴到测站点桩顶高度和测得的高差，计算碎部点的高程，并注记在点位旁。在作业中必须保证图板定向的正确性，一般每测 20～30 个碎部点要进行 1 次查图板定向，以免由于碰撞图板而造成大量返工。

6.2.4 地形图的检查、拼接与整饰

为了保证地形图的质量，在地形图测绘完毕后，必须对地形图进行全面的检查、拼接和整饰。

1. 地形图的检查

地形图的检查包括图面检查、野外巡视和设站检查。

（1）图面检查。

检查图上表示的内容是否合理、地物轮廓线表示的是否正确、等高线绘制的是否合理、名称注记有无弄错或遗漏。检查中若发现问题要在图上做出标记，到实地去检查核对。

（2）野外巡视。

到测图现场与实地核对，检查地物、地貌有无遗漏，特别在图面检查中有疑问处，要重点巡视，仔细核对，发现问题应当场修正或补充。

（3）设站检查。

在上述检查的基础上，为了保证成图质量，对每幅图还要进行部分图面内容的设站检查。即把测图仪器重新安置在测站点上，对主要地物和地貌进行重测，如发现个别问题，应现场纠正。

2. 地形图的拼接

当测区面积超过一定范围时，必须分幅测图，对于道路带状地形图，每千米1幅图，在相邻两图幅的连接处存在拼接问题。由于测量和绘图的误差，相邻两图幅边的地物轮廓线和等高线不完全吻合，当偏差在规定的范围内时，可进行修正。

为接边方便，一般规定每幅图的图边应测出图幅外1cm，使相邻图幅有一条重复带。将相邻两图幅聚酯薄膜图纸的坐标格网对齐，就可以检查接边地物和等高线的偏差情况。若偏差小于容许值，可以平均分配到两幅图中（即在两幅图上各改正一半），改正后应保持地物、地貌相对位置和走向的正确性。拼接误差超过规定时，应到测区实地进行检查核对，改正后再进行拼接。

如果测图时用的是磅纸，则在接边时，用宽约5cm的透明纸条蒙在图幅边上，分别将图廓线、坐标格网以及靠图廓1.0～1.5cm宽度内的地物和等高线描绘下来，然后将透明纸条蒙到相邻图幅的接边上，使图廓线和坐标格网线对齐后，即可检查接边处的地物、等高线是否符合规定。

3. 地形图的整饰

地形图经过检查、拼接和修改后，还应进行清绘和整饰，使图面清晰、美观，以便验收和保存原图。

地形图整饰时，先擦掉图中不必要的点、线，然后对所有的地物、地貌都应按地形图图式的规定符号、尺寸和注记进行清绘，各种文字注记（如地名、山名、河流名、道路名等）应标注在适当位置，一般要求字头朝北，字体端正。等高线应用光滑的曲线勾绘，等高线高程标注应成列，其字头朝高处。最后应整饰图框，注明图名、图号、测图比例尺、测图单位及测图年、月、日等。

6.3 大比例尺地形图的应用

6.3.1 地形图的坐标系统

1. 地理坐标系统

国家基本地形图的内图廓均是由经纬线构成的，图上展绘有地理坐标网，用于确定点的地理位置。但在不同比例尺地形图上，地理坐标网的展绘形式有所不同。

在 1∶2 500、1∶50 000、1∶10 000 地形图上，上（北）、下（南）内图廓是纬线，左（西）、右（东）内图廓是经线。在图廓四角注有经纬度数值，纬度注在纬线上，如 38°20′；经度注在经线上，如 114°30′。

在内外图廓之间绘有经纬度的分划线（称为分度线），在图上每隔 1′标出一个分划线。读地理坐标时，只需将两对应边上相同数值的分划线连接起来，即可在图面上构成地理坐标网。由于在大于 1∶10 000 比例尺的地形图上，已绘有平面直角坐标网，为了避免两种坐标网在图面上互相干扰，所以将经纬坐标只绘在图廓上。

2. 高斯平面直角坐标系

我国 1∶10 000 至 1∶50 000 比例尺国家基本地形图均采用了高斯平面直角坐标系。它是按高斯-克吕格投影方法绘制的，又称为高斯平面直角坐标网。

在地形图上高斯平面直角坐标网的注记，沿东、西图廓注记纵坐标值，其值由西向东增加。在图廓的四角，注记有纵、横坐标的数值，纵坐标注记为四位数，如 4 287，标明该线距赤道的千米数；横坐标注记为五位数，前两位数指明投影带的带号（按我国经度位置，带号应为两位数字），其后三位数标明该线距纵坐标轴的千米数，如 20340 表示位于 20 带，距纵坐标轴 340 千米。为什么要注明带号呢？因为仅知一点的 X、Y 坐标值，并不能在 60 个投影带内找到该值的对应点，还必须标明点位所属的投影带。故规定在横坐标值前面冠以投影带带号。其他各坐标线的注记仅注后两位数字，如 02、04。

6.3.2 地形图的辅助要素

在地形图图廓外配置的内容，称为地形图的辅助要素，这些内容是识图和用图所必要的，如图 6－21 所示。

1. 图名、图号和接图表

为了区别各幅地形图所在的位置和拼接关系，每一幅地形图上都编有图号。图号是根据统一的分幅进行编号的。除图号以外，还要注明图名。图名是以本幅图内最著名的地名、最大的村庄、突出的地物和地貌等的名称来命名的。图号、图名注记在北图廓上方的中央。

在图的北图廓左上方，画有该幅图四邻各图号的略图，称为接图表。中间一幅有斜线阴影的图代表本幅图，四邻分别注明相应的图名。按照接图表，就可以找到相邻的图幅。

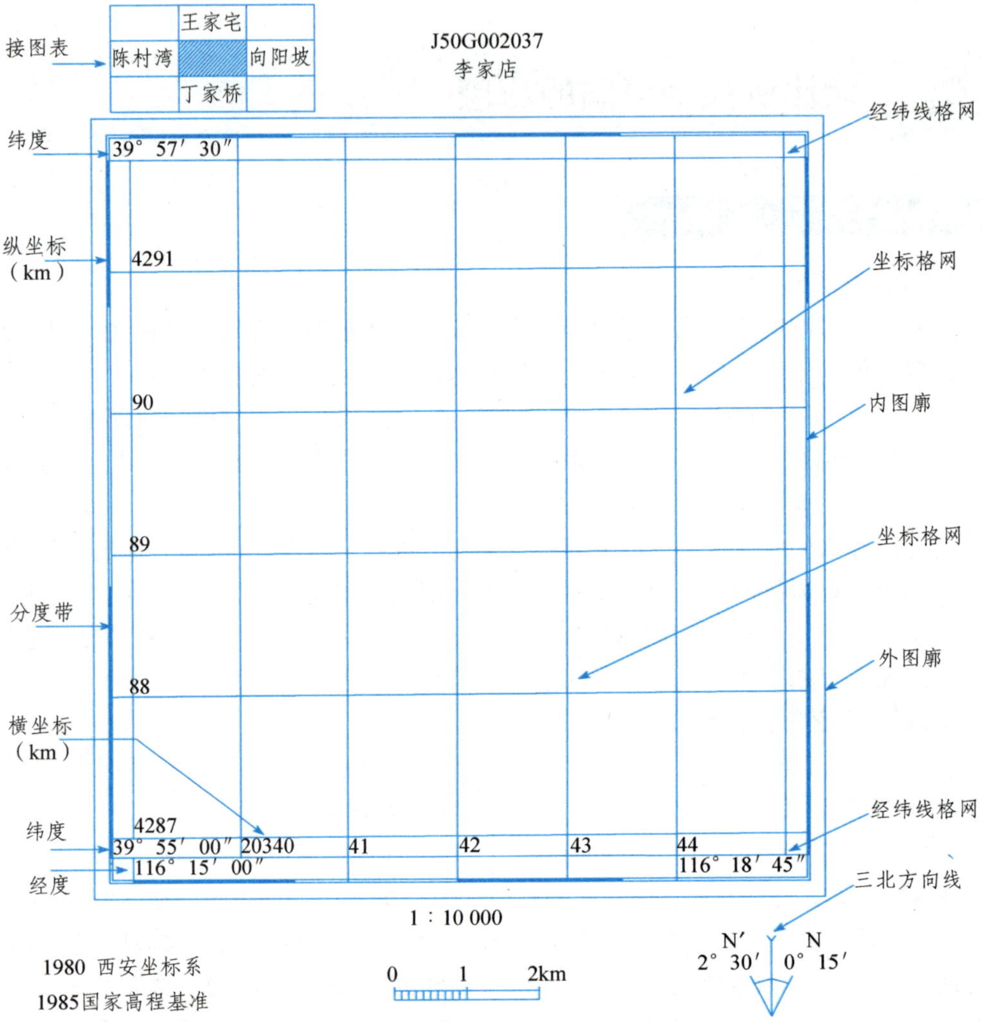

图 6－21　1∶10 000 地形图辅助要素

2. 图廓

图廓是图幅四周的范围界线。在按经纬度分幅的中小比例尺地形图中，图廓是由内图廓、分度带、外图廓三部分组成的。内图廓由包围该图幅的经、纬线组成，四周注有经纬度。分度带是在外图廓和内图廓之间靠近外图廓的分段线条，将内图廓边长按照经差、纬差以 1′为单位进行等分，并将奇数段加粗，将上下左右相应的经纬度相连，便构成经纬线格网，可用来确定任一点的经纬度和任一方向的真方位角。外图廓主要起装饰作用。为接图方便，外图廓四周中央注有相邻图幅的图号。

3. 比例尺

在每幅图的南图廓外的中央均注有测图的数字比例尺，并在数字比例尺下方绘有图示比例尺。利用图示比例尺，可用图解法确定图上的直线距离。

4. 三北方向线关系图

在中小比例尺地形图的南图廓线右下方，绘有真子午线、磁子午线和坐标纵轴这三者的角度关系图，称为三北方向线关系图，如图 6－22 所示。利用该关系图，可对图上任一方向的真方位角、磁方位角和坐标方位角进行相互换算。

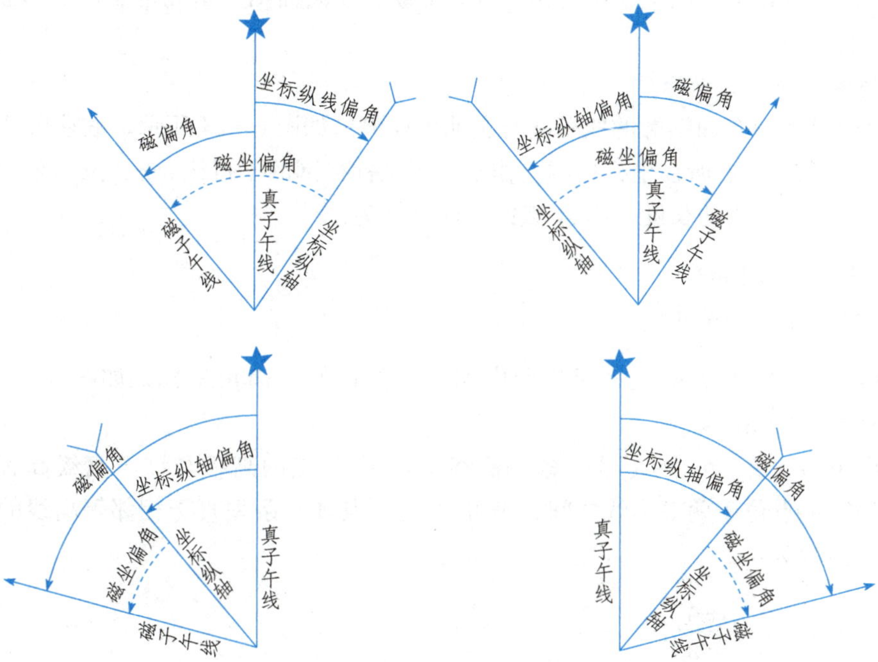

图 6－22　三北方向线关系图

5. 坡度比例尺

坡度比例尺是一种在地形图上量测地面坡度和倾角的图解工具，如图 6－23 所示。用分规卡测出图上相邻等高线的平距后，在坡度比例尺上使用分规的两针尖对准底线，上面对准曲线，即可在坡度比例尺上读出地面坡度和地面倾角。

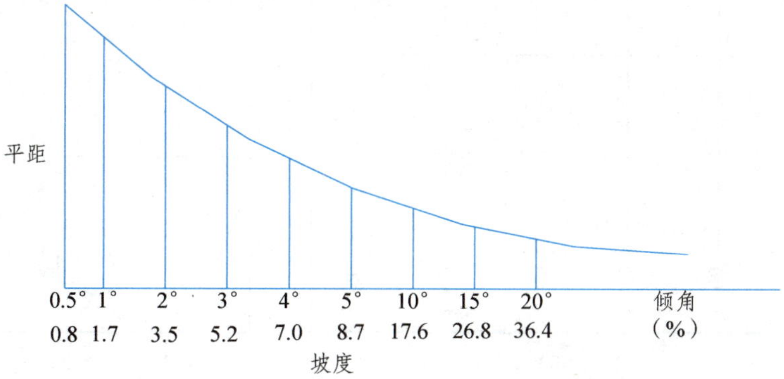

图 6－23　坡度比例尺

6.3.3　地形图的基本应用

地形图具有丰富的信息，在地形图上可以获取地貌、地物、居民地、水系、交通、通信、管线、农林等多方面信息，因此，地形图是工程规划、设计的基本资料。在地形图上可以确定点位、点与点间的距离、直线的方向、点的高程和两点间的高差；此外还可以在地形图上勾绘出分水线、集水线，确定某范围的汇水面积，在图上计算土石方量等；对于道路的设计，可在地形图上绘出道路经过处的纵、横断面图。由此可见，地形图广泛应用于各行各业。

1. 确定点的空间坐标

大比例尺地形图内图廓的四角注有实地坐标值。如图 6－24 所示，欲求出 A 点在地形图的坐标，可在 A 点所在坐标格网上作平行于坐标格网的平行线 mn、pq，然后按测图比例尺量出 mA 和 pA 的长度，则 A 点的平面坐标为：

$$\left.\begin{aligned} X_A &= X_0 + mA \\ Y_A &= Y_0 + pA \end{aligned}\right\} \tag{6-2}$$

式中，X_0、Y_0 为 A 点所在坐标格网中那一个方格的西南角坐标，如图 6－24 中 $X_0=$ 500m，$Y_0=$1 300m。

如果 A 点恰好位于图上某一条等高线上，则 A 点的高程与该等高线高程相同。如图 6－25 中 A 点位于两等高线之间，则可通过 A 点画一条垂直于相邻等高线的线段 mn，则 A 点的高程为：

$$H_A = H_n + \frac{nA}{nm}h \tag{6-3}$$

式中，H_n 为过 n 点的等高线上的高程，h 为等高距。

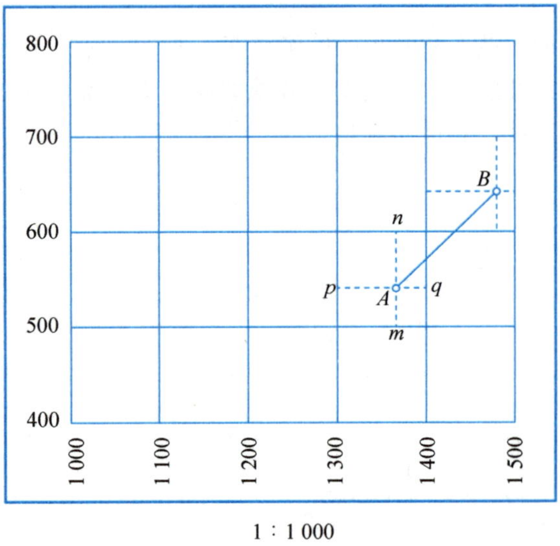

图 6－24　点位的坐标测量

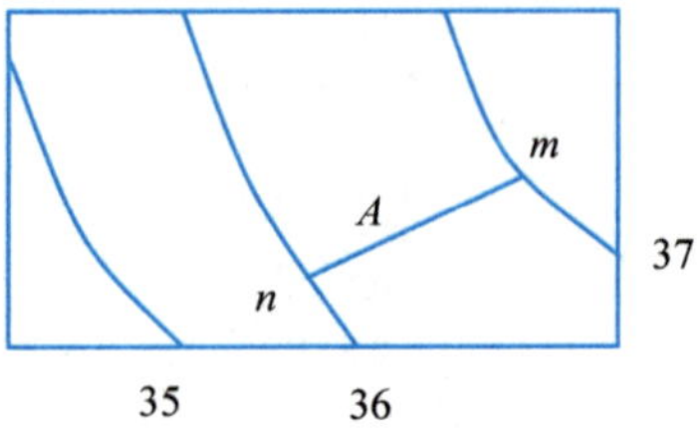

图 6－25　图上求点的高程

由此可见，在地形图上很容易确定 A 点的空间坐标（X_0、Y_0、H_A）。

2. 确定直线的距离、方向和坡度

欲求 A、B 两点的距离，先用式（6－2）求出 A、B 两点的坐标，则 A、B 两点的距离为：

$$D_{AB}=\sqrt{(X_B-X_A)^2+(Y_B-Y_A)^2} \quad (6-4)$$

A、B 两点直线的方位角为：

$$\alpha_{AB}=\arctan\frac{Y_B-Y_A}{X_B-X_A} \quad (6-5)$$

A、B 两点直线的坡度为：

$$i=\frac{H_B-H_A}{D_{AB}} \quad (6-6)$$

式中，H_B、H_A 分别为 B 点、A 点的高程，求法见式（6－3）；D_{AB} 为 A、B 两点间的实地距离，求法见式（6－4）。

3. 确定指定坡度的路线

在初步设计阶段，一般先在地形图上根据设计要求的坡度选择路线的可能走向。如图 6－26 所示，地形图比例尺为 1∶1 000，等高距为 1m，要求从 A 点到 B 点选择坡度不超过 4%的路线。为此，先根据 4%坡度求出相邻等高线间的最小平距 $d=h/i=1/0.04=25$m（式中 h 为等高距），即 1∶1 000 地形图上 2.5cm。以 A 为圆心，以 2.5cm 为半径作弧，与 50m 等高线交于 1 点，再以 1 点为圆心作弧，与 51m 等高线交于 2 点，依次定出 3、4…各点，直到 B 点附近，即得坡度不大于 4%的路线。在该地形图上，用同样的方法，还可定出另一条路线 A、1′、2′、…、8′，可以作为比较方案。

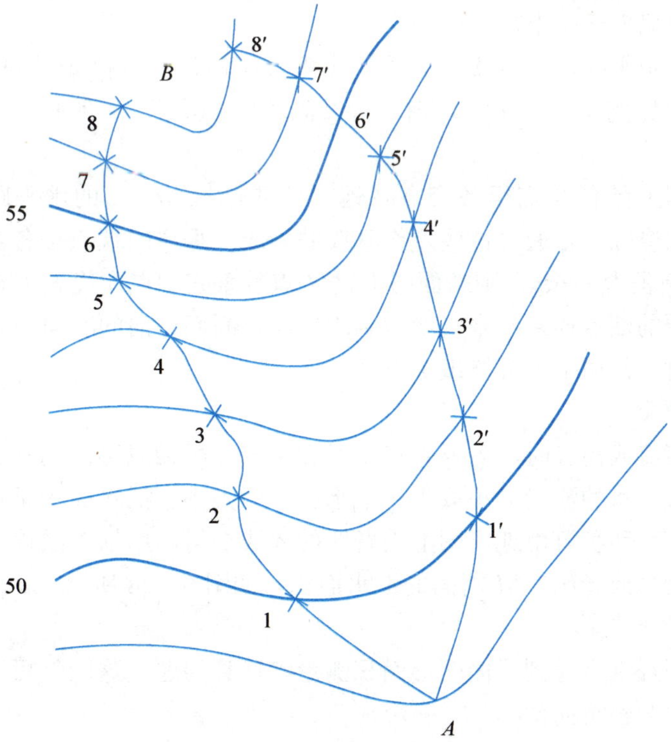

图 6－26　确定指定坡度的路线

6.3.4 地形图的工程应用

1. 绘制确定方向的断面图

根据地形图可以绘制沿任一方向的断面图。这种图能直观显示某一方向线的地势起伏形态和坡度陡缓，它在许多地面工程设计与施工中，都是重要的资料。以图 6－27 为例介绍绘制断面图的方法。

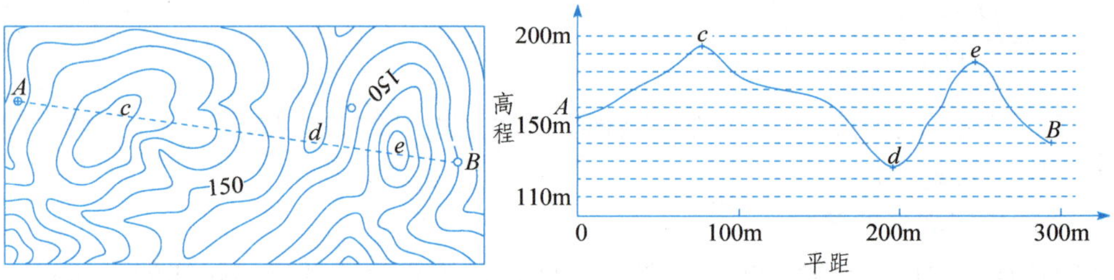

图 6－27 绘制断面图

（1）规定断面网画图的水平比例尺和垂直比例尺。通常水平比例尺与地形图比例尺一致，而垂直比例尺需要扩大，一般要比水平比例尺大 5～20 倍。因为在多数情况下，地面高差大小相对于断面长度来说，还是微小的。为了更好地显示沿线的地形起伏，图 6－27 中水平比例尺为 1∶50 000，垂直比例尺为 1∶5 000。

（2）按图 6－27 上 AB 线的长度绘一条水平线，作为基线，并确定基线所代表的高程，基线高程一般略低于图上最低处的高程。

（3）作基线的水平线，平行线的间隔，按垂直比例尺和等高距计算。如图 6－27 中，等高距 10m，垂直比例尺 1∶5 000，则平行线间隔为 2mm，并在平行线一边注明其所代表的高程。

（4）在地形图上量取 A 点至各交点及地形特征点 c、d、e 的水平距离，并按作图比例尺把它们标注在横轴上，通过这些点作基线的垂线，垂线的端点按各点的高程决定。如地形图上 d 点的高程为 126m，则断面图上过 d 点的垂线端点在代表 126m 的平行线上。

（5）将各垂线的端点连接起来，即得到表示实地断面方向的断面图。

绘制断面图时，使用毫米方格纸更方便。

2. 确定汇水面积

当道路跨越河流或沟谷时，需要修建桥梁和涵洞。桥梁或涵洞的孔径大小，取决于河流或沟谷的水流量，水的流量大小取决于汇水面积的大小。汇水面积是指某一区域内汇集水流量的面积。汇水面积可由地形图上山脊线的界线求得，用细折线连成的山脊线所包围的面积，就是过梁（或涵洞）M 断面的汇水面积，如图 6－28 所示。

3. 几何图形面积量算

在设计施工中经常会碰到平面图形面积测量和计算问题，这固然可以进行实测，但在地形图上量算则更为经济简便。

（1）方格法计算面积。

在大比例尺地形图上绘制有千米格网，可按图形占据的方格数计算面积。

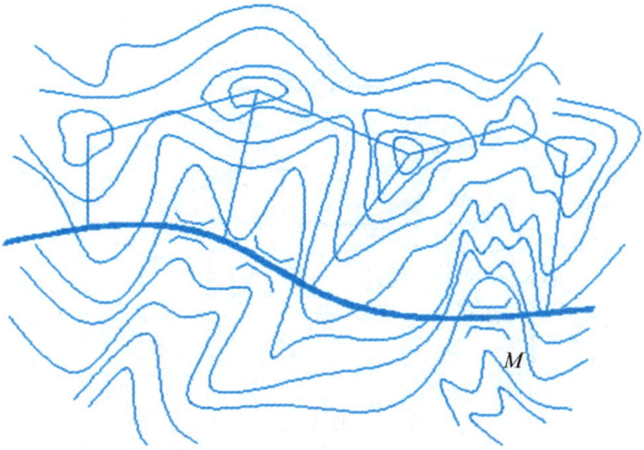

图 6-28　确定汇水面积

（2）按梯形计算面积。

如图 6-29 所示，将绘有间隔相等的平行线透明纸蒙在所要量算面积的图形上。整个图形则被平行线分割成若干等高梯形，每一梯形内的虚线是梯形的中线，平行线间隔 k 为各梯形的高，则梯形总面积为：

$$S_1=(ab+cd+ef+gh+rl)\cdot k \tag{6-7}$$

再加上两端的三角形的面积，即为所求图形的面积。将求出的图上的总面积，换算为实地面积时，需乘以该图比例尺分母的平方。

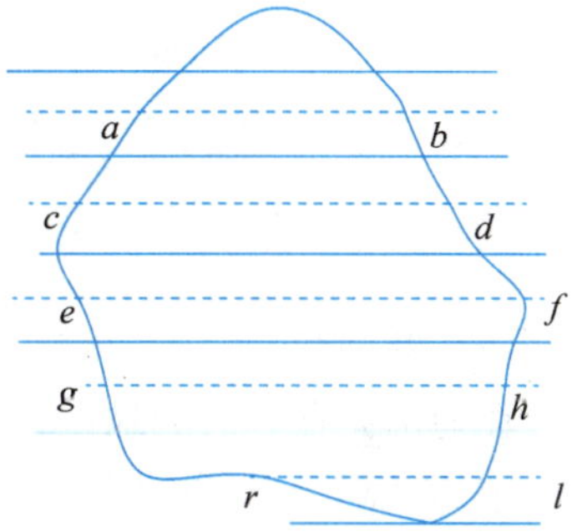

图 6-29　按梯形计算面积

4. 土方量估算

（1）等高线法。

如图 6-30 所示，先量出各等高线所包围的面积，相邻两等高线所包围的面积平均值乘以等高距，就是两等高线间的体积（即土方量）。因此，可从施工场地设计高程的等高线开始，逐层求出各相邻等高线间的土方量。如图 6-30 中等高距为 2m，施工场地的设计高程为 35m，图中虚线即为设计高程的等高线。分别求出 35m、36m、38m、40m 和 42m 五条等高线所围成的面积 A_{35}、A_{36}、A_{38}、A_{40}、A_{42}，则每一层的土方量为：

$$V_1=\frac{1}{2}(A_{35}+A_{36})\times 1$$

$$V_1=\frac{1}{2}(A_{36}+A_{38})\times 2$$

$$\vdots$$

$$V_5=\frac{1}{3}A_{42}\times 0.8$$

最后，得到总土方量为：

$$V=V_1+V_2+V_3+V_4+V_5 \tag{6-8}$$

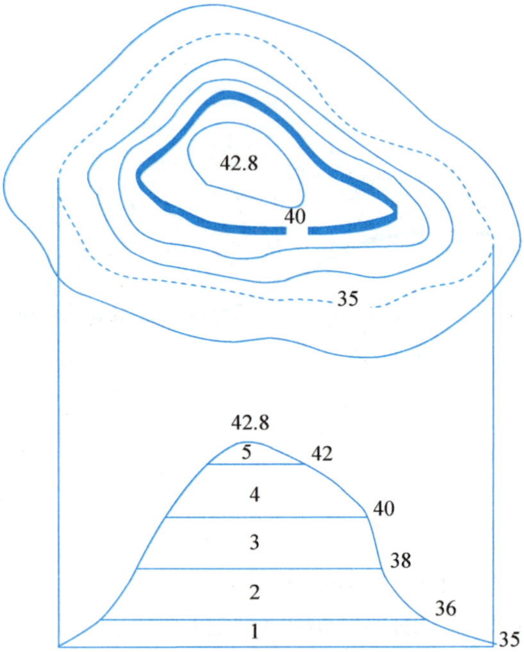

图 6-30 等高线法

（2）断面法。

在地形起伏较大的地区，可用断面法来估算土方。这种方法是在施工场地的范围内，以一定的间隔绘出断面网，求出各断面由设计高程线与地面线围成的填、挖面积，然后计算相邻断面间的土方量，最后求和即为总土方量。

如图 6-31 所示，地形图比例尺为 1∶1 000，等高距为 dm，施工场地设计高程为 32m，先在图上绘出互相平行的、间距为 d 的断面方向线 1-1、2-2、…、5-5，绘出相应的断面图，分别求出各断面的设计高程与地面线包围的填、挖方面积 A_T、A_W，然后计算相邻两断面间的填、挖方量。图中 1-1 和 2-2 断面间的填、挖方量为：

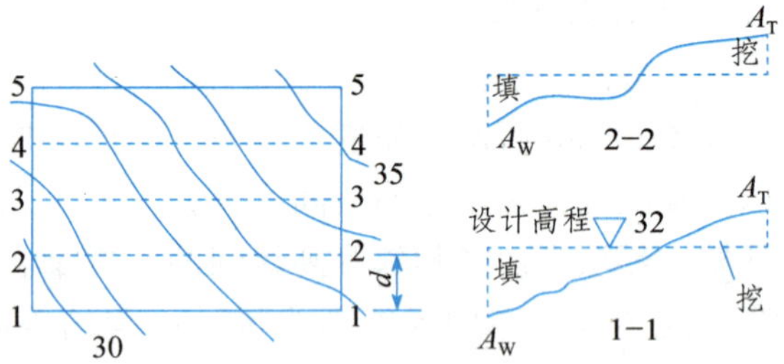

图 6-31 断面法求土方量

$$\begin{cases} V_T=\frac{1}{2}(A_{T1}+A_{T2})\cdot d \\ V_W=\frac{1}{2}(A_{W1}+A_{W2})\cdot d \end{cases} \tag{6-9}$$

同理计算其他断面间的土方量，最后将所有的填方量累加，所有的挖方量累加，便得总的土方量。

（3）方格网法。

该法用于地形起伏不大，且地面坡度有规律的地方。施工场地的范围较大，可用这种方法估算土方量，其步骤如下：

1）打方格。在拟施工的范围内打上方格，方格边长取决于地形变化的程度和要求估量土方量的精度，一般取 10m×10m、20m×20m、50m×50m 等。

2）根据等高线确定各方格顶点的高程，并注记在各顶点的右上方。

3）把每一个方格四个顶点的高程相加，除以 4 得到每一个方格的平均高程，再把各个方格的平均高程加起来，除以方格数，即得设计高程。这样求得的设计高程，可使填、挖方量基本平衡。由上述计算过程不难看出，角点 A_1、A_4、B_5、E_1、E_5 的高程用到一次，边点 B_1、C_1、D_1、E_2、E_4 等的高程用到两次，拐点 B_4 的高程用到三次，中点 B_2、B_3、C_2、C_3 等的高程用到四次，因此设计高程的计算公式为：

$$H_{设}=\frac{\sum H_{角}\times1+\sum H_{边}\times2+\sum H_{拐}\times3+\sum H_{中}\times4}{4n} \tag{6-10}$$

式中，n 为方格总个数。

将图 6-32 的高程数据代入式（6-10），求出设计高程为 64.84m，在地形图中按内插法绘出 64.84m 的等高线，就是填挖的分界线，又称为零线。

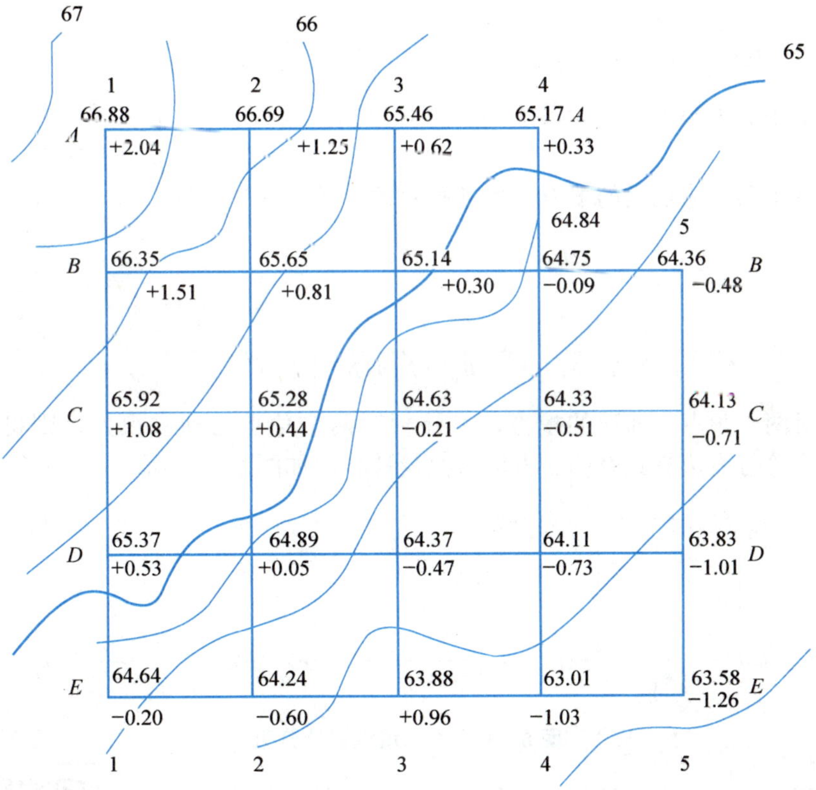

图 6-32　方格网法

4）计算填挖高度（即施工高度）。

$$h=H_{地}-H_{设} \tag{6-11}$$

式中，h 为填挖高度（施工高度），正数为开挖深度，负数为回填高度；$H_{地}$ 为地面高程；

$H_{设}$ 为设计高程。

5）计算填挖方量。填挖方量要按下式分别计算，根据方格四个角点的填挖高度不同，可选择以下四种情况之一计算各方格的填挖方量。

①四个角点均为挖方或填方。

$$V=\frac{h_a+h_b+h_c+h_d}{4}\times A \tag{6-12}$$

②相邻两个角点为填方，另外两个角点为挖方。

$$\begin{cases} V_W=\dfrac{(h_a+h_c)^2}{4(h_a+h_b+h_c+h_d)}\times A \\ V_T=\dfrac{(h_b+h_d)^2}{4(h_a+h_b+h_c+h_d)}\times A \end{cases} \tag{6-13}$$

③三个角点为挖方，一个角点为填方。

$$\begin{cases} V_W=\dfrac{2h_b+2h_c+h_d-h_a}{6}\times A \\ V_T=\dfrac{h_a^3}{6(h_a+h_b)(h_a+h_c)}\times A \end{cases} \tag{6-14}$$

如果三个角点为填方，一个角点为挖方，则将式（6－14）上下两个公式等号右边算式对调。

④相对两个角点为连通的填方，另外相对两个角点为独立挖方。

$$\begin{cases} V_T=\dfrac{2h_a+2h_d-h_b-h_c}{6}\times A \\ V_W=\left(\dfrac{h_a^3}{(h_a+h_b)(h_a+h_d)}+\dfrac{h_c^3}{(h_a+h_c)(h_d+h_c)}\right)\times\dfrac{A}{6} \end{cases} \tag{6-15}$$

如果相对两个角点为连通的挖方，另外相对两个角点为独立填方，则将式（6－15）上下两个公式等号右边算式对调。方格填挖量计算图如图 6－33 所示。

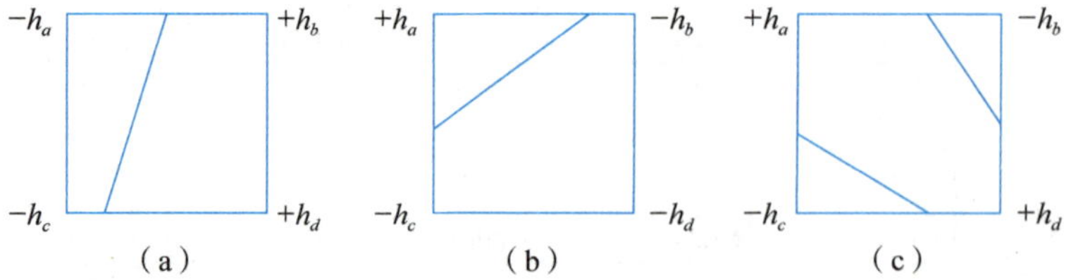

图 6－33　方格填挖量计算图

最后将所有的填、挖方量各自相加，即得总的填、挖方量，两者应基本相等。

地形图是如何绘制出来的

项目实训：用经纬仪测绘法测量实际地形

实训目标

掌握用经纬仪测绘法测绘地形的方法。

实训器材

经纬仪 1 台、平板 1 个、塔尺 1 把、测杆 1 个、地形量角器 1 个、绣花针若干、记录板 1 个、绘图用具 1 套、皮尺 1 个、红布条若干。

实训内容

（1）在一个导线点上采用边测边绘的方法施测学院内小山周围的地物和地貌点。

（2）根据地物特征点勾绘地物轮廓线；根据地貌特征点按等高距为 1m 勾绘等高线。

实训步骤

（1）在实验场地选定 A、B 两点作为导线点，A 点作测站点，B 点作定向点。经纬仪对中、整平，量取仪器高 i（精确至厘米）。

（2）用红布条在塔尺上标定目标高 v（为便于计算，目标高通常与仪器高相等）。

（3）照准控制点 B 方向进行定向（“0”方向），将水平度盘配置在 $0°00'00''$。

（4）盘左观测，将经纬仪十字丝竖丝照准位于立尺点的塔尺，用十字丝中丝截住红布条。读取上丝读数、下丝读数，计算上下丝之差（即尺间隔）。也可以转动望远镜，使中丝在红布条上下附近移动，用上丝（或下丝）截住标尺整分米分划，自上丝（或下丝）向下丝直接数出标尺间隔，读取视距读数。读出视距读数后，再将中丝准确地截住红布条。

（5）调节竖盘指标水准管微动螺旋，使竖盘指标水准管气泡居中。读取竖盘读数至分，并记录。读取水平度盘读数至分，并记录。

（6）计算竖直角：$\alpha=90°-(L-x)$。

计算水平距离：$D=kl\cos^2\alpha$（精确至分米）。

计算出计算高差：$h=D\tan\alpha+i-v$（精确至厘米）。

（7）在图上根据控制点 A、B 的坐标，定出 A、B 两点的点位，在测站点 A 上插一绣花针，连 A、B 方向线，作为该测站的定向方向线。量角器中孔套入测站点绣花针。

（8）根据水平角读数，用地形量角器定出测点的方向。

（9）根据水平距离且依据地形图比例尺，在定出的方向上用铅笔确定测点的准确位置。

（10）字头朝北标注各测点高程，根据现场情况绘连地物。

（11）现场勾绘等高线。

注意事项

（1）掌握跑尺立点要领：规律跑尺，反映原貌，布点均匀，扶稳立直。

（2）观测时，水平角读到分，上、下丝读到毫米，竖盘读数读到分；计算时，水平距离、高差、高程计算到厘米。

（3）测竖直角时一定要用中丝准确切准目标。读竖盘读数时注意要使竖盘指标水准管气泡居中。

（4）用极坐标法施测碎部点时，视距读数由观测员一次读出，读后不要忘记用中丝切准目标。

（5）随时检查“0”方向，若“0”方向变动在 4′以内，允许重新配“0”；当“0”方向变动超过 4′，前区间的测点成果作废。

（6）注意检查点位及高程有无错漏、测点密度是否均匀。

（7）记录应保持干净、整洁，计算应准确、完整。

实训成果

要求提交以下成果

（1）填写碎部测量记录表并进行计算。

碎部测量记录表

名称：　　　测区：　　　仪器型号：　　　观测者：　　　记录者：
日期：　　　天气：　　　测站：　　　定向点：　　　测站高程（H）：
仪器高（i）：　　　乘常数（K）：　　　指标差（x）：

测点	水平角	尺上读数		视距间隔	竖直角（α）			高差（m）			水平距离（D）	测点高程（H）
		中丝（v）	下丝 上丝		竖盘读数	竖直角	改正后竖直角	$D\tan\alpha$（初算值）	$i-v$	h		

（2）绘制小山等高线地形图 1 幅，图幅尺寸 50cm×50cm。要求图面表达清晰，地貌基本与实际地形相符。

技能检测

一、填空题

1. 要在 AB 方向上测设一条坡度为 1%的坡度线，已知 A 点高程为 24.050m，AB 的实地水平距离为 120m，则 B 点高程应为__________ m。

2. 等高线的种类有__________、__________、__________、__________。

3. 地形图比例尺可分为__________比例尺和__________比例尺。

4. 地形图的分幅可分为两大类，一种是按__________分幅的梯形分幅法，另一种是按坐标格网分幅的__________。

5. 地物符号可分为比例符号、__________符号和__________符号。

6. 地形图图式中的符号有__________、__________和__________。

7. 土方估算中常用的方法有__________法、__________法和__________法。

二、选择题

1. 1∶5 000 地形图的比例尺精度是（　　）。

A. 5m　　B. 0.1mm　　C. 5cm　　D. 50cm

2. 下列关于等高线的叙述，错误的是（　　）。

A. 高程相等的点在同一高程的等高线上

B. 等高线必定是闭合曲线，即使在本幅图中没闭合，在相邻的图幅中也会闭合

C. 任何情况下等高线都不会分叉、相交或合并

D. 等高线经过山脊与山谷线正交

3. 下图为某地形图的一部分，三条等高线所表示的高程如图所示，A 点位于 MN 的连线上，点 A 到点 M 和点 N 的图上水平距离为 $MA=3\text{mm}$，$NA=2\text{mm}$，则 A 点高程为（　　）。

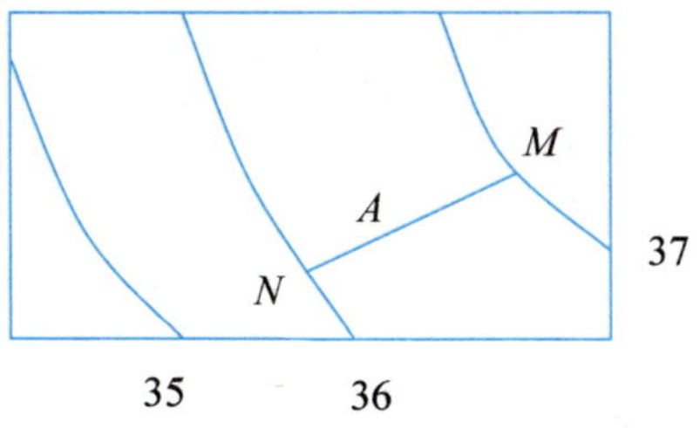

A. 36.4m　　B. 36.6m　　C. 37.4m　　D. 37.6m

4. 下面选项中不属于地性线的是（　　）。

A. 山脊线　　B. 山谷线　　C. 山脚线　　D. 等高线

5. 在 1∶1 000 的地形图上，AB 两点间的高差为 3m，距离为 0.10m，则地面上两点连线的坡度为（　　）。

A. 1%　　B. 2%　　C. 3%　　D. 4%

6. 一张地形图上，等高线平距越大，说明（　　）。

A. 等高距越大　　B. 地面坡度越陡
C. 等高距越小　　D. 地面坡度越缓

7. 对于等高线，下面说法错误的是（　　）。
A. 同一等高线上的点的高程相等　　B. 等高线一定是闭合的连续曲线
C. 等高线在任何地方都不会相交　　D. 等高线与山脊线、山谷线正交

8. 道路断面图的垂直比例尺通常比水平距离比例尺（　　）。
A. 小 1 倍　　B. 小 10 倍　　C. 大 1 倍　　D. 大 10 倍

9. 相邻两条等高线之间的高差，称为（　　）。
A. 等高线平距　　B. 等高线高程　　C. 等高距　　D. 等高线间隔

10. 我国基本比例尺地形图采用（　　）分幅方法。
A. 矩形　　B. 正方形　　C. 梯形　　D. 圆形

三、问答题

1. 什么是地形图比例尺？比例尺精度是怎么定义的？
2. 何谓地形图图式？何谓比例符号、非比例符号和半比例符号？
3. 什么是等高线？等高线有哪些特性？
4. 什么是等高距、等高线平距和地面坡度？它们三者之间的关系如何？
5. 用经纬仪测绘法测图的步骤是什么？

项目 7　建筑工程施工测量

项目导读

建（构）筑物是指人们生产、生活或其他活动的场所或房屋，按用途可分为民用建筑、工业建筑、农业建筑等。本项目主要介绍民用建筑的施工测量工作。

各项工程在施工阶段所进行的测量工作称为施工测量，施工测量贯穿于建筑施工阶段的全过程。其主要任务包括：施工控制网的建立；将图纸上设计的建（构）筑物的平面位置和高程标定在实地；每道施工工序完成后，通过测量检查工程各部位的实际位置及高程是否与设计相符，并进行验收测量；工程竣工后，测绘各种建（构）筑物的实际情况，即进行竣工测量；在施工期间测定建（构）筑物产生的位移和沉降等变形情况。

放样工作也称为测设，是指将图纸上设计好的建（构）筑物的特征点在实地标定。竣工测量是建（构）筑物竣工验收时进行的测量工作，其主要成果是竣工总平面图、分类图、断面图，以及细部坐标和高程明细表等。变形观测是测定建（构）筑物及其地基在其本身荷重和外力作用下随时间而产生变形情况的工作。

施工测量和测绘地形图一样，要遵循“从整体到局部”“先控制后碎部”的原则，需在施工现场建立统一的平面控制网和高程控制网，并以此为基础，测设出各个建（构）筑物的细部位置。施工测量的精度取决于建（构）筑物的结构、大小、用途和施工方法等因素，一般来说，高层建筑测量精度要高于低层建筑，自动化厂房的测量精度要高于一般工业厂房，钢结构建筑的测量精度要高于钢筋混凝土结构、砖石结构。

项目重点

1. 建筑工程施工测量的概念。
2. 施工测量基本工作及测量方法。
3. 施工平面控制网的建立。
4. 民用建筑施工测量的内容和方法。
5. 建筑物变形观测的概念和主要内容。

学习目标

本项目通过任务驱动的方式，使学生了解土建工程施工测量的技能和相关理论知识，在掌握水准测量、角度测量、距离测量及直线定向、导线测量、地形识图和测量放样等实践技能的基础上，通过课程综合训练，能够承担施工一线的建筑工程施工放样测量等工作任务；同时培养学生诚实守信的品质和团结协作的精神。

7.1 施工测量基本工作

7.1.1 已知水平角的测设

1. 一般方法

当角度测设精度要求不高时，可用盘左盘右取平均的方法，获得欲测设的角度。这种方法也称为正倒镜分中法。具体操作为：如图 7-1 所示，A 为已知点，AB 为已知方向，欲放样 β 角，标定 AC 方向。安置经纬仪于 A 点，先用盘左位置照准 B 点，使水平度盘读数为零，转动照准部使水平度盘读数恰好为 β 值，在此视线上定出 C'。然后用盘右位置照准 B 点，重复上述步骤，测设 β 角，定出 C''点。最后取 $C'C''$的中点 C，则$\angle BAC$ 就是要测设的 β 角。为了检核，应重新测定$\angle BAC$ 的大小，并与已知的水平角值 β 进行比较，若相差值超过规定的范围，则应重新测设 β 角。

2. 精确方法

当角度测设精度要求较高时，可用精确测设的方法。如图 7-2 所示，设 AB 为已知方向，先用一般测设方法按欲测设的角值测设出 AC 方向并定出 C 点。然后再用测回法多测回测量$\angle BAC$，将这几个测回所测得的角度取平均值可以得到一个角度 β'。由于有误差存在，设计值 β 与测设值 β'之间必定有一个差值 $\Delta\beta$。量取 AC 的距离 D_{AC}，计算 C 点处 AC'线段的垂距 e：

$$e=D_{AC}\tan\Delta\beta\approx D_{AC}\Delta\beta/\rho'' \tag{7-1}$$

式中，$\rho''=206\ 265''$。

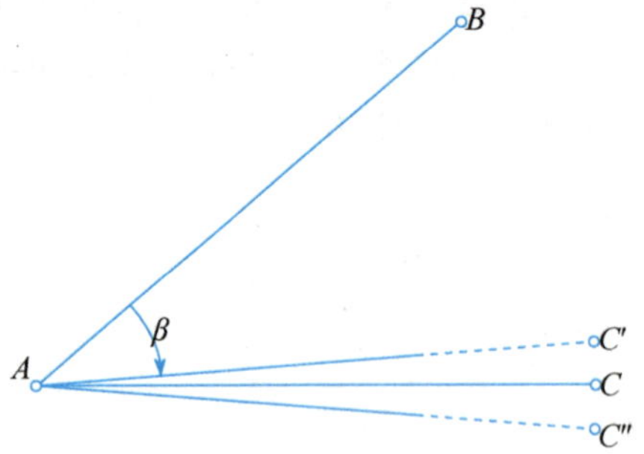

图 7-1　水平角测设一般方法

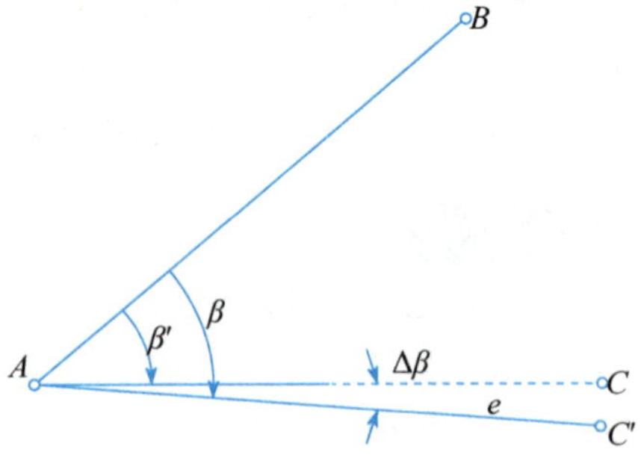

图 7-2　水平角测设精确方法

从 C 作 AC 的垂直线，以 C 为起点量取垂线距离 e，即得 C'点，此时$\angle BAC'=\beta$。操作时若 $\Delta\beta<0$，则应向内归化；反之，应向外归化。

7.1.2 已知距离的测设

1. 钢尺量距测设法

如图 7-3 所示，为了检核，可将钢尺移动 10～20cm，再测设一次。若两次测设之差在允许范围内，取平均位置作为终点最后位置。当测设精度要求较高时，应使用检定过的钢尺，用经纬仪定线，根据给定的水平距离 D，经过尺长改正 ΔL_d、温度改正 ΔL_t 和倾斜改正后 ΔL_h，计算出地面上应测设的距离 L。公式为：

$$L=D-(\Delta L_d+\Delta L_t+\Delta L_h) \tag{7-2}$$

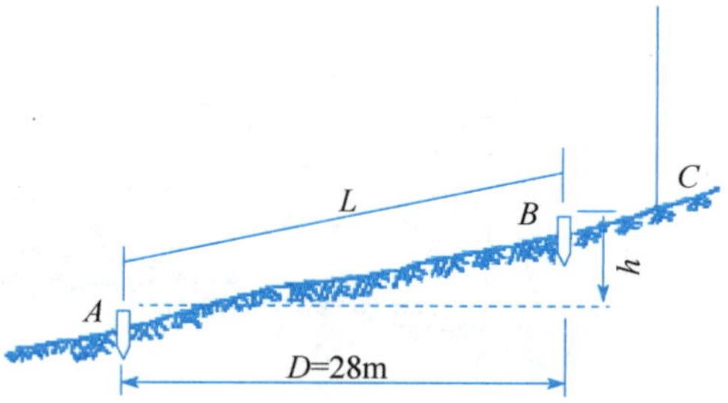

图 7-3 钢尺测设水平距离

然后根据计算结果，用钢尺进行测设。

2. 光电测距测设法

钢尺量距的精度是比较低的，现在用得最多的是电磁波测距或者全站仪测距。目前水平距离的测设，尤其是长距离的测设多采用全站仪。如图 7-4 所示，安置全站仪于 A 点，反光棱镜在已知方向上移动，使仪器显示值略大于测设的距离，定出 C'点。在 C'点安置反光棱镜，测出水平距离 D'（必要时加测气象改正），求出 D'与应测设的水平距离 D 之差 $\Delta D=D-D'$。根据 ΔD 的符号在实地用钢尺沿测设方向将 C'改正至 C 点，并用木桩标定其点位。为了检核，应将反光棱镜安置于 C 点，再实测 AC 距离，其不符值应在限差之内，否则应再次进行改正，直至符合限差。

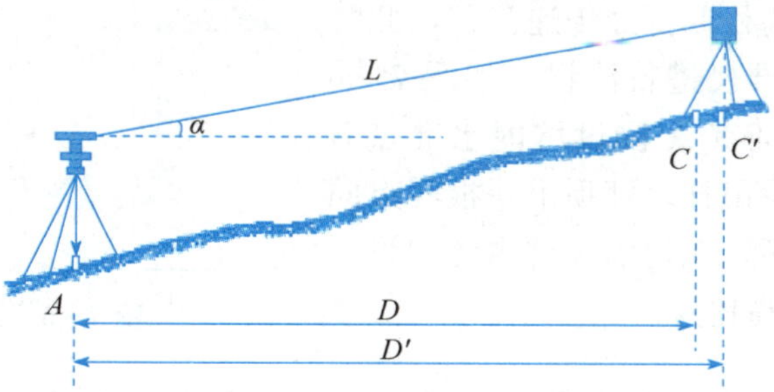

图 7-4 光电测距测设水平距离

7.1.3 已知高程的测设

测设已知高程是指根据附近的水准点，将设计的高程测设到现场并标示出来的工作。在建筑设计和施工中，为了方便计算，一般把建筑物的室内地坪高程用±0.000 表示，通常建（构）筑物的基础、门窗等的标高均是以±0.000 为依据确定的。如图 7-5 所示，假设在设计图纸上查得建筑物的室内地坪高程为 $H_{设}$，而附近有一水准点 A，其高程为 H_A，现要求把 $H_{设}$测设到木桩 B 上。在木桩 B 和水准点 A 之间安置水准仪，在 A 点上立尺，读数为 a，则水

准仪视线高程 $H_i = H_A + a$，根据视线高程和地坪设计高程可算出 B 点尺上应有的读数为：

$$b_{应} = H_i - H_{设} \tag{7-3}$$

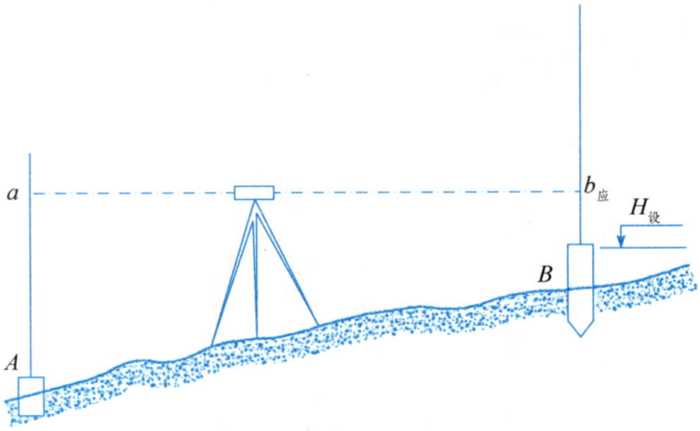

图 7-5　测设已知高程

然后将水准尺紧靠 B 点木桩侧面上下移动，直至水准尺读数为 $b_{应}$ 时，尺底处即为待求的测设高程位置，沿尺底在木桩侧面画线标定。

例如，设已知水准点 A 的高程 H_A 为 27.349m，在 B 点处待测设高程 $H_{设}$ 为 28.000m，仪器架设在两点之间，在 A 点尺上读数 a 为 1.626m，则仪器视线高为：

$$H_i = H_A + a = 27.349 + 1.623 = 28.972\text{m}$$

则 B 点上水准尺应得读数为：$b_{应} = H_i - H_{设} = 28.972 - 28.000 = 0.972\text{m}$。

建筑工程施工过程中，常会涉及开挖基槽或修建较高建筑，需向高处或低处传递高程，此时可用悬挂钢尺代替水准尺进行测设。如图 7-6 所示，欲根据地面水准点 A 测设坑内水准点 B 的高程，可在坑边架设吊杆，杆顶吊一根零点向下的钢尺，尺底挂重锤，在地面和坑内各架设一台水准仪，则 B 点的高程为：

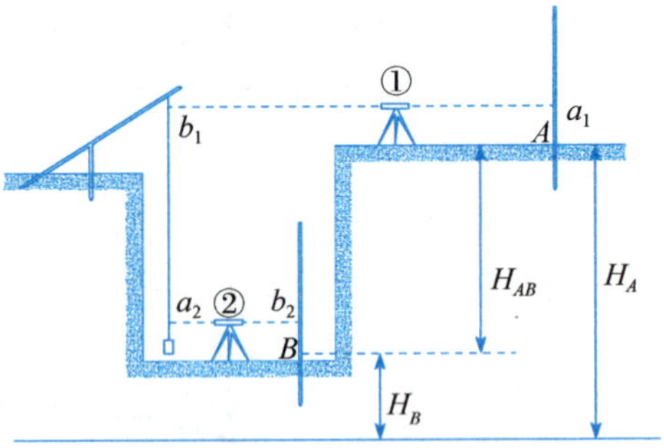

图 7-6　高程传递测设

$$H_B = H_A + a_1 - (b_1 - a_2) - b_2 \tag{7-4}$$

式中，a_1、a_2、b_1、b_2 为钢尺读数。为便于检核，可改变钢尺悬挂位置，再次观测。

7.1.4　已知坡度线的测设

在铺设管道、修筑道路等工程中，经常需要在地面上测设给定的坡度线。坡度较小时，一般采用水准仪来测设；坡度较大时，一般采用经纬仪测设。

坡度是指两点间的高差与水平距离的比值。坡度可用百分率（%）或千分率（‰）表示，若坡度记为 i，高差为 h，两点间水平距离为 D，则 $i = \dfrac{h}{D}$。

如图 7-7 所示，设 A、B 为设计坡度线的两端点，若已知 A 点的设计高程为 H_A。现在要求从 A 点沿着 AB 方向测设出一条坡度为 $-8‰$ 的坡度直线，AB 两点的水平距离为 D_{AB}，水准仪仪器高为 i。

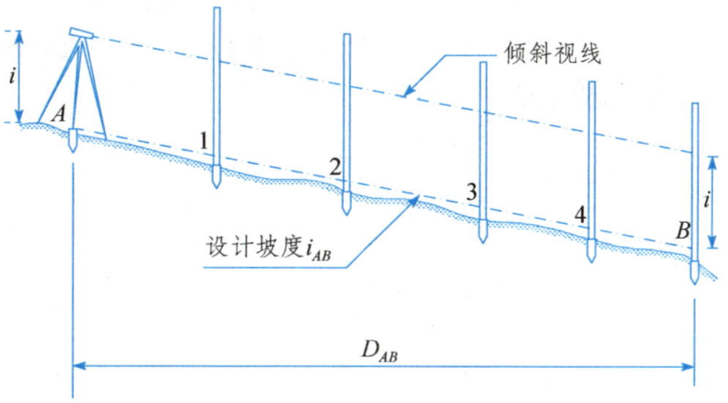

图 7-7 已知坡度线的测设

水准仪倾斜视线法测设坡度线步骤如下：

（1）先用已知高程测设方法，根据附近已知水准点将涉及坡度线两端点的设计高程 H_A、H_B 测设于地面上，其中 $H_B=H_A+i\times D_{AB}=H_A-0.008D_{AB}$。

（2）在 A 点安置水准仪，B 点处立标尺，量取仪器高 i，安置时注意使其中一只脚螺旋在 AB 方向线上，另两只脚螺旋的连线大致与 AB 方向线垂直。

（3）旋转 AB 方向上的脚螺旋和微倾螺旋，使视线在 B 点标尺上的读数为仪器高 i 的数值，此时水准仪的倾斜视线与设计坡度线平行，当间隔一定距离（一般为 10m）打下的各桩点 1、2、3、4 上的标尺读数均为仪器高 i 时，尺底即为该桩的设计高程，则各桩点顶部的连线就是待测设的设计坡度线。可根据各桩点的水准尺实际读数计算各桩处的填挖高度，具体为 $i-b$，当 $i=b$ 时，不挖不填；当 $i<b$ 时，需填；当 $i>b$ 时，需挖。

若 AB 两点间距离比较远，还需在 AB 间加密一些桩点来满足施工建设的要求。

7.1.5 地面点的平面位置测设

点的平面位置测设常用的方法有直角坐标法、极坐标法、交会法（距离交会法、角度交会法）和全站仪坐标放样法。应根据控制网的形式、现场情况、拥有的仪器及精度要求等因素综合选择合适的方法。

1. 直角坐标法

当施工场地有相互垂直的主轴线或建筑方格网时，多采用直角坐标法。如图 7-8 所示，需测设设计图上待测点 P，P 点相对于场地上控制点（Ⅰ、Ⅱ、Ⅲ、Ⅳ）的坐标增量 Δx、Δy 为测设数据。施测时，先在Ⅰ点安置经纬仪，以Ⅱ点定向，沿视准轴方向测设 Δy 距离，再在 a 点安置经纬仪，以Ⅰ或Ⅱ点定向，拨转 90°角作直线Ⅲ的垂线，并在此垂线上量取 Δx 距离，桩钉 P 点。

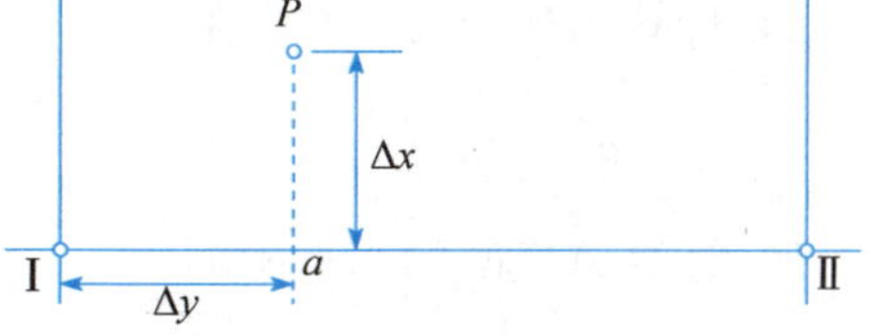

图 7-8 直角坐标法测设点的平面位置

2. 极坐标法

极坐标法是根据控制点、水平角和水平距离测设点的平面位置。此法适用于测设距离较短，且便于钢尺量距的情况。如图 7－9 所示，A、B 为已知平面控制点，坐标值分别为 $A(x_A, y_A)$、$B(x_B, y_B)$，P、Q、R、S 为设计的建筑物特征点，各点的坐标分别为 $P(x_P, y_P)$、…、$S(x_S, y_S)$。可根据 A、B 两点测设 P、Q、R、S 点。下面以测设 P 点为例，介绍极坐标法的具体内容。

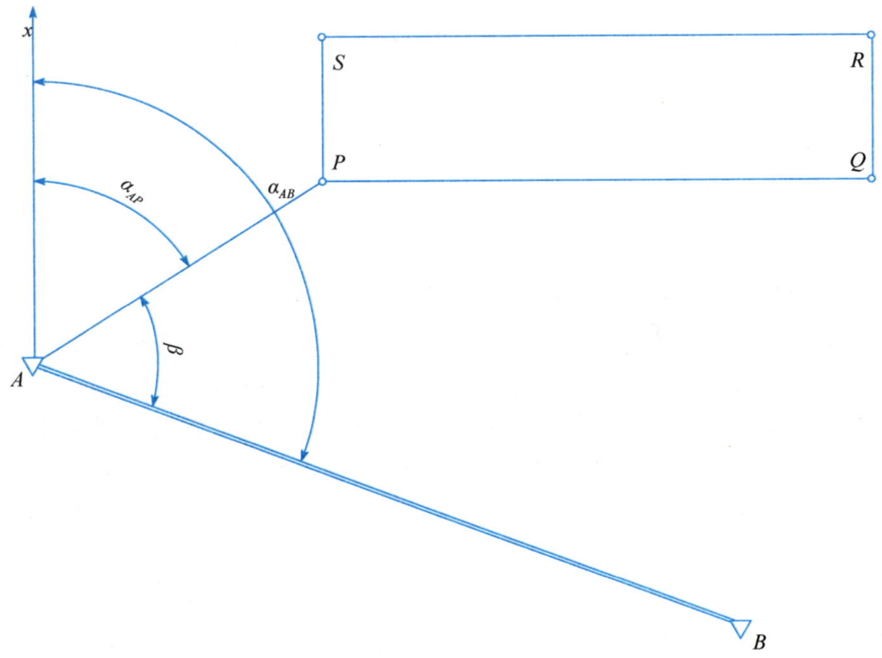

图 7－9　极坐标法测设点的平面位置

（1）计算测设元素。

测设元素包括两个：一个是水平夹角 β，另一个是水平距离 D。水平距离 D 通过两点间的距离公式计算，水平夹角 β 通过坐标方位角与水平角间的关系计算。

1）依据坐标反算计算 α_{AB} 和 α_{AP}。

$$\alpha_{AB}=\arctan\frac{y_B-y_A}{x_B-x_A}=\arctan\frac{\Delta y_{AB}}{\Delta x_{AB}} \tag{7-5}$$

$$\alpha_{AP}=\arctan\frac{y_P-y_A}{x_P-x_A}=\arctan\frac{\Delta y_{AP}}{\Delta x_{AP}} \tag{7-6}$$

2）计算 AP 与 AB 的夹角。

$$\beta=\alpha_{AB}-\alpha_{AP} \tag{7-7}$$

3）计算 AP 间的水平距离。

$$D_{AP}=\sqrt{(x_P-x_A)^2+(y_P-y_A)^2}=\sqrt{(\Delta x_{AP})^2+(\Delta y_{AP})^2} \tag{7-8}$$

（2）具体测设步骤。

1）在测站点 A 上安置全站仪或经纬仪，照准后视点 B，定向，水平度盘置零。

2）逆时针转动 β 角，得到测设点 P 到测站点 A 的连线方向。

3）从 A 点出发，沿着 AP 方向，量取一个水平距离 D_{AP}，得到 P'点的位置。

4）为了检查测设的精度，可以按照同样的方法重复一次，得到 P''。如果两次测设点位误差在一定的范围内，则取 $P'P''$的中点，得到 P 点。

（3）相关检核。

用同样方法测设 Q、R、S 点。待四个点全部测设完毕后，可通过量取 PR、SQ 的实地距离，比对通过两点坐标计算所得的距离，检核测设的正确性，在误差允许范围内即可。也可测定各直角的大小来检查测设的准确性。

3. 距离交会法

距离交会法是指根据两控制点测设两段已知距离交会出点的平面位置，适用于待测设点位离控制点较近且便于量距，或测角较困难的情况。如图 7－10 所示，要测设两个点 1、2 在地面上的位置，1、2 是某建筑物轴线的特征点，其设计坐标分别为（x_1，y_1）、（x_2，y_2），A、B、C 为已知控制点。

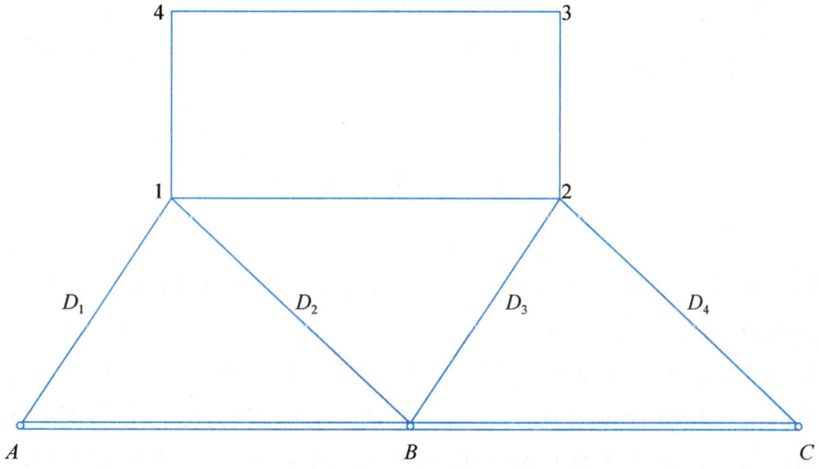

图 7－10　距离交会法测设点的平面位置

（1）计算测设数据 D_1、D_2、D_3、D_4。

由已知控制点 A、B、C 的坐标和待测点的设计坐标，通过两点间的距离公式，就可以计算出 A 点到 1 点的距离 D_1、B 点到 1 点的距离 D_2，以及 D_3、D_4。

（2）具体测设步骤。

测设时使用两根钢尺，分别使尺的零分划线对准 A、B 两点，同时拉紧、拉平钢尺，分别以 D_1、D_2 为半径在地面上画弧，两弧线的交点即为 1 点的位置。

同理可得待测设点 2 的位置。测设完毕后，应量取 1 点至 2 点的长度，与设计长度比较，检核测设的准确性。如果丈量的长度与理论值之间的误差在允许范围之内，1、2 点就是最终测设出来的平面点。

4. 角度交会法

角度交会法是指在两个或多个控制点上安置经纬仪，通过测设两个或多个已知角度交会出待定点的平面位置。此法适用于待测设点位离控制点较远或不便于量距的情况。如图 7-11 所示，A、B、C 为已知控制点，待测点 P 的设计坐标为 $P(x_p, y_p)$，应用此法时，交会角最好为 30°～120°。

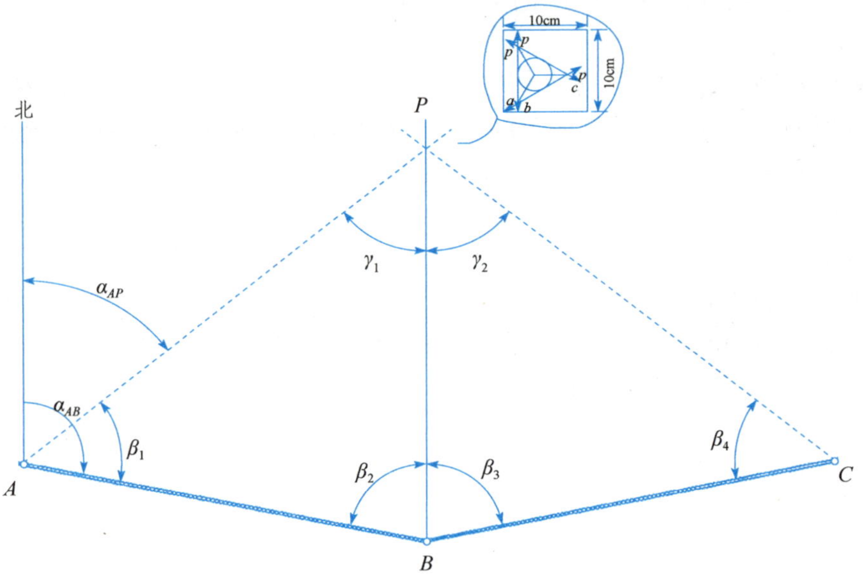

图 7-11　角度交会法测设点的平面位置

（1）计算测设数据。

根据坐标反算出 α_{AB}、α_{AP}、α_{BP}、α_{CP}、α_{CB}，然后计算测设数据 β_1、β_2、β_3、β_4。

（2）具体测设方法。

在 A、B 两个控制点上安置经纬仪，分别测设出相应的 β_1、β_2 角，注意要使实地测设时的后视方向与计算时所选用的后视方向相同。当测设精度要求较低时，可用标杆作为照准目标，通过两个观测者指挥把标杆移到待定点的位置。当精度要求较高时，先在 P 点处打下一个木桩，并在木桩上依 AP、BP 绘出方向线及其交点 P。然后在控制点 C 上安置经纬仪，同样可测设出 CP 方向。若交会没有误差，此方向应通过前两方向线的交点，否则将形成一个“示误三角形”。若“示误三角形”的最大边长为 3～4cm，则取三角形的重心作为待定点 P 的最终位置。若误差超限，应重新交会。

5. 全站仪坐标放样法

全站仪坐标放样法的本质是极坐标法，它适合各类地形情况，且精度高，操作简便，在生产实践中已被广泛采用。放样前，将全站仪置于放样模式，向全站仪中输入测站点坐标、后视点坐标（或方位角），再输入放样点坐标。准备工作完成之后，用望远镜调整棱镜使之在测设方向线上，按坐标放样功能键，则可立即显示当前棱镜位置与放样点位置的坐标差。根据显示的距离差值，沿测设方向线前后移动棱镜。反复调整，最终使显示的各差值为零，这时，棱镜所对应的位置就是放样点位置，然后，在地面做出标志。放样后，注意检核。确认放样在规定误差允许范围内，具体规定详查《工程测量标准》(GB 50026—2020)。

7.2 施工平面控制测量

在勘测设计阶段布设的控制网主要是为测图服务的，控制点的点位并未考虑待建建筑物的总体布置，在点位的分布与密度方面都不能满足放样的要求。在测量精度上，施工控制网的精度根据工程建设的性质来决定，通常要高于测图控制网。因此，为了进行施工放样测量，必须以测图控制点为定向条件建立施工控制网。施工控制网分为平面控制网和高程控制网两种。前者常采用三角网、导线网、建筑基线或建筑方格网等，后者则采用水准网。如图 7-12 所示，施工平面控制网的布设，应根据总平面图和施工地区的地形条件来确定。例如，对于扩建或改建工程的工业场地，采用导线或导线网；对于建筑物多为矩形且布置比较规则和密集的工业场地，可以将施工控制网布置成规则的矩形格网，即建筑方格网；对于地面平坦且简单的小型施工场地，常布置一条或几条建筑基线。施工控制网具有以下特点：控制范围小，控制点的密度大，精度要求高；受施工干扰较大；布网等级宜采用两级布设，即先建立布满整个工地的厂区控制网，目的是放样各个建筑物的主要轴线，然后，为了进行厂房或主要生产设备的细部放样，还要根据由厂区控制网所定出的厂房主轴线建立厂房矩形控制网。

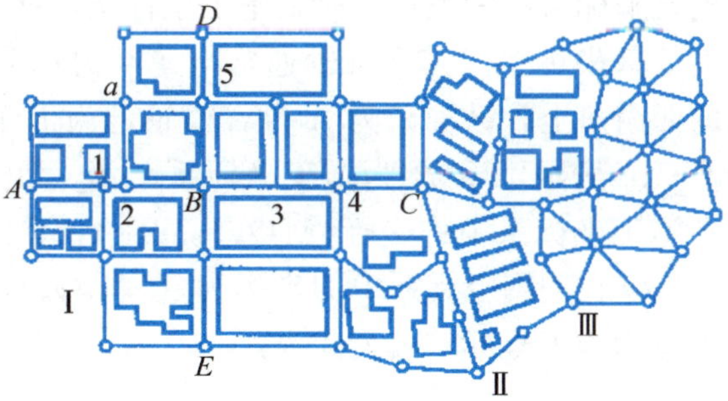

图 7-12 施工平面控制网形式

因此，施工控制网的布设应作为整个工程施工设计的一部分。布网时，必须考虑施工的程序、方法，以及施工场地的布置情况。施工控制网的设计点位应标在施工设计总平面图上。

7.2.1 建筑基线

对于面积不大且比较简单的施工场地，常布设一条或几条建筑基线作为施工测量的平面控制。

1. 建筑基线的布设

建筑基线的布设形式是根据建筑物的分布、场地地形等因素确定的。常用的形式有三点“一”字形、四点“L”字形、四点“T”字形、五点“十”字形，如图 7-13 所示。

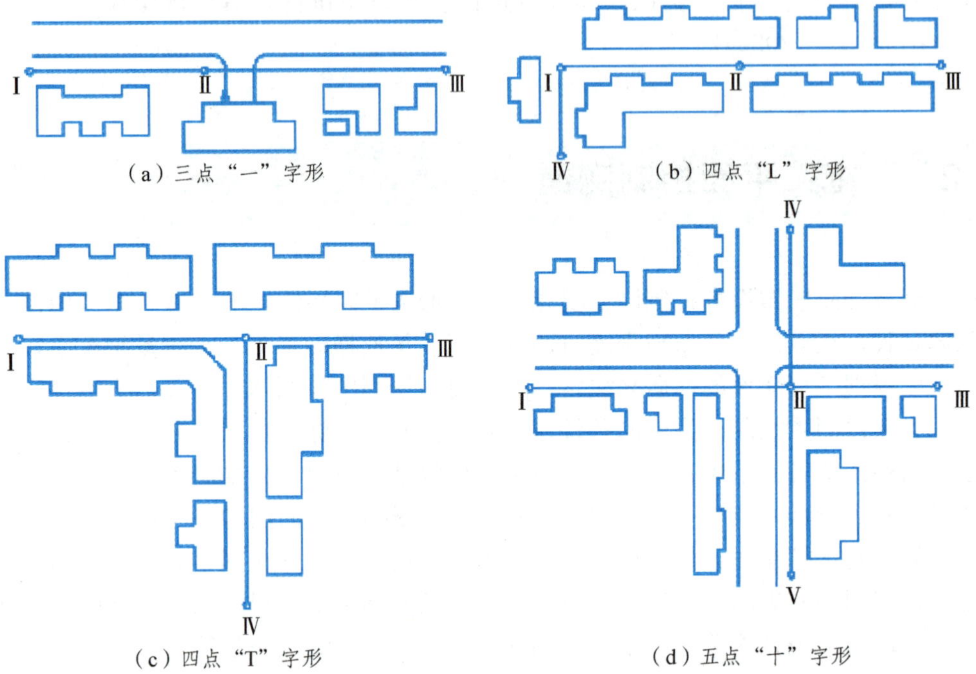

图 7-13　建筑基线的布设形式

2. 施工控制点的坐标换算

为了便于建（构）筑物的设计和施工放样，在设计总平面图上，建筑物的平面位置常在施工坐标系（也称为建筑坐标系）中表示。所谓施工坐标系，就是以建筑物的主要轴线作为坐标轴而建立起来的局部坐标系。其坐标轴通常与建（构）筑物的主轴线方向一致，坐标原点设在总平面图的西南角上，纵轴记为 A 轴，横轴记为 B 轴，用 A、B 坐标标定各建筑物的位置。如图 7-14 所示，AOB 为施工坐标系，xoy 为测图坐标系。设Ⅱ点为建筑基线上的主点，它在施工坐标系中的坐标为（$A_{Ⅱ}$，$B_{Ⅱ}$），在测图坐标系中的坐标为（$x_{Ⅱ}$，$y_{Ⅱ}$），施工坐标原点 O 在测图坐标系中的坐标为（x_o，y_o），α 为 x 轴与 A 轴的夹角。将点Ⅱ的测图坐标换算为施工坐标，其公式为：

$$\left.\begin{aligned}A_{Ⅱ}&=(x_{Ⅱ}-x_o)\cos\alpha+(y_{Ⅱ}-y_o)\sin\alpha\\B_{Ⅱ}&=-(x_{Ⅱ}-x_o)\sin\alpha+(y_{Ⅱ}-y_o)\cos\alpha\end{aligned}\right\}\tag{7-9}$$

3. 建筑基线的测设方法

（1）根据建筑红线测设建筑基线。

在城市规划区内建设，建筑用地的界定基准线由城市测绘部门在现场直接标定。如图 7-15 所示，Ⅰ、Ⅱ、Ⅲ点为测绘部门标定出的临界点，其连线ⅠⅡ、ⅡⅢ通常为正交的直线，称为"建筑红线"。一般情况下，建筑基线与建筑红线平行或垂直，故可根据建筑红线用平行推移法测设建筑基线 OA、OB。当把 A、O、B 三点在地面上用木桩标定后，安置经纬仪于 O 点，观测$\angle AOB$ 是否等于 90°，其不符值不应超过±20″。量取 OA、OB 距离是否等于设计长度，其不符值不应大于 1/10 000。若误差在允许范围之内，则适当调整 A、B 点的位置。若误差超限，应检查推移平行线时的测设数据。

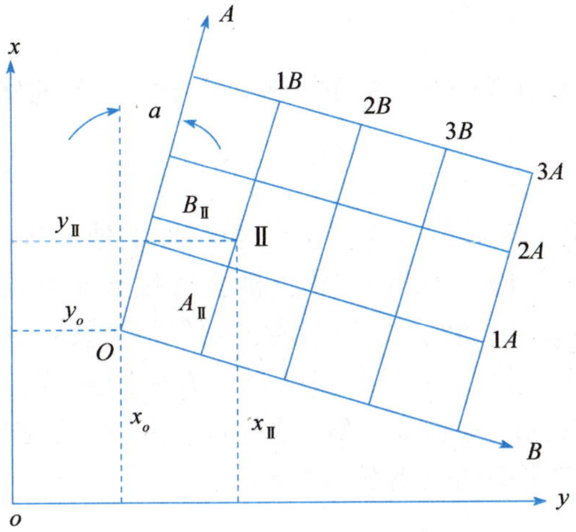

图 7－14　施工控制点的坐标换算

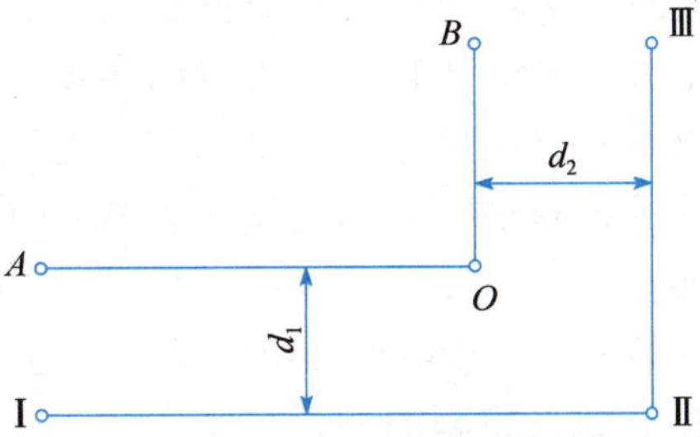

图 7－15　根据建筑红线测设建筑基线

（2）根据附近已有控制点测设建筑基线。

对于新建筑区，在建筑场地中没有建筑红线作为依据时，可依据建筑基线点的设计坐标和附近已有控制点的关系，选择测设方法算出放样数据，然后放样。如图 7－16 所示，A、B 为附近的已有控制点，Ⅰ、Ⅱ、Ⅲ为选定的建筑基线点。可选极坐标法放样，具体放样方法如前文所述，但由于存在测量误差，测设的基线点Ⅰ′、Ⅱ′、Ⅲ′往往不在同一条直线上，如图 7－17 所示。此时需进行建筑基线的调整。在Ⅱ′点安置经纬仪，精确地检测出∠Ⅰ′Ⅱ′Ⅲ′。若此角值与 180°之差超过±15″，则应对点位进行调整。调整时，应将Ⅰ′、Ⅱ′、Ⅲ′点沿与基线垂直的方向各移动相同的调整值 δ。其值按下列公式计算：

$$
\begin{aligned}
\delta &= \frac{ab}{a+b} \cdot \frac{\Delta\beta}{2\rho''} \\
&= \frac{ab}{a+b} \cdot \frac{\angle Ⅰ'Ⅱ'Ⅲ' - 180^\circ}{2\rho^{n}}
\end{aligned}
\qquad (7-10)
$$

式中，δ 为各点的调整值；a、b 分别为ⅠⅡ、ⅡⅢ的长度。

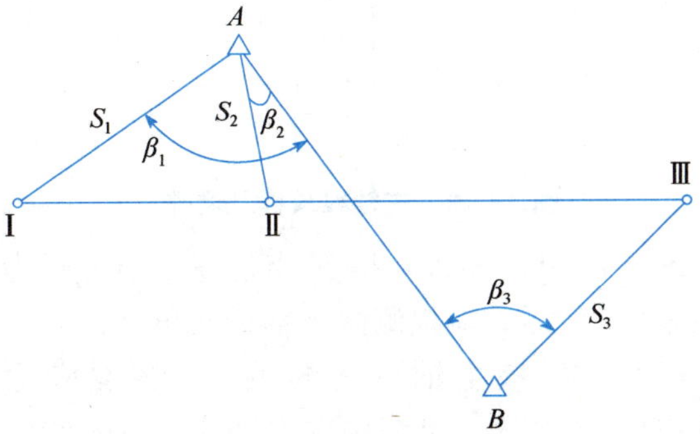

图 7－16　根据控制点测设建筑基线

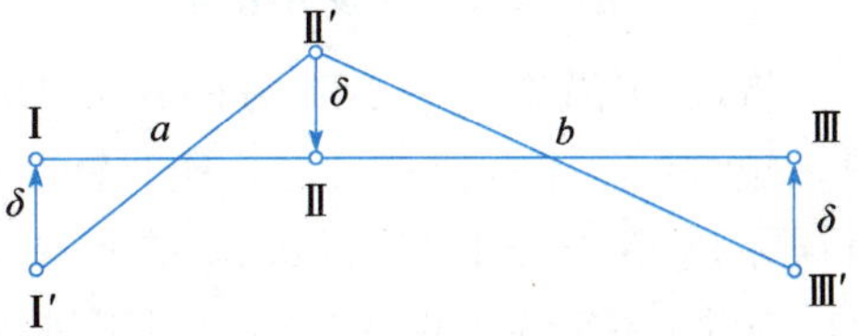

图 7－17　建筑基线的调整

7.2.2 建筑方格网

对于建筑物密集和建筑物布置较规则的大中型场地，常布设成正方形或矩形的格网作为施工控制网，即建筑方格网。

1. 建筑方格网的布设要求

建筑方格网的布设应根据建筑物、道路、管线的分布，并结合场地的地形等因素，先选定方格网的主轴线，再全面布设方格网。布设时应使方格网的主轴线位于建筑场地的中央，并且应接近精度要求较高的建筑物；方格网点之间应能长期保持通视，并要接近测设的各建筑物；满足使用要求的前提下，为节约人力和材料，方格网点数应尽量少。如图 7-18 所示，*ML*、*CD* 为建筑方格网的主轴线，*M*、*A*、*O*、*B*、*L* 为主轴点。主轴点的坐标一般由设计单位给出，也可在总平面图上用图解法求得。

2. 建筑方格网的测设

如图 7-19 所示，先根据原有控制点坐标与主轴点坐标计算出测设数据，然后测设主轴线，其方法与测设建筑基线相同，但测设的主轴线之间的角度$\angle ABC$与 180°的差值，应在$\pm 5''$之内，否则应进行调整。将经纬仪安置在点 *B*，照准点 *A*，分别向左、向右转动 90°，测没另一主轴线 *DBE*，根据主轴点间的距离，在地上定出其概略位置 D'、E'。然后精确测出$\angle ABD'$、$\angle ABE'$，分别算出它们与 90°之差 $\Delta\beta_1$ 和 $\Delta\beta_2$，若超过$\pm 10''$，则按下式计算方向调整值 DD'、EE'：

$$l_i = L_i \times \frac{\Delta\beta_i''}{\rho''} \tag{7-11}$$

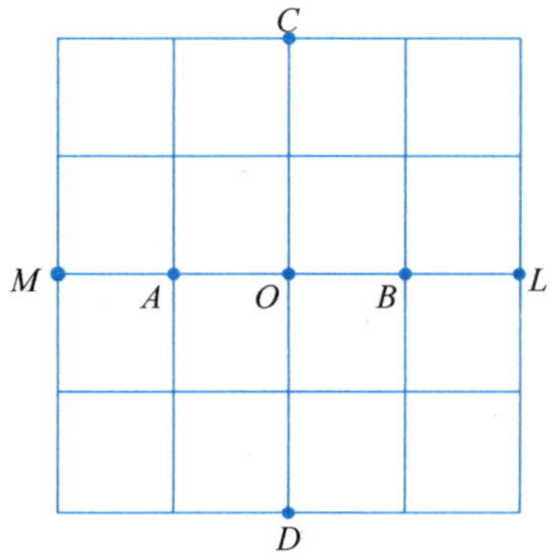

图 7-18　建筑方格网

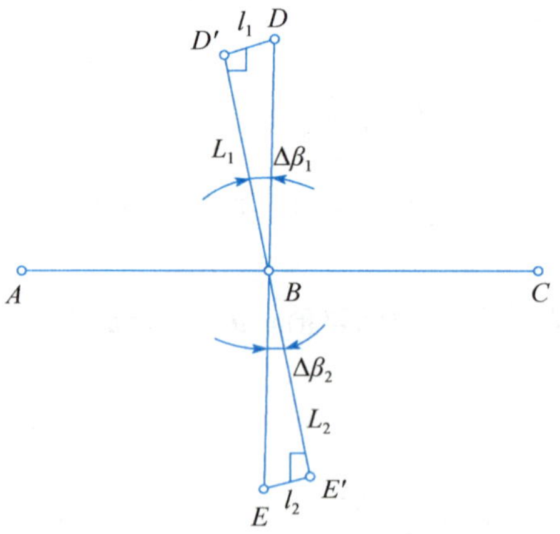

图 7-19　主轴线放样及调整

将点 D'沿垂直于 BD'方向移动 DD'距离得 *D* 点。同理，得 *E* 点位置。当 $\Delta\beta_i$ 为负时，顺时针改正点位；反之，逆时针改正。改正点位后，应检测两主轴线交角是否为 90°，其误差应小于$\pm 10''$，否则应重复调整。另外需检核主轴点间的距离，精度应达到 1/10 000。主轴线测设完成后，可以进行方格网点的放样。可分别在主轴线端点安置经纬仪，均以点 *B* 为起始方向，分别向左、向右精密地测设出 90°，这样就形成“田”字形方格网点，并通过精确测量其角值是否为 90°，测量出各相邻点间的距离，看是否与设计边长相等，或判断误差是否在允许的范围之内，以进行检核。此后再以基本方格网点为基础加密方格网中其余各点。最后应埋设永久性标志。

7.2.3 施工高程控制网的建立

高程控制网一般为施工场地建立的水准网，水准网应与国家水准点联测。水准点的密度应尽可能满足一次安置仪器即可测设出所需高程的要求，水准点距离回填土边线应大于15m，距离建（构）筑物不宜小于25m，各点间距不宜小于1km。对于中小型施工场地和连续性的生产车间，一般可分别用水准仪按四等和三等水准测量方法测定水准点的高程。因有些水准点的位置可能受施工开挖等影响发生移动或被破坏，建筑场地内通常设置两种类型的水准点，即基本水准点和施工水准点。基本水准点一般埋设在不受施工影响、不被破坏、免受振动、便于施测和永久保存的地方，常用于检验其他水准点是否发生变化。建设场地不大时通常埋设三点基本水准点。直接用以测设建筑物高程的点称为施工水准点，通常用方格网标桩加设圆头钉表示。

一般工业与民用建筑物高程测设精度要求并不高，常采用四等或三等水准测量方法测量由基本水准点和施工水准点组成的水准路线。

7.3 民用建筑施工测量

民用建筑物种类繁多，可分为单层、多层和高层建筑，根据其结构特征，其放样的方法和精度要求有所不同，但放样过程基本相同。

民用建筑施工测量的主要工作包括施工放样资料准备，建筑物定位、建筑物细部轴线测设、建筑物基础施工测量和建筑物主体施工测量等。

7.3.1 施工放样资料准备

民用建筑与工业建筑施工放样时均应准备下列材料：建筑物的设计与说明，总平面图，基础平面图，基础详图，建筑物平、立、剖面图，管网图，建筑物结构图等。在测设之前应熟悉设计图纸，并计算必要的测设数据。

7.3.2 建筑物定位

建筑物定位是指在实地标定建筑物外廓轴线交点。测设前应做好相关准备工作：设计图纸分析、现场踏勘、拟定放样方案、检测测量控制点和绘制放样略图等。

建筑物定位后，应进行检核，并经规划部门验线后方能继续施工。其主要测量方法包括：

1. 根据测量控制点测设轴线交点的平面位置

根据附近已有控制点和待测设轴线交点的量距和测角方便情况选择测设方法，常用的有极坐标法、全站仪坐标放样法和交会法。

2. 根据建筑基线、建筑红线或建筑方格网定位

如果施工现场已测设出建筑基线、建筑红线或建筑方格网，则可根据其中一种来进行建筑物定位。

3. 根据原有建筑物的关系定位

建筑物主轴线可根据设计图上给出拟建的建筑物与原有建筑物或道路中心线的位置关系数据在现场测设，如图 7－20 所示。

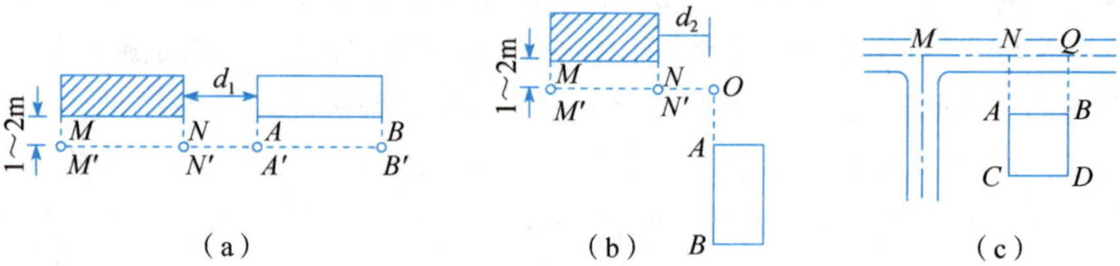

图 7－20　根据原有建筑物的关系定位

7.3.3　建筑物细部轴线测设

建筑物细部轴线测设是指根据建筑物定位轴线的交点桩详细测设建筑物各轴线的交点桩，然后根据测设的轴线用白灰画出基槽边界线，也称为建筑物放线。由于施工时要开挖基槽，各轴线交点桩均要被开挖掉，因此，在开挖基槽前把各轴线延伸到槽外，在施工的建筑物周围设置龙门板或轴线控制桩，以方便挖后恢复各轴线。

1. 设置龙门板

一般在小型民用建筑施工中，常在基槽外一定距离处钉设龙门板，如图 7－21 所示。具体步骤为：

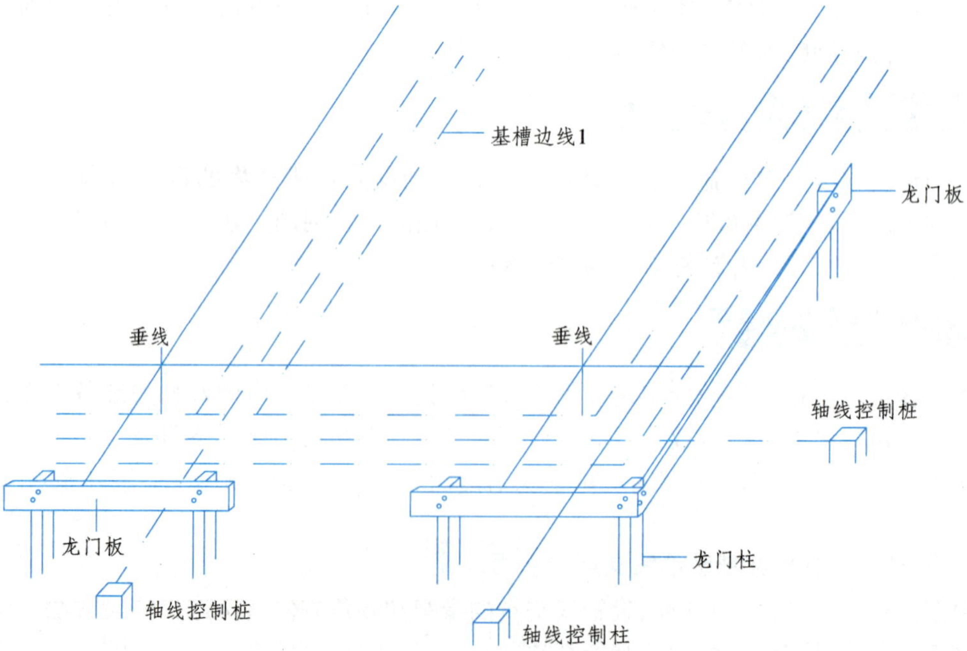

图 7－21　龙门板的设置

(1) 在建筑物四角与中间纵横隔墙两端一定距离处钉设龙门板，钉设木桩侧面与基槽平行。

(2) 根据建筑物场地附近的已知水准点，用高程测设方法在每个龙门桩上测设±0.000 的标高线。若现场条件不许可，也可测设比±0.000 高或低一定数值的标高线。一般同一建筑物选用同一高程，地形起伏较大时若选用两个高程，一定要标记清楚。

(3) 沿龙门桩上±0.000 高程线钉设龙门板，使得龙门板顶面的高程在同一个水平面上，龙门板标高测定的容许误差一般为±5mm。

(4) 根据轴线桩，用经纬仪将墙、柱的轴线投射到龙门板顶面上，并钉小铁钉（轴线钉）标明，其中投射点的误差允许值为±5mm。

(5) 各轴线钉经检验合格后，可以轴线钉为准，将墙宽、基槽宽标明在龙门板上，最后根据基槽上口宽度拉线定出基槽开挖边线。

2. 测设轴线控制桩

当施工场地较大，进行机械化施工时，一般只测设轴线控制桩而不测设龙门板。如图 7－22 所示，在各轴线的延长线上测设轴线控制桩，根据需要有时在轴线控制桩延长线上还测设引桩；有时为了防止龙门板被碰动，也会测设引桩。引桩一般在距离基槽边线 2～4m 的地方设置，在多层建筑中，为便于向上投测，应在较远的地方设定，有时可设置在附近固定的建筑物中。在大型建筑物放线中，为保证测设精度，一般先测设引桩，再根据引桩测设轴线控制桩。

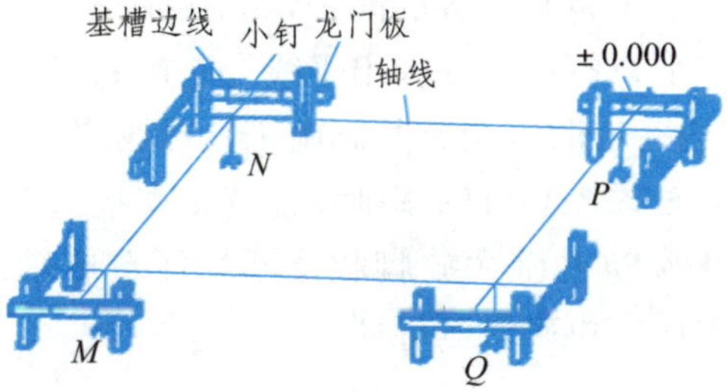

图 7－22　测设轴线控制桩

7.3.4　建筑物基础施工测量

1. 基槽挖土放线

按照基础详图上的基槽宽度和放坡上口的尺寸，由桩中心向两边各量出相应的开挖边线尺寸，并在量出的尺寸处做好标记，在标记处拉细线，然后沿细线撒上白灰，挖土就可按此画出的范围进行。

2. 基槽开挖深度的控制

测设基槽标高时，应控制好开挖深度，一般不宜超挖。当基槽开挖接近设计标高时，在基槽壁上每隔 2～3m 和拐角处，测设一些距离槽底设计标高为一整数倍（如 0.5m）的水平桩，并沿水平桩在槽壁上弹线作为挖槽深度、修平槽底和铺设基础垫层的依据。水平桩一般根据施工现场已测设的±0.000 标高或龙门板顶面标高，用水准仪按基槽高程测设的方法测设，如图 7－23 所示。

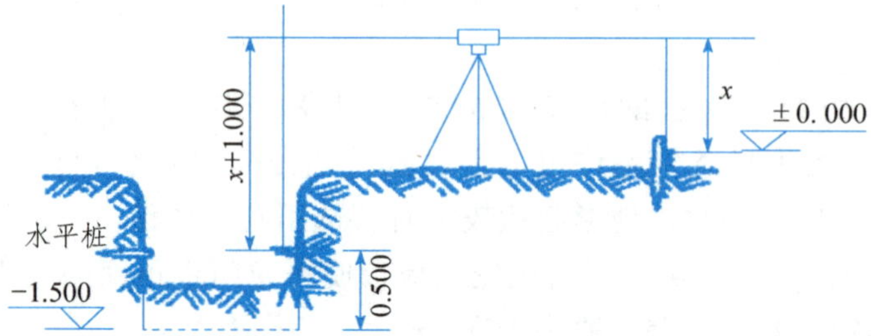

图 7－23　基槽开挖深度控制

3. 垫层施工测设

垫层施工测设主要工作为垫层高程控制和垫层面中线测设。为了控制垫层标高，需在基槽壁上测设垫层水平桩，沿水平桩弹出水平墨线或拉上线绳，以此水平线直接控制垫层标高。也可用水准点或龙门板顶的已知高程，直接用水准仪来控制垫层标高。基础垫层打好后，在龙门板轴线钉或轴线控制桩上拉线绳挂垂球，或用经纬仪将轴线投到垫层上，并用墨线弹出墙中心线和基础边线，作为砌筑基础的依据。

4. 基础施工测量

基础底面至室外地坪的垂直距离称为基础埋深。按基础埋深，基础可分为浅基础和深基础。浅基础由垫层、大放脚及基础墙构成。以浅基础为例介绍基础施工测量的主要内容：基础高程控制和基础面轴线恢复测设工作。

基础浇筑时均要立模，故可将基础各层高程，利用水准仪从±0.000 地坪标高处引测到基础拐角位置的模板内壁上，打小钉并弹出墨线，以控制当层高程，直至基础面。高程测量误差应控制在±3mm 内。有时采用砖基础施工，可用皮数杆控制，如图 7－24 所示。垫层做完后，根据龙门板或轴线控制桩的基础设计宽度在垫层上弹出中心线及边线，放线时应严格检核尺寸。为防止砌筑基础大放脚收分不均而造成轴线位移，在大放脚砌筑完后，应及时复核轴线，无误后方可砌筑基础墙。

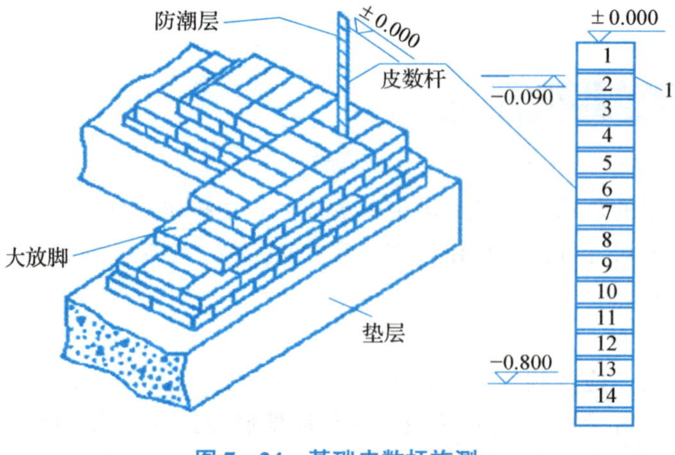

图 7－24　基础皮数杆施测

基础施工完成后，应在基础面上恢复轴线，并检查四个主要交角是否等于 90°，同时检查各轴线距离，无误后可将轴线延长至基础外墙侧面上，进行墙体施工。

7.3.5 建筑主体施工测量

建筑主体施工测量的主要工作是将建筑物标高和轴线正确地向上引测。随着高层建筑的增多，该项测量工作愈发显得重要。

1. 墙体定位

利用轴线控制桩或龙门板上的轴线和墙边线标志，用拉细绳挂垂球的方法或用经纬仪将轴线投测到基础面或防潮层上，然后用墨线弹出墙中线和墙边线。检查外墙轴线交角是否等于 90°，符合要求后，将墙轴线延伸并画在外墙基础上，作为向上投测轴线的依据，如图 7－25 所示。同时也把门、窗和其他洞口的边线在外墙基础立面上画出。

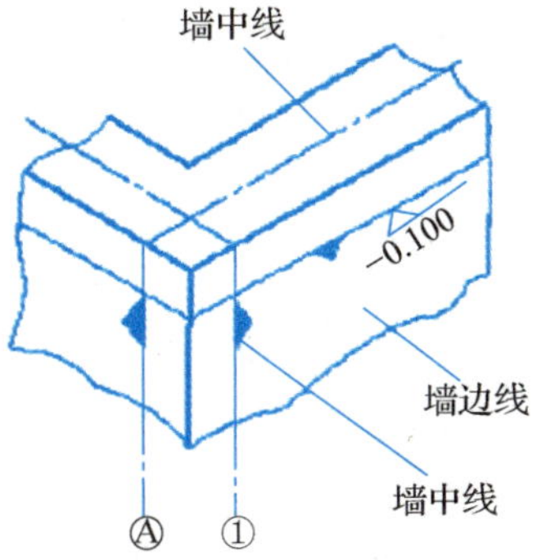

图 7－25　墙体定位

2. 墙体标高控制

在砌墙体时，先在基础上根据定位桩（或龙门板上的轴线）弹出墙的边线和门洞的位置，并在建筑物的拐角和隔墙处竖立皮数杆，使皮数杆的±0.000 标高与室内地坪标高相吻合。当墙的边线在基础上弹出以后，就可根据墙的边线和皮数杆砌墙。当墙砌到窗台时，在外墙面量出窗的位置，并预留窗洞的位置，通常只要按设计图上的窗洞尺寸砌墙即可。此外，要在内墙面上高出室内地坪标高 20～30cm 的地方用水准仪测出一条标高线，并在内墙面的周围弹墨线标示，作为检查楼板底面、室内地坪和安装门窗等位置标高的依据。

3. 楼层轴线投测与高程传递

建筑物轴线投测的目的是确保建筑物各层相应的轴线位于同一竖直面内。投测建筑物主轴线时，应在建筑物的底层或墙的侧面设立轴线标志，以供上层投测之用。要控制与检核轴线向上投测的竖直偏差值，在本层内不超过 5mm，全楼的累计偏差值不超过 20mm。楼层轴线投测方法如下：

（1）经纬仪或全站仪投测法。

建筑物尤其是高层建筑的基础工程完工后，需用经纬仪或全站仪将建筑物的主轴线精确地投测到建筑物底部，并设标志，以供下一步施工与向上投测之用。随着建筑物层数的增加，要逐层将轴线向上投测传递。向上投测传递轴线时，将经纬仪或全站仪安置在远离建筑物的轴线控制桩上，分别以正、倒镜两个盘位照准建筑物底部所设的轴线标志，向上投测到每层楼面上，取正、倒镜两投测点的中点，即得投测在该层上的轴线点。按此方法分别在建筑物纵、横主轴线的四个轴线控制桩上架设经纬仪或全站仪，就可在同一层楼面上投测出四个轴线点，如图 7－26 所示。楼面上纵、横轴线点连线的交点，即为该层楼面的投测中心。

当楼层逐渐增高时，由于控制桩离建筑物较近，经纬仪或全站仪向上投测的仰角增大，投点误差也随之增大，投点精度降低，且观测操作不方便。因此，必须将主轴线控制桩引测到远处的稳固地点或附近大楼的屋面上，以减小仰角，采用如图 7－27 所示的引桩法进行轴线投测。

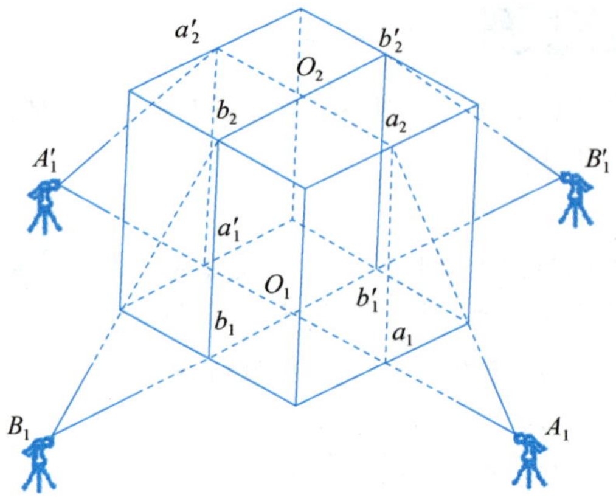

图 7-26　轴线投测

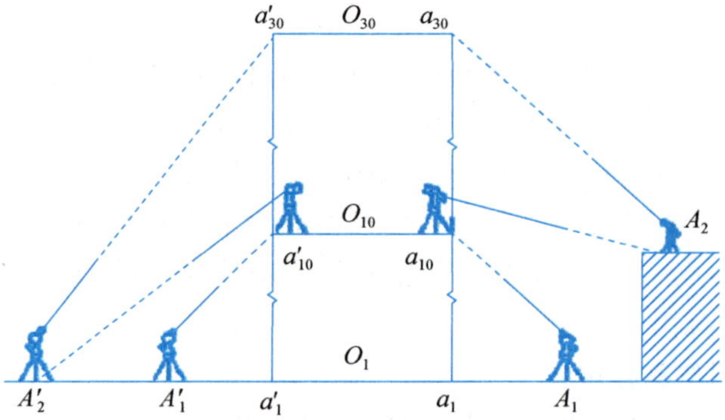

图 7-27　引桩法

将经纬仪或全站仪安置在已投测的较高层（如第十层）楼面轴线 $a_{10}O_{10}a_{10}'$ 上，照准地面上原有的轴线控制桩 A_1、A_1'，将轴线延长至远处 A_2、A_2'、并用标志固定其位置，即为 A 轴新投测的控制桩。对于更高层的中心轴线，可将经纬仪或全站仪安置于 A_2、A_2' 上，按轴线投测方法逐层向上投测，直至完成工程施工。

（2）垂线法。

用垂球悬吊在建筑物的边缘，垂球尖对准轴线标志，在各楼层定出各层的主轴点。由于该法受风力等影响较大，误差也较大。

（3）激光铅垂仪投测法。

激光铅垂仪是一种供铅直定位的专用仪器，适用于高层建筑、烟囱和高塔架的铅直定位测量。它主要由氦氖激光器、竖轴、发射望远镜、管水准器和基座等部件组成，使用时利用激光器底端（全反射棱镜端）所发射的激光束进行对中，通过调节基座整平螺旋，使管水准器气泡严格居中，从而使发射的激光束铅直。为了使激光束能从底层直接打到顶层，在各层楼面的投测点处需预留孔洞，或利用通风道、垃圾道以及电梯升降道等。如图 7-28 所示，将激光铅垂仪安置在底层测站点 Q，进行严格对中、整平，接通激光电源，起辉激光器，即可发射出铅直激光基准线。在高层楼板孔上水平放置绘有坐标格网的接收靶 P，激光光斑所指示的位置，即为测站点 Q 的铅直投影位置。

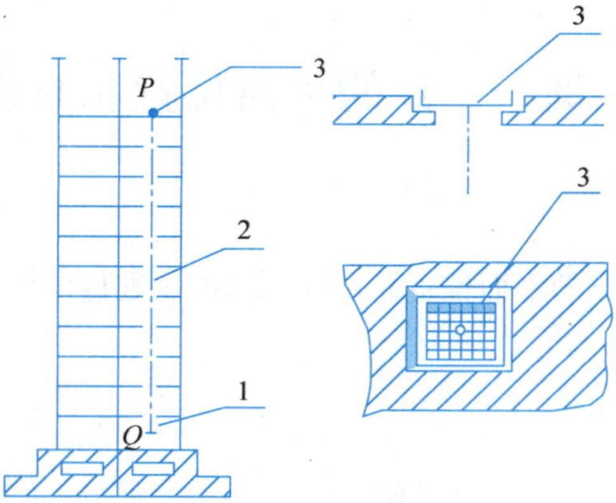

图 7-28 激光铅垂仪投测

（4）光学垂准仪投测法。

光学垂准仪是一种用于照准铅垂方向的仪器，使用时将仪器架在底层辅助轴线的预埋标志上，当得到指向天顶的垂准线后，观测者通过调焦从目镜端进行观察，可指挥另外作业人员在相应楼层上的垂准孔上设立标志，完成轴线从底层向上层高程的传递。

高层建筑物施工中，楼层高程传递使上层楼板、门窗口、室内装修等工程的标高符合设计要求。主要方法有利用皮数杆传递高程、利用钢尺直接丈量和悬吊钢尺法。

工匠担当，始终如一

项目实训一：点的平面位置和高程测设

实训目标

掌握用极坐标法进行点的平面位置测设和用水准仪进行设计高程的测设的方法。

实训器材

黑色水笔、计算器。

实训内容

计算用极坐标法放样的测设数据。

假定控制边 AB 起点 A 的坐标为 $x_A=1\,046.78\text{m}$，$y_A=3\,570.65\text{m}$，控制边的方位角 $\alpha_{AB}=120°18'$；已知建筑物轴线上点 1 和点 2 的距离为 15.00m，其设计坐标分别为（1 071.56，3 470.65）、（1 071.56，3 485.65）。计算测设数据。

实训步骤

（1）按所给的假定条件和数据，计算出放样数据。

（2）根据计算出的数据进行测设，每组测设两个点。

注意事项：

计算完毕和测设完毕后，都必须进行认真的检核。

注意事项

（1）按所给的假定条件和数据，计算出放样数据。

（2）根据计算出的数据进行测设，每组测设两个点。

（3）计算完毕和测设完毕后，都必须进行认真的检核。

实训成果

1. 测设数据计算

$\tan\alpha_{A1}=$____________ $\alpha_{A1}=$____________

$\tan\alpha_{A2}=$____________ $\alpha_{A2}=$____________

$D_{A1}=$____________ $D_{A2}=$____________

计算检核：$D_{A1}=$____________ $D_{A2}=$____________

$\beta_1=\alpha_{A1}-\alpha_{AB}=$____________

$\beta_2=\alpha_{A2}-\alpha_{AB}=$____________

测设后经检查，点 1 与点 2 的距离 $D_{12}=$____________

与已知值 15.00m 相差____________ cm。

2. 计算高程放样数据

假设点 1 和点 2 的设计高程为：$H_1=50.000\text{m}$，$H_2=50.100\text{m}$

控制点 A 的高程 H_A，可结合放样场地情况，自己假设 $H_A=$____________。

计算前视尺读数：

$b_1 = H_A + a_1 - H_1 =$ ____________

$b_2 = H_A + a_2 - H_2 =$ ____________

测设后经检查，1 点和 2 点高差：$h_{12} =$ ____________ mm。

项目实训二：建筑基线的测设

实训目标

（1）培养读图、用图的能力，能在地形图上进行设计。

（2）掌握施工放样的几种基本方法。

（3）学会对放样结果进行误差分析和精度评定。

实训器材

经纬仪、水准仪、反光镜。

实训内容

（1）在已有的地形图上设计一条建筑基线。

（2）在图上读取该基线起、终点坐标，设计并选择放样方法。

（3）根据已知控制点数据和设计点数据，按设计方案计算放样数据。

（4）放样该基线的平面位置和高程。

（5）对放样结果进行误差分析，评定放样结果的精度。

实训步骤

1. 设计基线位置

（1）从已有图纸上根据控制点位置和建筑物轴线位置设计一条建筑基线，需满足：

1）建筑基线与建筑物轴线水平或垂直。

2）控制点尽量与基线的起、终点通视。

（2）读取基线的起、终点坐标，设计放样方案。

2. 测设数据的准备

（1）准备控制点资料（一般选择原测图控制点作为放样控制点）。

（2）选择测站点和定向点。

（3）计算各点的放样数据。

3. 用经纬仪正、倒镜分中法放样角度 β，钢尺放样水平距离 D，水准仪放样高程

（1）在测站点上安置经纬仪。

（2）盘左观测，望远镜照准已知方向，水平度盘读数配置为 $0°00'00''$。松开照准部，顺转到度盘读数约为 β 值时制动，用水平微动螺旋准确调至读数 β。在望远镜视线上适当的位置打一木桩，用小钉准确地在木桩上标定其位置。

（3）盘右观测，望远镜再照准已知方向，水平度盘读数配置为 $180°00'00''$。松开照准部，逆转到度盘读数约为 $180°+\beta$ 值时制动，用微动螺旋准确调至读数 $180°+\beta$。在望远镜视线方向原木桩上，用小钉准确地标定其位置。若两点重合，该点即是正确位置；若

两点不重合，则取两点连线的中点作为正确位置。该点与测站点的连线方向即为放样方向。

（4）在已放样方向上粗放设计距离 D 并测量。丈量时钢尺温度为 t，打桩，并用水准仪往返测定测站点与粗放点间高差。

（5）计算三项改正数和实际已粗放平距 D' 及距离改正数 ΔD。在已放样方向上延长或缩短 ΔD 即可。

（6）置水准仪于测站点和放样点间，读后视读数，算前视应读数，在前视点上下移动水准尺至前视读数为前视应读数，尺底做标记，即为设计高程位置。

（7）同法放样其余各点。

4. 全站仪坐标放样

（1）在测站点上安置全站仪，对中、整平、量取仪器高，记录。

（2）开机，设置水平度盘和竖直度盘指标（绝对式度盘不需设置度盘指标）。进入坐标菜单，建立放样文件（可一次输入所有坐标及点号，放样时则只需输入点号）或直接进入坐标放样状态。

（3）输入测站坐标（X_0，Y_0，H_0）和仪器高，输入后视点坐标，按显示的要求照准后视点，回车确认。

（4）输入放样点 1 的坐标，回车确认。仪器显示放样方向的方位角和仪器由已知方向至放样方向所需旋转的角度 d_{HR} 和方向，按仪器提示，松开照准部制动螺旋，转动照准部至 $d_{HR}=0$，此方向即为放样方向。

（5）在望远镜视线方向上适当的位置竖立反光棱镜，望远镜上下转动照准反光棱镜，按测量键，仪器显示实测距离与放样距离之差 d_{HD}（或 ΔD），按显示键前后移动反光棱镜，直至显示距离差为 0，该立镜点即为放样点的平面位置，打木桩并用小钉准确地标定其位置。输入镜高，仪器显示该点的填、挖高度值 Dz（或 ΔH），升高或降低反光棱镜（注意保持镜高不变），直至显示填、挖高度为 0，则反光棱镜杆杆底尖端处即为设计高程位置，做好标记。若为挖方，则将标记做在地面上，旁设一指示桩，说明挖方高度。

（6）按“next”或“继续”键，仪器显示点号自动加 1，输入其坐标，重复（4）和（5）放样其余各点。

5. 精度评定

基线两端点放样完毕，实测两端点间水平距离 $D_{测}$，并根据两端点设计坐标计算两端点间的水平距离 D_0，计算其水平距离差和相对误差，要求相对误差应≤1/5 000，即 $\frac{|D_{测}-D_0|}{D_0}\leqslant\frac{1}{5\ 000}$。

注意事项

（1）设计数据、设计方案应事先做好，测设过程的计算数据要现场计算，且保证计算无误。

（2）根据设计方案，领取相应的仪器、工具。

（3）若放样结果不满足要求，需返工重做。

实训成果

1. 放样示意图

2. 放样数据

点名	X（m）	Y（m）	高程（m）	填挖高度值（m）	备注

技能检测

一、填空题

1. 通过测量工作把设计的待建物的位置和形状在实地标定出来，作为施工的依据，这个工作称为____________。

2. 高层建筑物轴线的投测有____________法、____________法、____________法、____________法等。

二、选择题

1. 利用高程为 44.926m 的水准点，测设某建筑物室内地坪标高±0(45.229m)，当后视读数为 1.225m 时，则前视读数为（　　）m 时尺底画线即为 45.229m 的标高。

A. 1.225　　B. 0.303　　C. −0.303　　D. 0.922

2. 已知 M 点实地高程为 39.651m，N 点的设计高程为 40.921m。在 M、N 中间安置水准仪，读得 M 点尺上读数为 1.561m，N 点尺上读数为 0.394m，则 N 点处填挖高度为（　　）。

A. 挖 0.103m　　B. 不填不挖　　C. 填 0.103m　　D. 填 1.270m

3. 高程测设过程当中，水准点 A 的高程为 176.328m，B 点的设计高程为 175.275m，后视 A 点上的水准尺读数为 1.247m，则 B 点上水准尺的读数应该为（　　）。

A. 0.194m　　B. −2.300m　　C. 2.300m　　D. −0.194m

4. （　　）是施工测量的主要内容。

A. 测角　　B. 量边

C. 踏勘选点　　D. 建立施工控制网

5. 已知角度放样的方向 $AB'=85.00\text{m}$，设计值 $\beta=36°$，测设得 $\beta'=35°59'42''$，修正值 $B'B$ 为（　　）mm。

A. 6　　B. 7　　C. 8　　D. 9

6. 采用国产全站仪距离放样时，若 d_{HD} 的值大于零，应指挥司镜员面向仪器向（　　）移动。

A. 后　　B. 前　　C. 左　　D. 右

7. 施工控制网的布网要求不包括（　　）。

A. 考虑施工放样的方便

B. 精度高，并且控制点的精度非均匀

C. 投影面选择参考椭球面

D. 布设形式应结合工程性质、设计精度要求和场地现状等因素

项目 8　道路线路测量

项目导读

线路测量是指道路线路在勘测、设计和施工等阶段所进行的各种测量工作。线型工程可能延伸十几千米以至几百千米，而宽度只有数十米或数百米。线路测量一般分为初测和定测两个阶段。

初测的主要工作是沿小比例尺地形图上选定的线路可能经过的范围，进行线路控制测量，并实测沿线大比例尺带状地形图，同时收集沿线的水文、地质等有关资料，为初步设计提供依据。初步设计的主要任务是在提供的地形图上选定线路中心线位置。在带状地形图上选定路线方案的方法，称为“纸上定线法”。线路地形图的比例尺一般为 1∶2 000～1∶5 000，初测时，线路中线两侧应各测 200～400m。高速公路和一级公路采用分离式路基时，地形图测绘宽度应覆盖两条分离路线及中间带的全部地形；当两条路线相距很远或中间地带为河流与高山时，中间带的地形可以不测。通过定线，设计人员可以在地形图上选定路线的曲线与直线位置、定出交点、计算坐标和转角、拟定平面曲线要素、计算路线的连续里程等。

定测的主要工作是把设计在图上的中线在实地标出来（即中线放样），并沿实地标出的中线测绘纵横断面图，对局部地区还要测绘大比例尺地形图，同时进一步收集有关的资料，为线路的纵坡设计、工程量计算等有关施工技术文件的编制提供资料。

项目重点

1. 道路中线测量基本概念。
2. 圆曲线主元素计算及主点测设。
3. 切线支距法测设圆曲线道路中桩。
4. 偏角法测设圆曲线道路中桩。
5. 缓和曲线主元素计算及主点测设。
6. 切线支距法测设带缓和曲线的道路中桩的计算及施测方法。
7. 偏角法测设带缓和曲线的道路中桩的计算及施测方法。

学习目标

本项目通过道路线路测量的相关任务，采用理论与实践紧密结合的教学方式，让学生掌握道路线路测量的多种方法和原理，深入理解在道路工程测量中至关重要的坐标测量方法、控制点和观测点的意义，熟练掌握测量仪器的操作步骤、数据读取、记录整理以及各项校验与调整等内容。通过实际训练，培养学生坚韧不拔的品质和精益求精的职业素养。

8.1 道路中线测量概述

8.1.1 道路中线测量基本知识

道路是一个三维空间的工程结构物，它的中线是一条空间曲线，在水平面上的投影就是平面线形。道路中线的基本平面线形由直线、圆曲线和缓和曲线三要素组成，如图 8－1 所示。圆曲线和缓和曲线又可以组合成多种复杂线形。道路中线测量是指将道路设计中心线测设到实地上，并沿线路设置里程桩，供设计和施工之用。道路中线测量主要工作包括交点和转点测设、路线转折角测量、圆曲线和缓和曲线测设等。

图 8－1　道路中线的基本平面线形

8.1.2 交点的测设

1. 放点穿线法

放点穿线法是指利用地形图上的导线点，用直尺和量角器量出这些点到纸上路线的距离和角度关系，在实地将路线中直线段测设出来，然后将相邻直线段延长相交，得到交点。具体包括放点、穿线、定交点等步骤。

（1）放点（见图 8－2）。

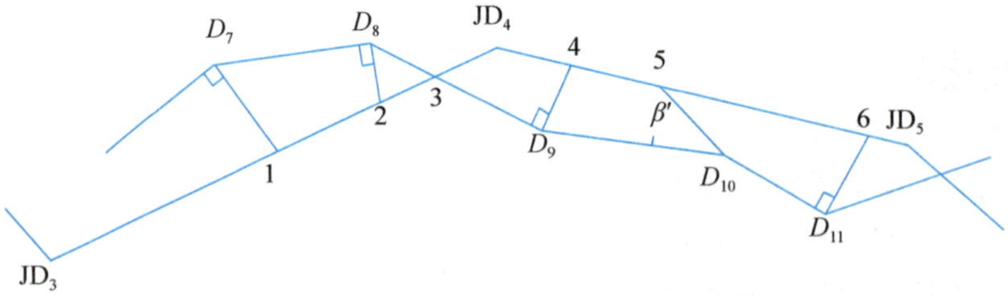

图 8－2　放点

从地形图上选定一些导线点，用直尺和量角器量出这些点到纸上定线的距离和角度，根据放线示意图，在现场找到相应的导线点，采用切线支距法、极坐标法和交会法等方法，定出点位。为了检核和保证放线位置的精度，每一直线段上不能少于三个点。

（2）穿线。

由于放线资料的获取和实际测设中都会产生误差，故实地放出的同一直线上的各点并非在同一直线上，需用经纬仪将相应的各点调整到同一直线上，这一工作称为穿线。定出一条尽可能多地穿过或靠近直线上点（如图 8－3 中 1、2、3、4 点）的直线 AB。

（3）定交点。

为了得到相邻两直线段的交点，一般采用正、倒镜分中法来延长直线。如图 8－4 所示，欲将 AB 延长，置经纬仪于 B 点，盘左后视 A 点，倒转望远镜后在视线方向上标定出 a_1、b_1 点并打木桩，并在桩顶上标出点 a_1、b_1；然后盘右后视 A 点，倒转望远镜后在桩顶上标定出 a_2、b_2 点。若 a_1a_2、b_1b_2 之间的距离小于横向误差容许值，则取 a_1、a_2 点的中点 a，b_1、b_2 点的中点 b 作为 AB 延长线上的点，并在桩顶钉一小钉，拉上细线，此两桩称为骑马桩。同理定出 CD 方向上 c、d 两点并在桩顶钉一小钉，拉上细线。线段 ab、cd 相交得交点 JD。

图 8－3　穿线

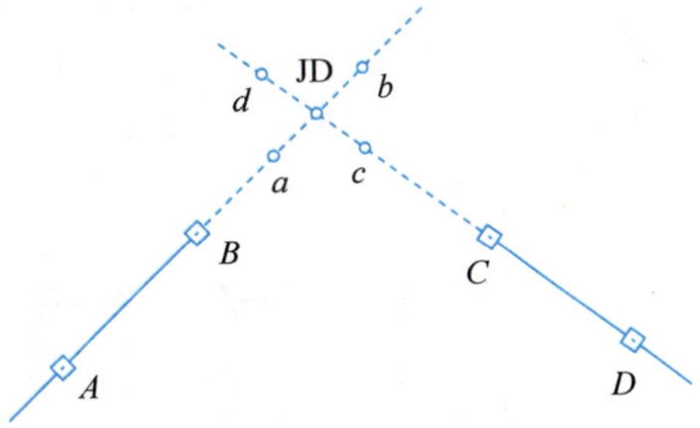

图 8－4　定交点

2. 拨角放线法

拨角放线法根据纸上定线交点的坐标，预先在内业计算出两相邻交点间的距离及直线的转向角，然后根据计算资料在现场放出各个交点，定出中线位置。如图 8－5 所示，JD_1、JD_2、JD_3 为各直线段的交点，它们的坐标可在地形图上量取。根据坐标反算公式，可以计算出各直线段的长度及坐标方位角，相邻两直线段的坐标方位角之差，即为各交点的转向角。根据放线资料，首先置镜于初测导线点 C_1 上，后视 C_2，盘左、盘右拨角 β_1，分中后定出 C_1－JD_1 方向，在此方向上量出 s_1 定出 JD_1 点。然后依次在 JD_1、JD_2…上安置经纬仪，根据相应的转向角和直线段长度，定出 JD_2、JD_3 等交点。拨角放线法的优点是速度较快，缺点是放线误差累积。为了保证测设的中线位置不致偏离理论位置过大，故中线每隔一定距离应与初测导线联测一次，其闭合差不应超过图根导线测量限差的要求。

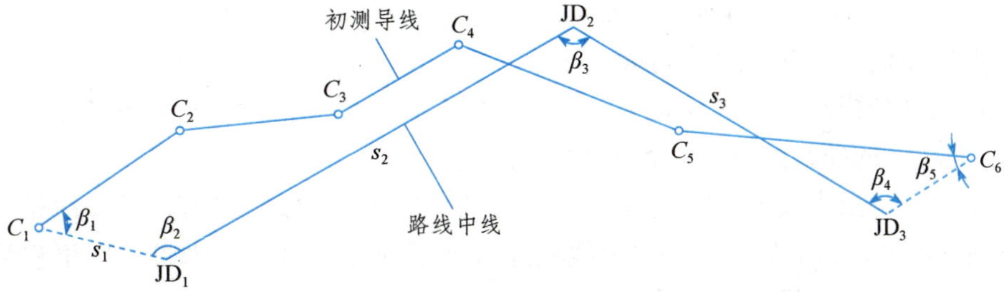

图 8－5　拨角放线法

3. 全站仪坐标放样法

全站仪坐标放样法精度高，操作简便，在生产实践中已被广泛采用，适用于各类地形情况。将全站仪置于放样模式，向全站仪输入测站点坐标、后视点坐标（或方位角），再输入放样点（交点）坐标，按坐标放样功能键，则可立即显示当前棱镜位置与放样点位置的角度差和距离差。准备工作完成之后，用望远镜指挥棱镜左右移动，根据角度差定出测设方向线，根据显示的距离差值，沿测设方向线前后移动棱镜，使距离差值为零，这时，棱镜所对应的位置就是放样点位置。然后，在地面做出标志。放样后，注意检核，确认放样在规定误差允许范围内。

8.1.3 道路中线在地面上的表示方法

地面上表示中线位置的桩点称为中线桩，简称中桩，如图 8－6 所示。中桩的密度根据地形情况而定。对于直线段，平原微丘区间隔不大于 50m，山岭重丘区间隔不大于 25m；对于曲线段，每间隔 5～25m 设一个中桩。

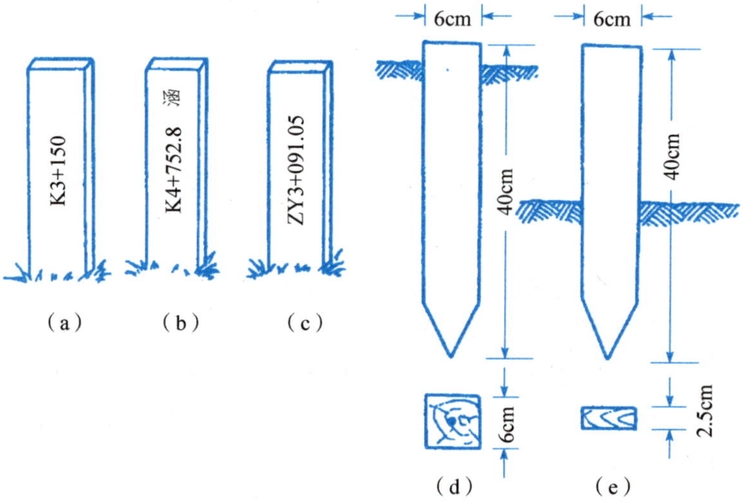

图 8－6　中桩

中桩除标定道路平面位置外，还标记道路的里程。里程是指从道路起点沿道路中线方向计算至该中桩点的距离，其中曲线上的中桩里程是以曲线长计算的。具体表示方法是将整千米数和后面的尾数分开，中间用“＋”号连接。如离起点距离为 14 368.472m 的中桩里程表示为 14＋368.472，在里程前还常常冠以字母 K 表示，即写成 K14＋368.472。

道路上所用桩点包括道路控制桩、一般中线桩、加桩和断链桩等。

道路控制桩是指对道路位置起决定作用的桩点，主要包括直线上的起终点、交点 JD、转点 ZD、曲线上的曲线控制点和各个副交点。

一般中线桩是指中线上除控制桩外沿直线和曲线每隔一段距离钉设的中线桩，它都钉设在整 50m 或 20m 的倍数处。一般中线桩还包括下面几种桩：百米桩，即里程为整百米的中线桩；千米桩，即里程为整千米的中线桩。

加桩主要是沿道路中线上有特殊意义的地方钉设的中线桩，包括地形加桩、地物加桩、曲线加桩、关系加桩。地形加桩是指沿中线方向地形起伏变化较大的地方钉设的加桩，它对于以后设计施工尤其是纵坡的设计起很大的作用；地物加桩是指沿中线方向遇到对道路有较大影响的地物时布设的加桩。中线测量一般分段进行。

地形、地质发生变化导致局部改线以及由于计算或丈量发生错误，都会造成已测量好的各段里程不能连续，这种情况称为断链。断链桩一般应设置在百米桩或整十米桩处，不要设置在有桥梁、村庄、隧道和曲线的范围内，并做好详细的断链记录，供初步设计和计算道路总长度时参考。

所有中桩标志应采用黑色或红色油漆书写标志名称及里程桩号。字母对着道路的起始方向。

8.2 圆曲线测设

8.2.1 圆曲线主点测设

1. 主点测设要素计算

如图 8-7 所示，两相邻直线线路的转向角为线路转角 α，线路转角分为左转角和右转角。当设计人员在数字地形图上设计线路时，偏角 α 可以直接查得；对于桥梁段曲线或隧道段曲线的转角 α，则需要实测得到。连接圆曲线的半径 R，是在设计中根据线路的等级以及现场地形条件等因素选定的，由设计人员提供。切线长 T、曲线长 L、外矢距 E 和切曲差 D（两倍切线长和曲线长之差）四个曲线要素需要计算得到。计算公式如下：

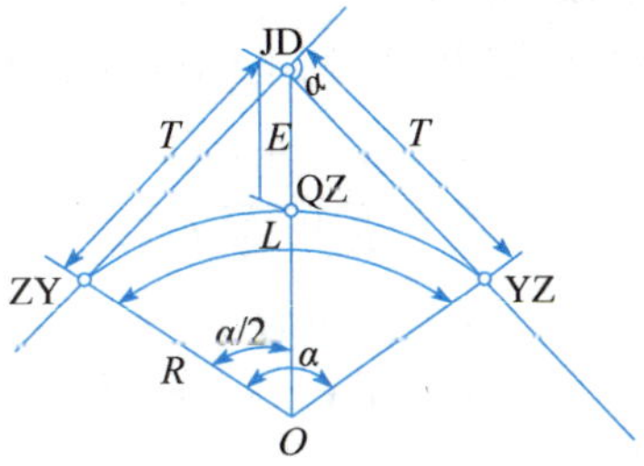

图 8-7　主点测设要素

$$T=R\tan\frac{\alpha}{2} \tag{8-1}$$

$$L=R\alpha\frac{\pi}{180^\circ} \tag{8-2}$$

$$E=R\left(\sec\frac{\alpha}{2}-1\right) \tag{8-3}$$

$$D=2T-L \tag{8-4}$$

2. 圆曲线主点里程计算

在用圆曲线连接折线线路时，直线与圆曲线的交点称为直圆点（ZY），圆曲线与直线段的交点称为圆直点（YZ），圆曲线的中点称为曲中点（QZ），这三个点统称为圆曲线的主点。

主点里程计算是指根据计算出的曲线要素，由一已知点里程来推算。一般沿里程增加的方向 ZY→QZ→YZ 进行推算。交点的里程是由设计人员提供的，为设计值。根据交点的里程和圆曲线测设元素，即可计算圆曲线上各主点的里程并加以检核。

ZY 里程=JD 里程−T

YZ 里程=ZY 里程+L

QZ 里程=YZ 里程−$L/2$

JD 里程=QZ 里程+$D/2$(检核)

3. 主点测设

(1) 测设直圆点。

安置仪器于交点，照准后视交点方向，测设切线长 T，得直圆点。

(2) 测设圆直点。

照准前视交点方向，测设切线长 T，得直圆点。

(3) 测设曲中点。

沿测定路线转折角时所设定的分角线方向测设外矢距 E，得曲中点。

8.2.2 圆曲线详细测设

切线支距法测设圆曲线如图 8-8 所示。切线支距法实质为直角坐标法。以 ZY 点（或 YZ 点）为坐标原点，通过 ZY 点（或 YZ 点）并指向交点 JD 的切线方向为 x 轴正向，过 ZY 点（或 YZ 点）且指向圆心 O 方向为 y 轴正向，建立独立的直角坐标系。对于 ZY～QZ 段上任意点 P_i，该点至 ZY 点的弧长为 l_i，φ_i 为弧长 l_i 所对应的圆心角，R 为圆曲线半径，则点 P_i 的坐标可按下式计算：

$$\varphi_i=\frac{l_i}{R}\left(\frac{180°}{\pi}\right) \tag{8-5}$$

$$x_i=R\sin\varphi_i \tag{8-6}$$

$$y_i=R(1-\cos\varphi_i) \tag{8-7}$$

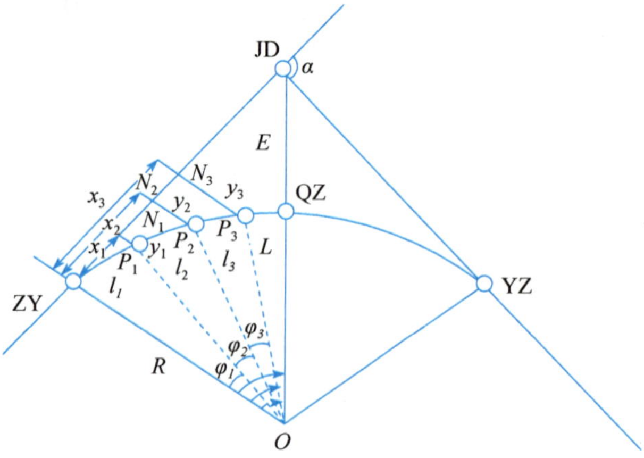

图 8-8 切线支距法测设圆曲线

测设时从 ZY 或 YZ 开始，沿切线方向直接量出 x_i 并钉桩。当 y_i 较小时，可用方向架或直角器在 x_i 点测设曲线点；当 y_i 较大时，应在 x_i 处安置经纬仪来测设。

例题：已知公路曲线的转向角为 $\alpha=30°06'15''$，$R=300$m，JD 里程为 K3+319.45m，

里程从 ZY 到 YZ 为增加，求：圆曲线主点测设要素及主点里程。

解： $T=R\tan\frac{\alpha}{2}=300\times\tan15°03'7.5''=80.68(\text{m})$

$L=R\alpha\frac{\pi}{180°}=300\times30°06'15''\times3.1415926\div180°=157.63(\text{m})$

$E=R\left(\sec\frac{\alpha}{2}-1\right)=300\times\left(\sec\frac{30°06'15''}{2}-1\right)=300\times(1.03553-1)=10.66(\text{m})$

$D=2T-L=3.73(\text{m})$

ZY 里程 = JD 里程 − T = K3+319.45−80.68=K3+238.77

YZ 里程 = ZY 里程 + L = K3+238.77+157.63=K3+396.40

QZ 里程 = YZ 里程 − $L/2$ = K3+396.40−78.81=K3+317.59

JD 里程 = QZ 里程 + $D/2$ = K3+317.59+1.86=K3+319.45（检核）

8.3 带有缓和曲线的平曲线测设

8.3.1 缓和曲线基本知识

带有缓和曲线的平曲线是由圆曲线和缓和曲线组成的曲线，称为综合曲线。缓和曲线是在线路直线和圆曲线之间介入的一段过渡曲线，其曲率半径由无穷大逐渐变至圆曲线半径 R，使路线的平面曲线更加符合汽车的行驶轨迹、适应逐渐变化的离心力，确保行车安全和舒适性。缓和曲线的形式有回旋线、三次抛物线及双纽线等，目前在我国公路设计中，以回旋线作为缓和曲线。

1. 缓和曲线的含义

当车辆进入圆曲线行驶时，会产生离心力，影响车辆的安全行驶。离心力的大小除与行车速度有关外，还与圆曲线的曲率成正比。当圆曲线的曲线半径 R 较大时，离心力的突变对行车安全影响不大；但当曲线半径 R 较小时，离心力的突变将使快速行驶的车辆进入或离开圆曲线时偏离原车道，甚至侵入邻近车道，从而影响行车安全，需通过抬高道路外侧（称为超高）的方法来抵消离心力。然而，车辆在直线上行驶时内外侧等高，当车辆进入半径为 R 的圆曲线时，若外侧突然抬高，会因线路出现台阶障碍而影响行车安全。需在直线和圆曲线之间插入一段半径由无穷大渐变至圆曲线半径 R 的过渡曲线（称为缓和曲线），从而使外轨超高逐渐变化。

2. 缓和曲线的特性

缓和曲线上任意一点的曲率半径与该点至缓和曲线起点（半径为∞处）的弧长成反比。由此可得缓和曲线的方程为

$$rl=A \tag{8-8}$$

式中，A 为缓和曲线参数，称为回旋参数，表征回旋线曲率变化的缓急。在与圆曲线连接

处，l 等于缓和曲线全长 l_s（由设计人员提供），曲率半径 r 等于圆曲线的半径 R，该点仍然是缓和曲线上的点，代入式（8－8），则可求得缓和曲线参数 A。

$$A=Rl_s \tag{8-9}$$

A 值一经确定，缓和曲线的形状也就确定了。A 值越小，半径的变化越快；反之，半径的变化越慢，曲线也就越平顺。

3. 缓和曲线常数的确定

缓和曲线的介入如图 8－9 所示，原来的圆曲线保持半径 R 不变，而向内侧平移，在垂直于切线方向上移动的距离为 p；整个曲线的起点和终点沿切线方向在圆曲线外各延伸了一段距离 q。原来的圆曲线的两端长各约为 $l_s/2$ 的一段（圆心角为 β_0）均由缓和曲线所代替。故缓和曲线大约有一半在原圆曲线范围内，另一半在原直线范围内。

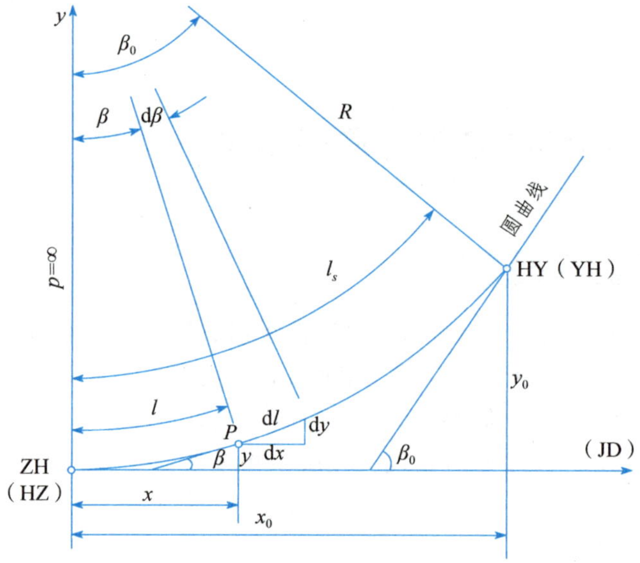

图 8－9　缓和曲线的介入

缓和曲线的夹角为 β_0，曲线的内移量 P 和切线延伸量 q 是确定缓和曲线与直线和圆曲线连接的主要数据，称为缓和曲线常数。缓和曲线常数的几何含义如图 8－10 所示。

过缓和曲线上任意一点 P 作切线，其与 x 轴（起点 ZH 或终点 HZ 的切线）的夹角为切线角，用 β 表示，该角度与 P 点至曲线起点长度所对应的圆心角相等。在 P 点处取一微分弧段 $\mathrm{d}l$，所对应的中心角为 $\mathrm{d}\beta$，于是有公式：

$$\mathrm{d}\beta=\frac{\mathrm{d}l}{r}=\frac{l\,\mathrm{d}l}{A} \tag{8-10}$$

积分得：

$$\beta=\frac{l^2}{2A}=\frac{l^2}{2Rl_s} \tag{8-11}$$

当 $l=l_s$ 时，则 $\beta=\beta_0$，于是有：

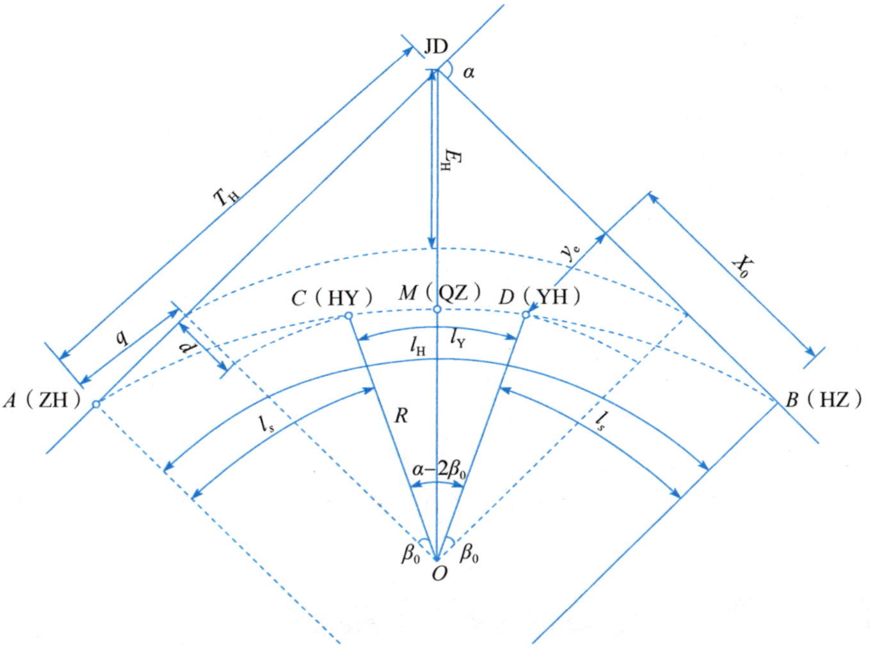

图 8-10　缓和曲线常数的几何含义

$$\beta_0=\frac{l_s^2}{2Rl_s}=\frac{l_s}{2R}(\text{rad}) \tag{8-12}$$

化为角度则有：

$$\beta_0=\frac{l_s}{2R}\cdot\frac{180°}{\pi}(°) \tag{8-13}$$

式中，β_0 为缓和曲线全长所对应的中心角，即切线角。

如图 8-9 所示，以缓和曲线起点为坐标原点，过该点的切线为 x 轴，过原点的半径为 y 轴任取一点 P 的坐标为（x，y），则微分弧段 dl 在坐标轴上的投影为：

$$\mathrm{d}x=\mathrm{d}l\cdot\cos\beta \tag{8-14}$$

$$\mathrm{d}y=\mathrm{d}l\cdot\sin\beta \tag{8-15}$$

将式中 $\cos\beta$、$\sin\beta$ 按级数展开，代入上式并积分，略去高次项得：

$$x=l-\frac{l^5}{40R^2l_s^2} \tag{8-16}$$

$$y=\frac{l^3}{6Rl_s}-\frac{l^7}{336R^3l_s^3} \tag{8-17}$$

上式称为缓和曲线的参数方程，当 $l=l_s$ 时，得到缓和曲线的终点坐标为：

$$x_0=l_s-\frac{l_s^3}{40R^2} \tag{8-18}$$

$$y_0=\frac{l_s^3}{6R}-\frac{l_s^4}{336R^3} \tag{8-19}$$

由图 8-10 所示可知：

$$p=y_0-R\cdot(1-\cos\beta_0) \tag{8-20}$$

$$q=x_0-R\cdot\sin\beta_0 \tag{8-21}$$

将 $\sin\beta_0$、$\cos\beta_0$ 展开为级数，并将 β_0、x_0、y_0 代入，可得：

$$p=\frac{l_s^2}{24R} \tag{8-22}$$

$$q=\frac{l_s}{2}-\frac{l_s^3}{240R^2} \tag{8-23}$$

由上式可知，内移距离 p 等于缓和曲线中点纵坐标的两倍，切线延伸量 q 约为缓和曲线长度的一半。

8.3.2 缓和曲线测设要素计算和主点里程计算

1. 带有缓和曲线的平曲线测设要素计算

当测得转角 α，且圆曲线半径 R 和缓和曲线长度 l_s 确定后，可计算切线角 β_0、内移距离 p 和切线延伸量 q，在此基础上计算平曲线测设要素。平曲线测设要素按下列公式计算：

切线长： $$T_H=(R+p)\cdot\tan\frac{\alpha}{2}+q \tag{8-24}$$

曲线长： $$L_H=R\cdot(\alpha-2\beta_0)\cdot\frac{\pi}{180^\circ}+2l_s=R\cdot\alpha\cdot\frac{\pi}{180^\circ}+l_s \tag{8-25}$$

外矢距： $$E_H=(R+p)\sec\frac{\alpha}{2}-R \tag{8-26}$$

切曲差： $$D_H=2T_H-L_H \tag{8-27}$$

2. 缓和曲线主点里程计算

缓和曲线有五个主点：直缓点 ZH、缓圆点 HY、圆缓点 YH、缓直点 HZ 和曲中点 QZ。交点 JD 的里程是由设计人员提供的，为设计值。根据交点里程和曲线测设要素，计算各主点里程，则有：

$$\left.\begin{aligned}
&\text{ZH 里程}=\text{JD 里程}-T_H\\
&\text{HY 里程}=\text{ZH 里程}+l_s\\
&\text{YH 里程}=\text{HY 里程}+(L_H-2l_s)\\
&\text{HZ 里程}=\text{YH 里程}+l_s\\
&\text{QZ 里程}=\text{HZ 里程}-L_H/2\\
&\text{JD 里程}=\text{QZ 里程}+D_H/2\text{（检核）}
\end{aligned}\right\} \tag{8-28}$$

8.3.3 缓和曲线详细测设

1. 带有缓和曲线的平曲线独立坐标计算

以 ZH 点（或 HZ 点）为坐标原点，通过 ZH 点（或 HZ 点）并指向交点 JD 的切线方向为 x 轴正向，过 ZH 点（或 HZ 点）且指向曲线弯曲方向为 y 轴正向，建立独立的直角坐标系，如图 8-11 所示。

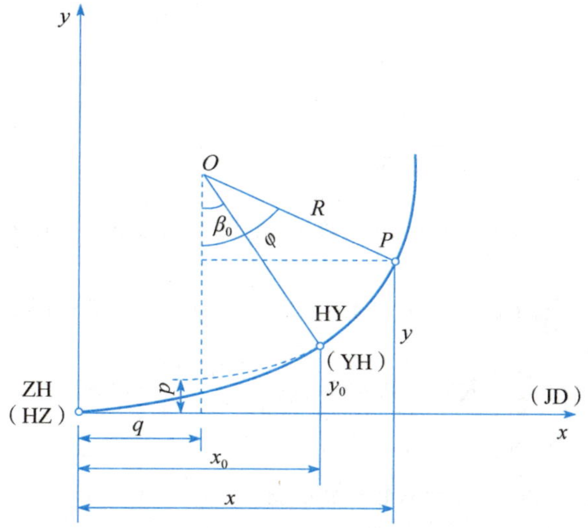

图 8-11　带有缓和曲线的平曲线独立坐标

（1）缓和曲线段独立坐标计算。

若所求点 P_i 位于缓和曲线段，其至 ZH 点的弧长为 l_i，其坐标可按缓和曲线参数方程式计算。

$$\left.\begin{aligned} x_i &= l_i - \frac{l_i^5}{40R^2 l_s^2} \\ y_i &= \frac{l_i^3}{6Rl_s} \end{aligned}\right\} \tag{8-29}$$

（2）圆曲线段独立坐标计算。

若所求点 P_i 位于圆曲线段，其至 HY 点的弧长为 l_i，其坐标计算方程式为：

$$x_i = q + R \cdot \sin\varphi_i \tag{8-30}$$

$$y_i = p + R \cdot (1 - \cos\varphi_i) \tag{8-31}$$

其中：

$$\varphi_i = \beta_0 + \frac{l_i}{R} \cdot \frac{180°}{\pi} \tag{8-32}$$

例题 1： 已知公路曲线的转向角为 $\alpha = 61°37'11''$，$R = 250\text{m}$，缓和曲线长度 $l_s = 50\text{m}$，JD 里程为 K4+564.76，里程从 ZY 到 YZ 为增加，求：①曲线测设要素及各主点里程；

②用切线支距法按整桩号测设道路中桩参数并计算，设基本桩距为 20m。

$$\beta_0=\frac{l_s}{2R}\cdot\frac{180°}{\pi}=\frac{50}{500}\times\frac{180°}{3.1415926}=5°43'46''$$

$$x_0=l_s-\frac{l_s^3}{40R^2}=50-\frac{50^3}{40\times250^2}=49.95(\text{m})$$

$$y_0=\frac{l_s^2}{6R}=\frac{50^2}{6\times250}=1.67(\text{m})$$

$$p=\frac{l_s^2}{24R}=\frac{50^2}{24\times250}=0.42(\text{m})$$

$$q=\frac{l_s}{2}-\frac{l_s^3}{240R^2}=25-\frac{50^3}{240\times250^2}=24.99(\text{m})$$

$$T_H=(R+p)\cdot\tan\frac{\alpha}{2}+q=250.42\times\tan30°48'35.5''+24.99=174.33(\text{m})$$

$$L_H=R\cdot\alpha\cdot\frac{\pi}{180°}+l_s=250\times61°37'11''\times3.1415926\div180°+50=318.87(\text{m})$$

$$E_H=(R+p)\sec\frac{\alpha}{2}-R=250.42\times\sec\frac{61°37'11''}{2}-250=41.57(\text{m})$$

$$D_H=2T_H-L_H=29.79(\text{m})$$

$$\left.\begin{aligned}&\text{ZH 里程}=\text{JD 里程}-T_H=\text{K}4+390.43\\&\text{HY 里程}=\text{ZH 里程}+l_s=\text{K}4+440.43\\&\text{YH 里程}=\text{HY 里程}+(L_H-2l_s)=\text{K}4+659.30\\&\text{HZ 里程}=\text{YH 里程}+l_s=\text{K}4+709.30\\&\text{QZ 里程}=\text{HZ 里程}-L_H/2=\text{K}4+549.86\\&\text{JD 里程}=\text{QZ 里程}+D_H/2=\text{K}4+564.76(\text{检核})\end{aligned}\right\}$$

桩号	各桩至 ZY 点或 YZ 点曲线长度	圆心角	x_i	y_i
ZH 点 K4+390.43				
K4+400	9.57		9.57	0.01
K4+420	29.57		29.57	0.34
HY 点 K4+440.43				
K4+460	19.57	10　12　52	69.32	4.38
K4+480	39.57	14　47　54	88.84	8.71
K4+500	59.57	19　22　55	107.96	14.59
K4+520	79.57	23　57　56	126.54	21.97
K4+540	99.57	28　32　57	144.47	30.82
QZ 点 K4+549.86				

例题 2：路线交点 JD_2 的坐标为 X_{JD_2}=2 588 711.270m，Y_{JD_2}=20 478 702.880；JD_3 的坐

标为 $X_{JD_3}=2\ 591\ 069.056\text{m}$，$Y_{JD_3}=20\ 478\ 662.850$；$JD_4$ 的坐标为 $X_{JD_4}=2\ 594\ 145.875\text{m}$，$Y_{JD_4}=20\ 481\ 070.750$。$JD_3$ 的中桩号为 K6+790.306，圆曲线半径 $R=2\ 000\text{m}$，缓和曲线长 $l_s=100\text{m}$。计算曲线测设元素、主点里程，以及 K6+100、K6+500 和 K7+450 的中桩坐标。

解： $\Delta Y_{23}=-40.03\text{m}$

$\Delta X_{23}=2\ 357.786\text{m}$

$A_{23}=359°01'38.4''$

$\Delta Y_{34}=2\ 407.9\text{m}$

$\Delta X_{34}=3\ 076.819\text{m}$

$A_{34}=38°02'47.5''$

$\beta=179°01'38.4''-38°02'47.5''=140°58'50.9''$

$\alpha=39°01'9.1''$

$$\beta_0=\frac{l_s}{2R}\cdot\frac{180°}{\pi}=\frac{100}{4\ 000}\times\frac{180°}{3.141\ 592\ 6}=1°25'56.6''$$

$$p=\frac{l_s^2}{24R}=\frac{100^2}{24\times 2\ 000}=0.208\text{m}$$

$$q=\frac{l_s}{2}-\frac{l_s^3}{240R^2}=50-\frac{100^3}{240\times 2\ 000^2}=49.999\text{m}$$

$$T_H=(R+p)\cdot\tan\frac{\alpha}{2}+q=2\ 000.208\times\tan\frac{39°01'09.1''}{2}+49.999=758.687\text{m}$$

$$L_H=R\cdot\alpha\cdot\frac{\pi}{180°}+l_s=2\ 000\times 39°01'09.1''\times 3.141\ 592\ 6\div 180°+100=1\ 462.027\text{m}$$

$$E_H=(R+p)\sec\frac{\alpha}{2}-R=2\ 000.208\times\sec\frac{39°01'09.1''}{2}-2\ 000=122.044\text{m}$$

$D_H=2T_H-L_H=55.347\text{m}$

ZH 里程＝JD 里程$-T_H$＝K6+031.619

HY 里程＝ZH 里程$+l_s$＝K6+131.619

YH 里程＝HY 里程$+(L_H-2l_s)$＝K4+393.646

HZ 里程＝YH 里程$+l_s$＝K7+493.646

QZ 里程＝HZ 里程$-L_H/2$＝K6+762.632

JD 里程＝QZ 里程$+D_H/2$＝K6+790.306（检核）

直缓点（ZH）坐标计算：

$$X_{ZH_3}=X_{JD_3}+T_H\cos A_{32}=2\ 591\ 069.056+758.687\times\cos 179°1'38.4''$$
$$=2\ 591\ 069.056-758.577=2\ 590\ 310.479\text{m}$$

$$Y_{ZH_3}=Y_{JD_3}+T_H\sin A_{32}=20\ 478\ 662.850+758.687\times\sin 179°1'38.4''$$
$$=20\ 478\ 662.850+12.879=20\ 478\ 675.729\text{m}$$

中桩 K6+100，$l=68.381\text{m}$

$$x=l-\frac{l^5}{40R^2l_s^2}=68.381-\frac{68.381^5}{40\times 2\ 000^2\times 100^2}=68.380\text{m}$$

$$y=\frac{l^3}{6Rl_s}=\frac{68.381^3}{6\times 2\,000\times 100}=0.266\text{m}$$

$$X_i=X_{ZH}+x_i\cos A_{i-1,i}-y_i\sin A_{i-1,i}$$
$$=2\,590\,310.479+68.380\cos 359°1'38.4''-0.266\sin 359°1'38.4''$$
$$=2\,590\,310.479+68.370+0.005=2\,590\,378.854\text{m}$$

$$Y_i=Y_{ZH}+x_i\sin A_{i-1,i}+y_i\cos A_{i-1,i}$$
$$=20\,478\,675.729+68.380\sin 359°1'38.4''+0.266\cos 359°1'38.4''$$
$$=20\,478\,675.729-1.161+0.266=20\,478\,674.834\text{m}$$

缓圆点（HY）坐标计算：

$$l=l_s=100\text{m}$$

$$x=l-\frac{l_s^3}{40R^2}=100-\frac{100^3}{40\times 2\,000^2}=99.994\text{m}$$

$$y=\frac{l_s^2}{6R}=\frac{100^2}{6\times 2\,000}=0.833\text{m}$$

$$X_i=X_{ZH}+x_i\cos A_{i-1,i}-y_i\sin A_{i-1,i}$$
$$=2\,590\,310.479+99.994\cos 359°1'38.4''-0.833\sin 359°1'38.4''$$
$$=2\,590\,310.479+99.980+0.014=2\,590\,410.473\text{m}$$

$$Y_i=Y_{ZH}+x_i\sin A_{i-1,i}+y_i\cos A_{i-1,i}$$
$$=20\,478\,675.729+99.994\sin 359°1'38.4''+0.833\cos 359°1'38.4''$$
$$=20\,478\,675.729-1.697+0.833=20\,478\,674.865\text{m}$$

中桩 K6+500，$l=500-131.619=368.381\text{m}$

$$\varphi_i=\beta_0+\frac{l_i}{R}\cdot\frac{180°}{\pi}=1°25'56.6''+10°33'12.0''=11°59'8.6''$$

$$x_i=q+R\cdot\sin\varphi_i=49.999+2\,000\times\sin 11°59'8.6''=465.335\text{m}$$

$$y_i=p+R\cdot(1-\cos\varphi_i)=0.208+2\,000\times(1-\cos 11°59'8.6'')=43.809\text{m}$$

$$X_i=X_{ZH}+x_i\cos A_{i-1,i}-y_i\sin A_{i-1,i}$$
$$=2\,590\,310.479+465.335\cos 359°1'38.4''-43.809\sin 359°1'38.4''$$
$$=2\,590\,310.479+465.268+0.744=2\,590\,776.491\text{m}$$

$$Y_i=Y_{ZH}+x_i\sin A_{i-1,i}+y_i\cos A_{i-1,i}$$
$$=20\,478\,675.729+465.335\sin 359°1'38.4''+43.809\cos 359°1'38.4''$$
$$=20\,478\,675.729-7.899+43.803=20\,478\,711.633\text{m}$$

缓直点（HZ）坐标计算：

$$X_{HZ_3}=X_{JD_3}+T_H\cos A_{34}=2\,591\,069.056+758.687\times\cos 38°2'47.5''$$
$$=2\,591\,069.056+597.474=2\,591\,666.530\text{m}$$

$$Y_{HZ_3}=Y_{JD_3}+T_H\sin A_{34}=20\,478\,662.850+758.687\times\sin 38°2'47.5''$$
$$=20\,478\,662.850+467.580=20\,479\,130.430\text{m}$$

圆缓点（YH）坐标计算：

$$l=l_s=100\text{m}$$

$$x=l-\frac{l_s^3}{40R^2}=100-\frac{100^3}{40\times 2\,000^2}=99.994\text{m}$$

$$y=\frac{l_s^2}{6R}=\frac{100^2}{6\times 2\,000}=0.833\text{m}$$

$$X_i=X_{HZ}-x_i\cos A_{i,i+1}-y_i\sin A_{i,i+1}$$
$$=2\,591\,666.530-99.994\cos 38°2'47.5''-0.833\sin 38°2'47.5''$$
$$=2\,591\,666.530-78.746-0.513=2\,591\,587.271\text{m}$$

$$Y_i=Y_{HZ}-x_i\sin A_{i,i+1}+y_i\cos A_{i,i+1}$$
$$=20\,479\,130.430-99.994\sin 38°2'47.5''+0.833\cos 38°2'47.5''$$
$$=20\,479\,130.430-61.626+0.657=20\,479\,069.461\text{m}$$

桩号	曲线长	圆心角 (° ′ ″)	x	y	X	Y
ZH 点 K6+131.619					2 590 310.479	20 478 675.729
K6+040	8.381		8.381	0		
K6+060	28.381		28.381	0.019		
K6+080	48.381		48.381	0.094		
K6+100	68.381		68.380	0.266	2 590 378.854	20 478 674.834
K6+120	88.381		88.378	0.575		
HY 点 K6+131.619	100		99.994	0.833	2 590 410.473	20 478 674.865
K6+200	68.381	3 23 28.9	168.311	3.710		
K6+300	168.381	6 15 22.1	267.946	12.119		
K6+400	268.381	9 7 15.4	367.037	25.496		
K6+500	368.381	11 59 8.6	465.335	43.809	2 590 776.491	20 478 711.633
K6+600	468.381					
K6+700	568.381					
QZ 点 K6+762.632	631.014	19 30	717.929	115.037	2 591 030.258	20 478 778.562
K6+900	493.646					
K7+000	393.646					
K7+100	293.646	9 50 41	391.956	29.659		
K7+200	193.646	6 58 47.8	293.043	15.031		
K7+300	93.646	4 6 54.5	193.521	5.364		
YH 点 K7+393.646	100		99.994	0.833	2 591 587.271	20 479 069.461
K7+420	73.646		73.645	0.333		

续表

桩号	曲线长	圆心角 (° ′ ″)	x	y	X	Y
K7+440	53.646		53.646	0.129		
K7+460	33.646		33.646	0.032		
K7+480	13.646		13.646	0.002		
HZ点 K7+493.646					2 591 666.530	20 479 130.430

市政测量：马艳的匠心之路

项目实训一：圆曲线测设

实训目标

（1）掌握圆曲线主点测设要素的计算。

（2）掌握圆曲线主点里程的计算。

（3）掌握圆曲线主点的测设方法。

（4）能够用切线支距法、偏角法对圆曲线进行详细测设。

实训器材

每组经纬仪 1 台、黑色水笔、记录板。

实训内容

（1）根据指定的数据计算测设要素和主点里程。

（2）设置圆曲线主点。

（3）用切线支距法进行圆曲线详细测设。

（4）用偏角法进行圆曲线详细测设。

实训步骤

1. 测设数据的准备

（1）根据给定的转角 α 和圆曲线半径 R 计算曲线测设要素 T、L、E、D。

（2）根据给定的主点里程，计算主点 ZY、YZ、QZ 中桩号。

（3）按切线支距法计算各桩详细测设坐标 X_i、Y_i。

2. 圆曲线主点测设

（1）在交点 JD_i 处架设经纬仪，完成对中、整平工作后，转动照准部照准 JD_i-1，制动照准部，转动变换手轮使水平度盘读数为 0°00′00″，转动望远镜指挥定向，从 JD_i 出发在该切线方向上量取切线长 T，得 ZY 点，打桩标记。

（2）转动照准部照准 JD_i+1，制动照准部，转动望远镜指挥定向，从 JD_i 出发在该切线方向上量取切线长 T，得 YZ 点，打桩标记。

（3）确定分角线方向。

当路线左转时，顺时针转动照准部至水平度盘读数为$\dfrac{180°-\alpha}{2}$，制动照准部，此时望远镜视线方向为分角线方向。

当路线右转时，顺时针转动照准部至水平度盘读数为$\dfrac{180°+\alpha}{2}$，制动照准部，然后倒转望远镜，此时望远镜视线方向为分角线方向。

（4）在分角线方向上，从 JD_i 量取外距 E，定出 QZ 点并打桩标记。

3. 用切线支距法进行圆曲线详细测设

（1）将经纬仪仍然架设于 JD_i 处，转动照准部照准 JD_i-1，制动照准部，转动望远镜指挥定向，以 ZY 为原点，在该切线上向 JD_i 丈量各中桩对应的 X_1、X_2、X_3、…、X_n 值，得出并保留各相应垂足点，以 N_1、N_2、…、N_n 表示。

（2）从各垂足点找出垂直于切线的方向，根据各点相应的 y 值标定曲线上的详细测设点 P_1、P_2、…、P_n，直至 QZ 点，完成前半条曲线的详细测设。

（3）以 YZ 点为原点，采用上述方法，完成另半条曲线的详细测设。

（4）检查：丈量各测设点的弦长，和相应的弧长比较，两者之差的绝对值不宜大于相应的弦弧差。

（5）详测曲中点 QZ 位置，和主点放样定出的 QZ 位置比较，横向误差不应大于 0.1m，纵向误差不应超过$\pm L/1\,000$（L 为曲线长度）。

注意事项

（1）安置仪器时应将仪器中心连接螺旋拧紧，防止仪器从脚架上脱落下来。

（2）经纬仪为精密光学仪器，在使用中要按照操作规程作业，各个螺旋要正确使用。

（3）转动各螺旋时要稳、轻、慢，不能用力太大。

实训成果

1. 已知数据

JD 里程＝　　　　路线转角 α＝　　　　圆曲线半径 R＝　　　　路线转向＝（左、右）

2. 曲线测设元素及主点中桩号计算

T＝	ZY 里程＝JD 里程－T＝
L＝	YZ 里程＝ZY 里程＋L＝
E＝	QZ 里程＝YZ 里程－$L/2$＝
D＝	JD 里程＝QZ 里程＋$D/2$＝　　　　（检核）
$L/2$＝	$(180°-\alpha)/2$＝

项目实训二：带缓和曲线的曲线测设

实训目标

（1）掌握缓和曲线测设要素的计算。

（2）掌握缓和曲线主点中桩号的计算。

（3）掌握缓和曲线主点的测设方法。

（4）能用切线支距法、偏角法对带缓和曲线的曲线进行详细测设。

实训器材

经纬仪 1 台、钢尺 1 把、皮尺 1 把、木桩若干、铁锤 1 把、测杆若干、十字架若干、竹桩若干、记录板 1 个、小红纸若干。

实训内容

（1）根据给定的数据计算测设要素和主点里程，计算缓和曲线测设要素。

（2）计算缓和曲线主点中桩号。

（3）进行缓和曲线主点测设。

（4）用切线支距法、偏角法进行带缓和曲线的曲线的详细测设。

实训步骤

1. 计算

（1）按给定的设计数据计算测设要素：T_H、L_H、E_H、D_H、q、p、β_0、β。

（2）计算主点 ZH、HY、QZ、YH、HZ 的中桩号。

（3）根据切线支距法计算曲线详细测设数据。

（4）根据偏角法计算曲线详细测设数据。

2. 测设步骤

（1）主点测设。

1）ZH 点的测设。在 JD_i 上架设仪器完成对中整平，将望远镜照准 JD_i-1，制动照准部。拨动水平度盘变换手轮，将水平度盘读数变换为 $0°00'00''$。保持照准部不动，用望远镜指挥定向。从 JD_i 出发在该切线方向上量取切线长 T_H，得到 ZH 点，打桩定点。

2）HY 点的测设。保持照准部不动，以望远镜定向。从 ZH 出发在该切线方向上量取 X_0 得到垂足，在该垂足上用十字架定出垂直于切线方向的垂线，并从垂足沿该垂线方向量取 Y_0 得到 HY 点，打桩定点。

3）QZ 点的测设。确定分角线方向。当路线左转时，顺时针转动照准部至水平度盘读数为$\frac{180°-\alpha}{2}$，制动照准部，此时望远镜视线方向为分角线方向；当路线右转时，顺时针转动照准部至水平度盘读数为$\frac{180°+\alpha}{2}$，制动照准部，然后倒转望远镜，此时望远镜视线方向为分角线方向。在分角线方向上，从 JD_i 量取外距 E_H，定出 QZ 点并打桩。

4）HZ 点的测设。转动照准部，将望远镜照准 JD_i+1，制动照准部，以望远镜定向。从 JD_i 出发在该切线方向上，量取切线长 T_H，得到 HZ 点，打桩定点。

5）YH 点的测设：保持照准部不动，以望远镜定向。从 HZ 点出发在该切线方向上向 JD_i 量取 X_0 得到垂足，在该垂足上用十字架定出垂线方向，并从垂足沿该垂线方向量取 Y_0 得到 YH 点，打桩定点。

（2）用切线支距法进行带缓和曲线的曲线详细测设。

1）测设缓和曲线上各点，其测设方法与圆曲线切线支距法相同。

2）在切线上由 ZH 点开始量取 T_d，即可确定 HY 或 YH 点的切线。利用该切线，按圆曲线切线支距法测设圆曲线部分。

3）测设 QZ 点后，和原主点放样所得 QZ 点位置进行比较，横向误差不大于 0.1m，纵向误差不超过 $\pm L/1\,000$（L 为曲线长度），则满足精度要求。

（3）用偏角法进行带缓和曲线的曲线详细测设。

1）在 ZH 或 HZ 点处架设经纬仪，完成对中、整平工作。按与偏角法测设圆曲线一样的步骤进行缓和曲线部分的测设。比较详测和主点测设所得的 HY 点，进行精度检核。

2）圆曲线部分各点的测设需将仪器迁至 HY 或 YH 点上进行。这时需要先定出 HY 或 YH 点的切线方向。

3）将仪器置于 HY（或 YH）点上，照准 ZH（或 HZ）点，水平度盘配置为 b_0（当路线右转时，配置水平度盘读数为 $360°-b_0$），旋转照准部至水平度盘读数为 $0°00'00''$并倒镜，此时视线方向即为 HY（或 YH）点的切线方向。

4）根据 HY（或 YH）点的切线方向，按与无缓和曲线的圆曲线测设相同的方法测设圆曲线部分，直至 QZ 点。若通视条件好，可一直测至 YH 点。比较详测和主点测设所得的 QZ、YH 点，进行精度检核。

注意事项

（1）测设时注意检核，保证准确性和精度，尤其是主点位置不能错。

（2）切线支距法测设曲线时，为了避免支距过长，一般由 ZH 点或 HZ 点分别向 QZ 点施测。

实训成果

1. 已知数据

JD 里程＝　　　路线转角 α＝　　　圆曲线半径 R＝　　　缓和曲线长 L_s＝

2. 曲线测设元素及主点里程计算

β_0＝	δ_0＝	b_0＝	q＝	p＝
T＝		ZH 里程＝JD 里程－T_H＝		
L＝		HY 里程＝ZH 里程＋l_s＝		
E＝		YH 里程＝HY 里程＋（L_H-2l_s）＝		
D＝		HZ 里程＝YH 里程＋l_s＝		
		QZ 里程＝HZ 里程－$L_H/2$＝		
		JD 里程＝QZ 里程＋$D_H/2$＝		（检核）

3. 切线支距法和偏角法测设缓和曲线数据计算表

中桩号	缓和曲线段上各桩至 ZH 或 HZ 的弧长（m）	圆曲线段上各桩至 HY 或 YH 的弧长（m）	偏角值 δ_i ° ′ ″	圆心角 φ ° ′ ″	切线支距坐标	
					X（m）	Y（m）

续表

中桩号	缓和曲线段上各桩至ZH或HZ的弧长（m）	圆曲线段上各桩至HY或YH的弧长（m）	偏角值 δ_i ° ′ ″	圆心角 φ ° ′ ″	切线支距坐标	
					X（m）	Y（m）

技能检测

一、填空题

1. 已知路线交点 JD 桩号为 K5＋315.68，圆曲线切线长为 67.75m，曲线长为 132.64m，圆曲线起点 ZY 点桩号为____________，曲中点桩号为____________。

2. 已知路线交点 JD 桩号为 K5＋325.72，圆曲线切线长为 68.76m，曲线长为 133.64m，圆曲线起点 ZY 点桩号为____________，曲中点桩号为____________。

3. 缓和曲线的主点包括____________、____________、____________、____________和____________。

4. 某曲线转向角为 30°42′30″，R＝500m，ZY 点里程为 K3＋413.00，则 QZ 点里程为____________，YZ 点里程为____________。

5. 某曲线转向角为 30°48′，R＝600m，ZY 点里程为 K3＋413.00，则 QZ 点里程为____________，YZ 点里程为____________。

6. 圆曲线详细测设的方法有____________和____________。

7. 在平面内连接不同路线方向的曲线称为____________。

8. 已知某曲线 R＝500m，l_0＝60m，则在缓和曲线上距 YH 点 40m 处的曲率半径为____________。

二、选择题

1. 圆曲线测设已知 JD 点的桩号为 K4＋150.940，算得切线长为 35.265m，曲线长 69.813m，外矢距为 3.085m，则 QZ 点桩号为（　　）。

A. K4＋154.025　　B. K4＋186.205

C. K4＋150.581　　D. K4＋220.753

2. 圆曲线的终点通常用（　　）表示。

A. YZ　　B. ZY　　C. QZ　　D. JD

3. 圆曲线的起点通常用（　　）表示。

A. YZ　　B. ZY　　C. QZ　　D. JD

4. 已知圆曲线的转向角 α＝11°25′，半径 R＝600m，则圆曲线切线长为（　　）。

A. 118.77m　　B. 121.16m

C. 59.98m　　D. 59.68m

5. 已知圆曲线的转向角 α＝12°25′，半径 R＝600m，则圆曲线切线长为（　　）。

A. 118.77m　　B. 121.16m

C. 130.03m　　D. 41.39m

6. 已知圆曲线的转向角 α＝12°30′，半径 R＝700m，则圆曲线切线长为（　　）。

A. 155.19m　　B. 76.66m

C. 151.51m　　D. 76.21m

7. 已知圆曲线的转向角 α＝11°30′，半径 R＝700m，则圆曲线切线长为（　　）。

A. 155.19m B. 140.50m

C. 151.51m D. 76.21m

8. 道路平曲线中常用的两种曲线是（　　）。

A. 圆曲线和变曲线 B. 变曲线和缓和曲线

C. 抛物线和圆曲线 D. 圆曲线和缓和曲线

9. 道路平面曲线的曲线半径 R 根据（　　）选定。

A. 工程规模 B. 工程要求

C. 地形条件 D. 地形条件和工程要求

10. 圆曲线的详细测设方法有（　　）。

A. 偏角法和距离交会法 B. 偏角法和角度交会法

C. 偏角法和切线支距法 D. 切线支距法和角度交会法

项目9　新型测绘技术

项目导读

全站仪和全球导航卫星系统（Global Navigation Satellite System，GNSS）是进行点位测量的最常用技术，主要采用单点采集模式，精度较高，全站仪可以达到毫米级精度，GNSS可以达到厘米级精度。在开阔地带，卫星信号没有遮挡的区域，优先采用GNSS方法进行坐标和高程数据采集，或进行坐标位置放样。在林区、建筑密集地带，卫星信号遮挡严重的区域，可以采用全站仪进行坐标和高程数据采集，或进行坐标位置放样。遥感技术用于大面积的数据采集，如获取数字正射影像图和中小比例尺地形图要素更新等，其采集模式是面状，优势是效率高，成本低，精度可以达到分米级。航空摄影测量是遥感技术的一种，主要用于地形图测绘。无人机航测是21世纪初快速发展起来，并广泛应用于地形图测绘和三维场景重构的一种低空摄影测量，随着低空空域的逐步放开，其应用前景将更加广阔。本项目主要介绍全站仪、GNSS、遥感和无人机航测的应用技术。

项目重点

1. 全站仪坐标和高程测量的基本原理。
2. 全站仪的基本构造。
3. 全站仪的主要功能和使用方法
4. GNSS定位的基本原理。
5. GNSS接收机的基本构造。
6. GNSS RTK的测量方法。
7. 遥感的基本原理。
8. 遥感技术在测绘中的应用。
9. 摄影测量的基本知识和基本原理
10. 无人机与微型相机的基本构造。
11. 无人机航测的基本方法。

学习目标

本项目旨在使学生了解全站仪坐标测量、GNSS定位和遥感的基本原理，了解全站仪、GNSS接收机、无人机与微型相机的基本构造；能熟练操作全站仪、GNSS接收机进行坐标测量和放样，能进行遥感影像光谱融合和几何纠正数据处理，会使用无人机与微型相机进行航空摄影，会进行航摄数据的处理；培养学生用理论指导实践的能力，严谨、认真、精益求精的职业精神以及创新意识和创新能力。

9.1 全站仪的认识与使用

9.1.1 全站仪坐标和高程测量的原理

全站仪是一种配有水平度盘、竖直度盘、测距单元和计算单元的仪器，具有同时测量水平角、竖直角和距离的功能，通过运算可以获得目标点相对测站点的坐标增量和高差，进而获得目标点的坐标和高程。

1. 全站仪坐标测量的原理

如图 9-1 所示，O 为测站点，A 为定向点，O、A 点坐标已知，通过坐标反算可求得直线 OA 的方位角 α_{OA}［见式（9-1）］，将水平度盘中心安置到 O 点正上方（过 O 点铅垂线上），并整平水平度盘，配置水平度盘，让 OA 方向的水平度盘读数 a 等于 OA 的方位角 α_{OA}，则水平度盘 0°的方向就是测量坐标系 x 轴的方向，即坐标北方向。此时，B、C、D 点的水平度盘读数 b、c、d 也是直线 OB、OC、OD 的方位角。如果测得 OB、OC、OD 的水平距离 D_{OB}、D_{OC}、D_{OD}，则通过坐标正算可以求得 OB、OC、OD 的坐标增量［见式（9-2）］，进而求得 B、C、D 点的坐标［见式（9-3）］。由此可知，水平度盘对中、整平并定好向后，只要测得水平度盘中心到任意一点的水平距离，以及该方向在水平度盘上的读数，就可以求得该点的坐标，这就是全站仪坐标测量的原理。

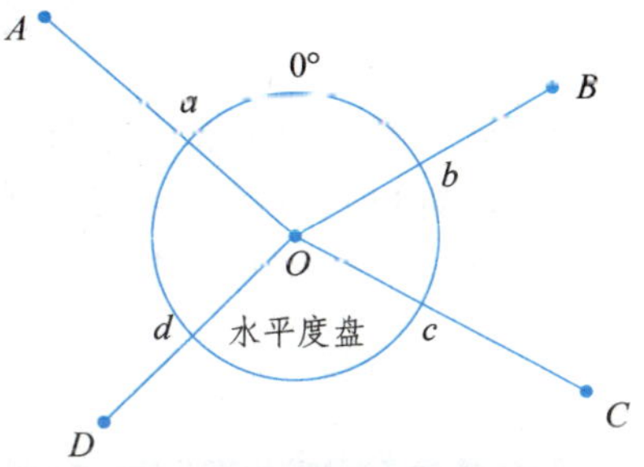

图 9-1　全站仪坐标测量原理

$$\alpha_{OA}=\begin{cases}\arctan\dfrac{\Delta Y_{OA}}{\Delta X_{OA}} & (\Delta Y_{OA}>0)\\ 90° & (\Delta X_{OA}=0\ 且\ \Delta Y_{OA}>0)\\ 270° & (\Delta X_{OA}=0\ 且\ \Delta Y_{OA}<0)\\ \arctan\dfrac{\Delta Y_{OA}}{\Delta X_{OA}}+180° & (\Delta X_{OA}<0)\\ \arctan\dfrac{\Delta Y_{OA}}{\Delta X_{OA}}+360 & (\Delta X>0,\Delta Y<0)\\ 0 & (\Delta X>0,\Delta Y=0)\end{cases} \quad (9-1)$$

说明：如果 α_{OA} 计算结果为负值，应加上 360°。

$$\left.\begin{aligned}\Delta X_{OB}&=D_{OB}\cos b\\ \Delta Y_{OB}&=D_{OB}\sin b\end{aligned}\right\} \tag{9-2}$$

$$\left.\begin{aligned}X_B&=X_O+\Delta X_{OB}\\ Y_B&=Y_O+\Delta Y_{OB}\end{aligned}\right\} \tag{9-3}$$

2. 全站仪高程测量的原理

如图 9-2 所示，O 为测站点，A 为目标点，仪器高为 i_0，目标高为 v_A，测得 OA 水平距离为 D，A 点竖直角为 θ，则 OA 高差 h_{OA} 可由式（9-4）求得：

$$h_{OA}=i_0+D\tan\theta-v_A \tag{9-4}$$

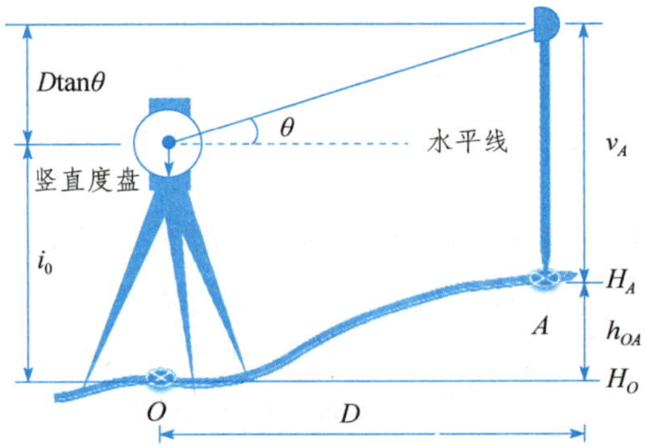

图 9-2　全站仪高程测量的原理

由上式可知，只要测得测站点到目标点的水平距离和竖直角，并量取测量时的仪器高和目标高，即可获得目标点相对测站点的高差，如果测站点高程 H_O 已知，则目标点的高程 H_A 可由式（9-5）求得，这就是全站仪高程测量的原理。

$$H_A=H_O+h_{OA} \tag{9-5}$$

9.1.2 全站仪的基本构造

全站仪是集成了经纬仪、测距仪、计算器和存储器等各项功能于一身的测量仪器，其主要部件是角度测量装置和距离测量装置，其性能主要取决于测角精度和测距精度。测角精度有 0.5″、1″、2″、6″等；测距精度分为免棱镜测距精度和有合作目标测距精度，免棱镜测距精度常见有（3+2ppm×D)mm，有合作目标测距精度常见有（2+2ppm×D)mm。根据制造商的不同，全站仪常见品牌有南方全站仪、华测全站仪、中海达全站仪、苏一光全站仪、Leica 全站仪和 Sokkia 全站仪等。图 9-3 所示是南方测绘 NTS-552R 全站仪的基本构造。

9.1.3 全站仪的主要功能和操作方法

全站仪的基本功能是角度测量和距离测量，由此形成的点测量和点放样是全站仪的主要功能。通过目标点的几何关系，利用全站仪的运算功能，可以实现比较复杂的测量功能，如偏心测量、对边测量、悬高测量和曲线放样等。为了确保全站仪在不同位置测量同

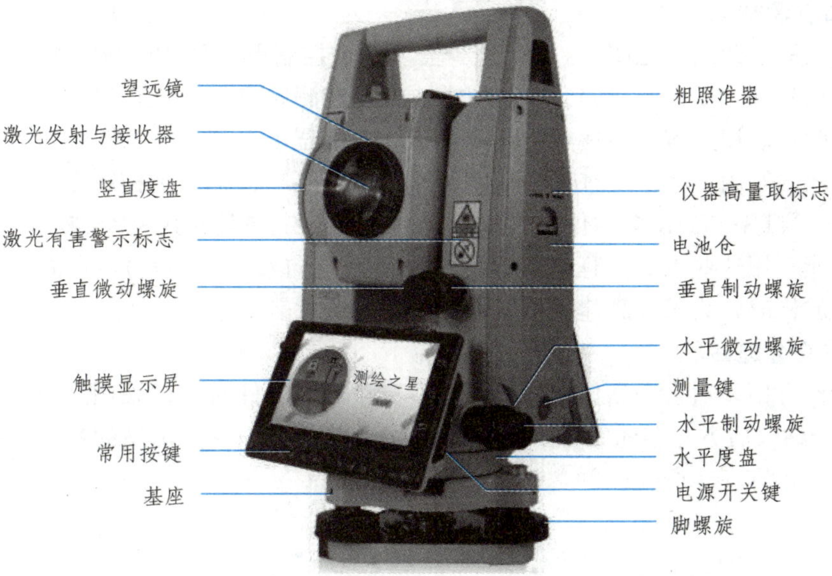

图 9-3　南方测绘 NTS-552R 全站仪的基本构造

一点的坐标相同，或在不同位置放样同一坐标的位置相同，点测量或点放样前需要对全站仪进行建站操作，有已知点建站和后方交会建站两种方法。施工测量时，经常会用到施工坐标系，NTS-552R 全站仪提供了点到直线建站功能，方便施工放样。

1. 角度和距离测量

图 9-4 所示是 NTS　552R 全站仪的测量界面，字母后面的数字是观测值，其含义如下：

V：垂直角度。

N：北坐标。

E：东坐标。

Z：高程。

HR/HL：水平右角或左角。

SD：斜距。

HD：平距。

VD：高差。

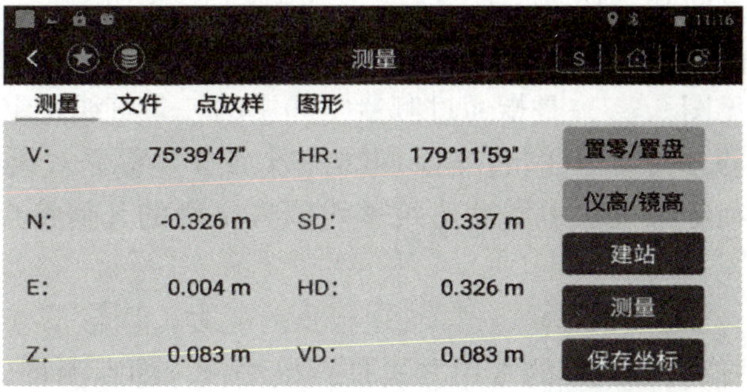

图 9-4　NTS-552R 全站仪的测量界面

2. 已知点建站

全站仪已知点建站（见图 9-5），至少需要两个控制点（测站点和后视点），或一个控制点（测站点）和一个已知方向。全站仪需要架设在测站点上，进行对中、整平。为了提高建站的精度，后视点应适当远点，让测量目标范围位于以测站点为圆心，测站点到后视点距离为半径的圆内。为了检查建站精度，通常还需要知道第三个控制点，也可以用后视点进行检查。NTS-552R 全站仪支持多点定向，多点定向是利用三个或三个以上已知点定向，同时能利用这些点的高程来确定测站高程（定向及传递高程），在需要进行较高精度的测量或放样时，为了提高建站精度使用的建站方法。

3. 后方交会建站

为了操作方便，适合全站仪架设的位置没有控制点，此时可以采用后方交会建站（见图 9-6）。全站仪后方交会建站至少需要两个控制点，为了提高建站的精度，控制点与全站仪构成的夹角宜在 30°～150°。

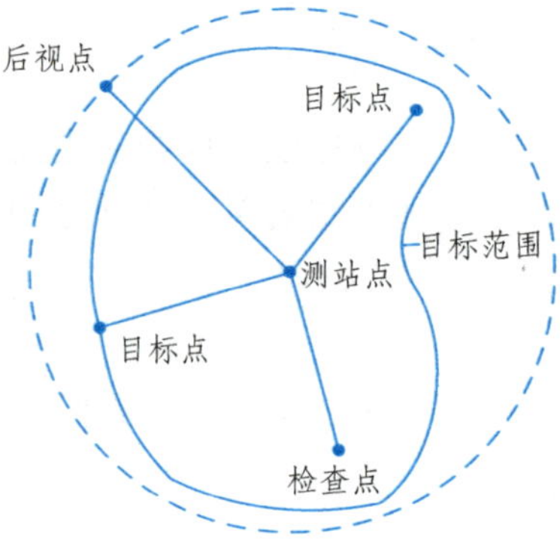

图 9-5　全站仪已知点建站

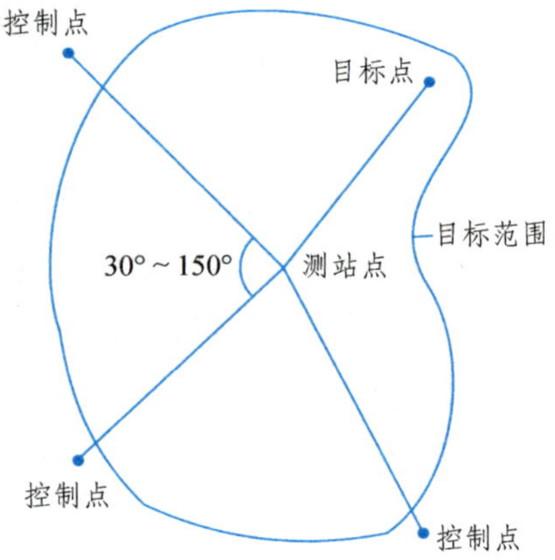

图 9-6　全站仪后方交会建站

后方交会分为角度后方交会和边角后方交会，优先选用边角后方交会。

角度后方交会：当测距精度受环境影响较大时，可以用角度后方交会法。此时需要使用三个或三个以上的已知点作为后视点，通过测量角度数据，计算出当前建站点的坐标、坐标北方向和高程。

边角后方交会：当测距精度较高、可用后视点较少时，可以用边角后方交会法。此时可使用两个或两个以上的已知点作为后视点，通过测量角度和距离的数据，计算出当前建站点的坐标、坐标北方向和高程。

4. 点到直线建站

点到直线建站（见图 9-7）是指通过测量空间中的一条直线，定义该直线的起点为坐标原点，起点到终点的方向为坐标北方向，建立一个独立坐标系，再通过建站点的几何关系完成建站。此方法在施工过程中借助建筑基线或方格网的几何特点建立一个小坐标系，方便施工放样。

5. 坐标采集

NTS-552R 全站仪坐标采集的常用方法是直接测量，即点测量。NTS-552R 全站仪点测量界面如图 9-8 所示。

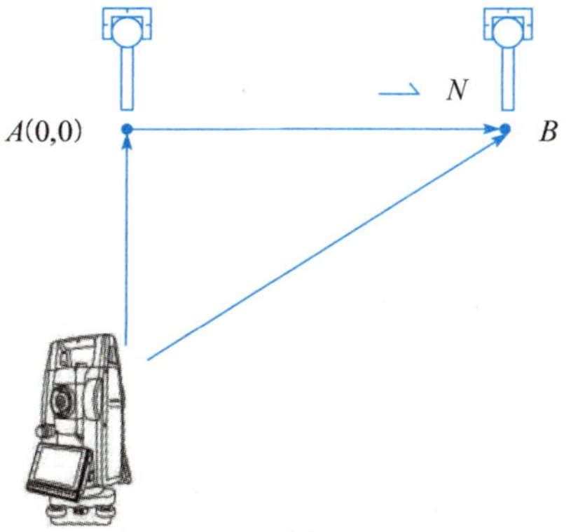

图 9－7　点到直线建站原理

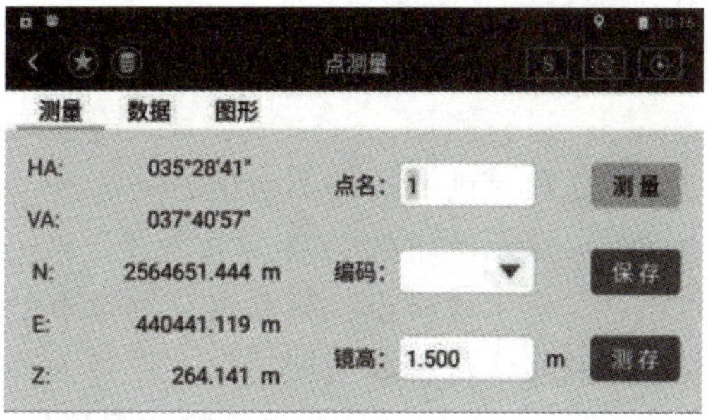

图 9－8　NTS－552R 全站仪点测量界面

HA：显示当前的水平角度值。

VA：显示当前的竖直角度值。

点名：输入测量点的点名，每次保存后点名自动递增。

编码：输入或调用测量点的编码。

镜高：显示当前的棱镜高度。

[测量]：开始进行测距。

[保存]：对上一次的测量结果进行保存。

[测存]：进行测距并将结果保存。

{数据}：显示实时的测量结果，可查看点名、坐标（N、E、Z）、编码、水平角度、竖直角度、水平距离（HD）、垂直距离（VD）和斜距（SD），检查无误后按“保存”键。

{图形}：显示当前坐标点的图形。

NTS－552R 全站仪还提供了距离偏心测量、平面偏心测量、圆柱中心点测量、悬高测量、对边测量、线和延长点测量、线和角点测量和导线测量等坐标间接采集方法，具体可以按照界面提示进行操作，或查阅使用说明书进行操作。

6. 坐标放样

NTS－552R 全站仪提供了点放样、CAD 放样、角度距离放样、方向线放样、直线放样和参考线放样多种坐标放样功能。

（1）点放样：点放样是最常用的功能，其界面如图 9－9 所示。

dHA：仪器当前水平角与放样点方位角的差值。

[＋]：调用、新建或输入一个放样点。

[上一点]：当前放样点的上一点，当是第一个点时将没有变化。

[下一点]：当前放样点的下一点，当是最后一个点时将没有变化。

远近：棱镜相对于仪器移近或者移远的距离。

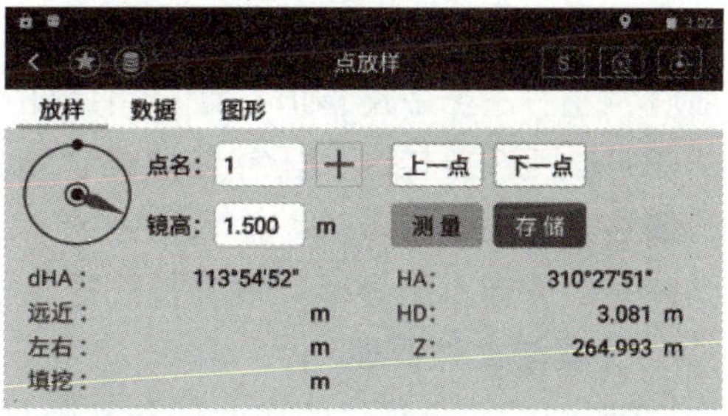

图 9－9　NTS－552R 全站仪点放样界面

左右：棱镜向左或者向右移动的距离。

填挖：棱镜向上或者向下移动的距离。

HA：放样的水平角度。

HD：放样的水平距离。

Z：放样点的高程。

[测量]：进行测量。

[存储]：存储前一次的测量值。

{数据}：显示测量的结果。

{图形}：显示放样点、测站点、测量点的图形关系。

点放样的操作流程如下：

1）在建站完成后，在主菜单按“放样”键，选择“点放样”进入对目标点的放样操作界面。

2）按“+”键选择调用或者新建一个待放样点。

3）转动仪器至“dHA”一行显示为 0°0′0″（通常调到 0″比较困难，不超过 5″即可），即说明放样的点在该视准线上。

4）将测距模式设置为免棱镜，坐标测量模式设置为跟踪，并打开激光指向，再按“测量”键，根据屏幕显示的“远近”数值，上下调整望远镜，当“远近”数值小于 5mm 时锁定望远镜，停止跟踪测量。

5）将测距模式设置为棱镜，坐标测量模式设置为精测单次，通过粗照准器和望远镜指挥放样定点人员将棱镜立到指向激光指示的位置，照准棱镜再进行测量（注意望远镜左右方向不要动），通过“远近”“左右”“填挖”（根据具体情况显示会有变化）显示数值不断调整棱镜，当三个数值都为 0 时即说明棱镜所在位置就是放样点位置。

6）在放样点位设立点位标志（通常在放样点位打木桩，再在木桩上钉小钉子做标志），并检查确认点位正确。

7）所有点位放样完成后，再次检查全站仪建站精度（要养成经常性检查建站精度的习惯）。如果建站有问题，需要查明原因重新放样；如果建站没有问题，放样结束。

（2）CAD 放样：NTS－552R 全站仪可以导入 dwg、dxf 等格式的 CAD 图纸，方便在仪器上通过软件提取图纸中的坐标信息直接进行放样。

（3）角度距离放样：通过输入待放样点与测站点的方位角、平距、高差进行放样。

（4）方向线放样：通过输入待放样点和一个已知点的方位角、平距、高差计算出坐标，再进行放样。

（5）直线放样：通过两个已知点确定一条直线，输入待放样点在这条直线上基于起点的前后、左右、上下偏移值，计算出放样点的坐标，再进行放样。

（6）参考线放样：在任意点设站，定义一条直线作为基线，然后对这条基线进行旋转、偏移获得一条参考线，输入待放样点在参考线上基于起点的前后、左右、上下偏移值，计算出放样点的坐标，再进行放样。

7. 工程与文件管理

NTS－552R 全站仪的作业任务和数据管理是基于工程进行的，可以对测量数据进行添加、删除、浏览、查看、清空、导入和导出操作。

9.2 全球导航卫星系统技术

9.2.1 GNSS 定位的基本原理

全球导航卫星系统是随着现代科学技术的发展而建立起来的新一代卫星无线电导航定位系统，泛指所有在轨工作并提供定位服务的导航卫星系统。目前投入使用的 GNSS 主要有中国的北斗卫星导航系统（BDS）、美国的全球定位系统（GPS）、俄罗斯的格洛纳斯导航卫星系统（GLONASS）和欧盟的伽利略导航卫星系统（Galileo）。

1. GNSS 的系统组成

GNSS 系统一般由三个部分组成，即空间部分、地面控制部分和用户部分，每个部分都在系统运行中发挥着巨大作用。

（1）空间部分。

即 GNSS 星座部分，持续向用户播发用于进行导航定位的卫星信号，并接收来自地面系统的各种信息和命令以维持其正常运转。

（2）地面控制部分。

地面控制部分由主控站、监测站和注入站组成。主控站是整个地面控制部分的技术中心与管理中心；监测站跟踪 GNSS 卫星，进行距离测量、气象元素测定等，将各种观测资料传递给主控站；注入站接收主控站的指令，及时将各类信号数据等信息上传给卫星。

（3）用户部分。

即 GNSS 设备终端，主要作用是接收、跟踪、变换和测量 GNSS 卫星信号，实时计算出自身的三维位置，甚至三维速度和时间，实现导航定位。

2. GNSS 卫星信号

GNSS 卫星信号主要由载波、导航电文和测距码组成。

（1）载波。

载波是一个特定频率的无线电波，是一种在频率、幅度或相位方面被调制以传输语言、音频、图像或其他信号的电磁波。导航电文和测距码属于低频信号，卫星轨道又较高，为了保证低频信号在传播过程中可以顺利穿过电离层，不被反射，需要将低频信号调制到高频振荡波上。这个可运载调制信号的高频振荡称为载波。

（2）导航电文。

导航电文又称为数据码（D 码），用于描述卫星的运行状态，包括星历、历书、卫星钟差、卫星健康状态和电离层延迟模型等参数。导航电文是 GNSS 卫星信号的重要组成部分，它提供了关于卫星位置、速度、时钟校正以及其他重要导航信息的数据。

（3）测距码。

测距码用于测量卫星到接收机之间的距离，是 GNSS 卫星信号中的另一个关键组成部分。测距码的精度对于确定接收机的位置至关重要。GNSS 卫星信号中的测距码可以是不同的类型，如 C/A 码和 P 码，其中 P 码具有更高的精度，通常用于精密导航和定位。

这些组成部分共同构成了 GNSS 卫星信号的基础，使得接收机能够准确地确定自身的位置和时间。

3. GNSS 绝对定位原理

GNSS 绝对定位（或单点定位）的基本原理如下：以 GNSS 卫星的瞬时位置为已知量，观测得到卫星至接收机之间的伪距，使用空间距离后方交会的方法，计算出接收机所处位置的待定坐标。如图 9－10 所示，要解算待定点 P 的三维坐标（X，Y，Z），理论上需要观测到三颗卫星到待定点的伪距 ρ_1、ρ_2、ρ_3，从而建立三个方程来解算待定点 P 的三维坐标。

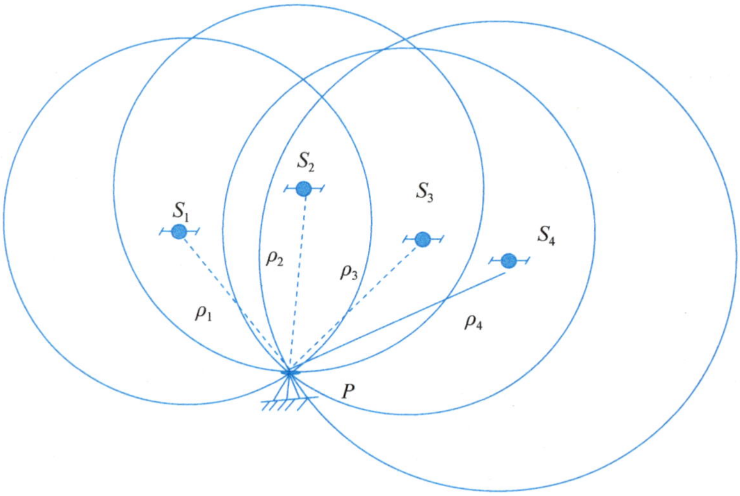

图 9－10　GNSS 绝对定位的基本原理

然而，卫星上安置的原子钟稳定度和精度很高，而接收机上安置的石英钟稳定度和精度一般，因此存在接收机钟差，这种钟差对伪距的测量影响很大，必须作为参数来解算。增加一个参数就需要增加一个方程，这就需要增加一个已知条件，实际观测中需要同时观测待定点与至少四颗卫星之间的距离，才能进行定位解算，求解出 P 点三个坐标分量（X，Y，Z）和钟差（t）。

4. GNSS RTK 差分定位技术原理

基于 GNSS 和数据通信技术相结合的载波相位实时动态（Real-Time Kinematic，RTK）差分定位技术（简称为 RTK 技术），能够在野外实时得到厘米级定位精度，是 GNSS 应用的重大里程碑，它的出现极大地提高了外业作业效率。

RTK 差分定位技术也称为相对定位技术，其应用两台接收机，一台为基准站，另一台为移动站，通过差分计算来消除公共误差，如大气、卫星轨道、时钟等误差。将一台 GNSS 接收机安置在基准站上进行观测，根据基准站已知精密坐标，计算出基准站到卫星的伪距改正数信号并由基准站实时将这一数据发送出去。用户接收机在进行卫星观测的同时，也接收到基准站发出的改正数信号，并对其定位结果进行改正，从而提高定位精度。RTK 精度可达到 1cm＋1ppm×D（D 为移动站到基准站的距离，单位为 km）。

RTK 技术在应用中遇到的最大问题就是参考站校正数据的有效作用距离。GNSS 误差的空间相关性随参考站和移动站距离的增加而逐渐失去线性，因此在较长距离（单频>10km，双频>30km）下，经过差分处理后的用户数据仍然具有很大的观测误差，导致定位精度的降低和无法解算载波相位的整周模糊。所以，为了保证得到满意的定位精度，传统的单基站 RTK 技术的作业距离都非常有限，通常要求控制测量不超过 5km，碎部测量不超过 10km。

在 20 世纪 90 年代中期，为了克服传统单基站 RTK 技术的缺陷，人们提出了网络 RTK 技术。在网络 RTK 技术中，线性衰减的单点 GNSS 误差模型被区域型的 GNSS 网络误差模型所取代，即用多个参考站组成的 GNSS 网络来估计一个地区的 GNSS 误差模型，并为网络覆盖地区的用户提供校正数据。用户收到的也不是某个实际参考站的观测数据，而是一个虚拟参考站的数据和距离自己位置较近的某个参考网格的校正数据。因此网络 RTK 技术又被称为虚拟参考站（Virtual Reference）技术。

利用多基站网络 RTK 技术建立的连续运行参考站（Continuously Operating Reference Stations，CORS）系统由基准站子系统、管理控制中心子系统、数据通信子系统、定位导航数据播发系统、用户子系统组成。

5. GNSS 高程测量原理

如图 9－11 所示，由于大地水准面在陆地上目前还难以精确确定，所以我国当前采用的高程是以似大地水准面为基准的正常高，似大地水准面不是正常意义的水准面，但可以通过公式确定，与大地水准面相近。GNSS 所测的高程基于椭球面的大地高（几何量），与通常所说的正高（物理量）和法定的正常高不同。大地高（H'）与正高（H''）的差距称为大地水准面差距（N）[见式（9－6）]；大地高（H'）与正常高（H）的差距称为高程异常（ξ）[见式（9－7）]。

$$H'=H''+N \tag{9-6}$$

$$H'=H+\xi \tag{9-7}$$

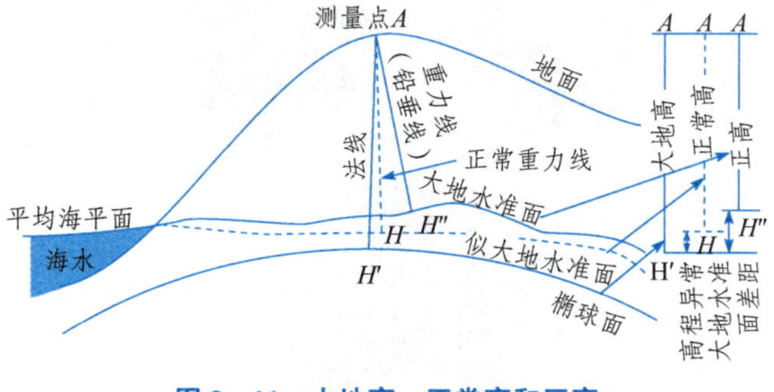

图 9－11　大地高、正常高和正高

如果知道了某点的高程异常值（ξ），通过 GNSS 测定大地高（H'），根据式（9－7）即可推求该点的正常高（H），这是 GNSS 高程测量的原理。目前，GNSS 高程测量可以代替四等水准测量。确定某一区域高程异常模型的工作称为似大地水准面精化。实际工作中，对于小范围区域可以利用现有离散分布（通常要求覆盖测区并均匀分布）的水准点，通过精确测定它们的大地高，拟合建立该区域的高程异常模型，进而实现 GNSS 直接测量水准高程的目的。

9.2.2 GNSS 接收机的基本构造

GNSS 测量系统由 GNSS 接收机（主机）、手簿和配件（对中杆、三脚架、测高片等）三大部分组成，如图 9-12 所示。

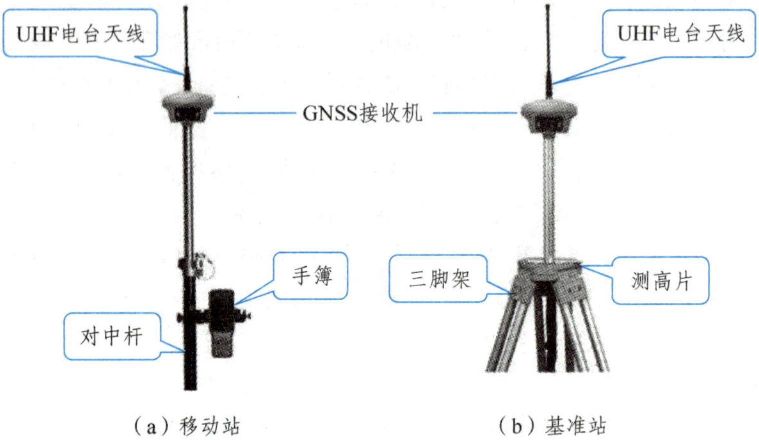

图 9-12　GNSS 测量系统

1. GNSS 接收机的外形

图 9-13 所示是南方测绘创享 GNSS 接收机，主机呈圆柱形，直径为 153mm，高为 131.5mm，机身主体材料为镁合金，人机交互采用触摸显示屏和双按键的组合设计，便于操作。机身底部具备常用的接口，方便使用。

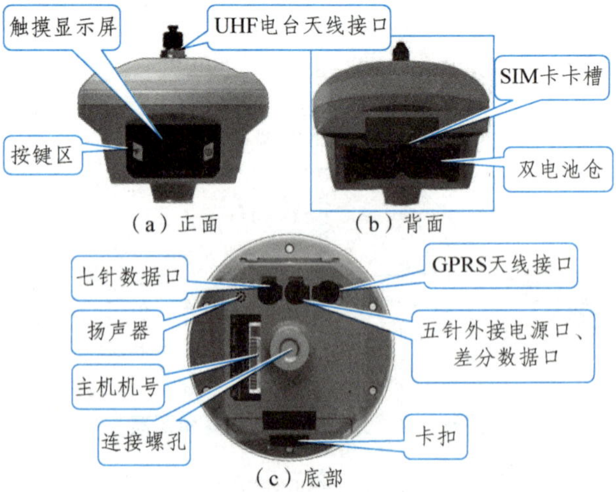

图 9-13　南方测绘创享 GNSS 接收机

2. GNSS 接收机的天线

GNSS 接收机共有三种天线：GNSS 信号接收天线、UHF 电台天线、GPRS 天线。

（1）GNSS信号接收天线。

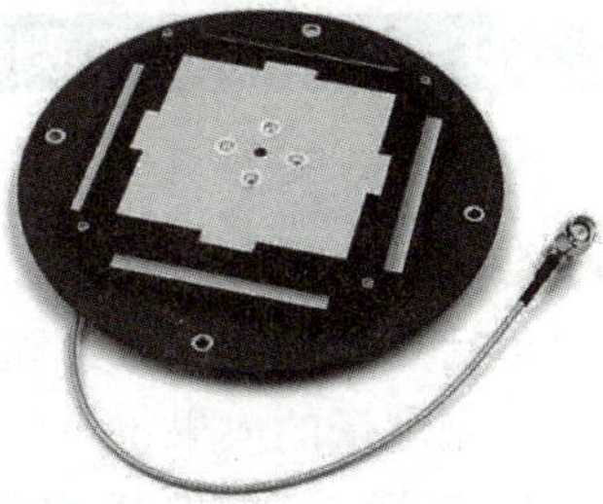

图9-14　GNSS信号接收天线

GNSS信号接收天线（见图9-14）位于接收机内部，不打开外壳是看不到的。定位点位于天线中心，安装出现偏差，就会产生偏心差。除了GNSS信号接收天线，其他天线都与接收卫星信号无关。

（2）UHF电台天线。

UHF电台天线（见图9-15）是为移动站和基准站之间通过无线电通信交换数据设计的。要采用无线电通信，移动站和基准站都必须安装UHF电台天线，且通道一致才能相互通信，接口位于接收机顶部。为了扩大传输距离，基准站通常还需要架设外置天线（见图9-16）。由于目前基准站和移动站之间多采用物联网（移动网络）通信，电台已很少使用。若不采用电台通信，作业时基准站和移动站就不需要安装UHF电台天线。

图9-15　UHF电台天线

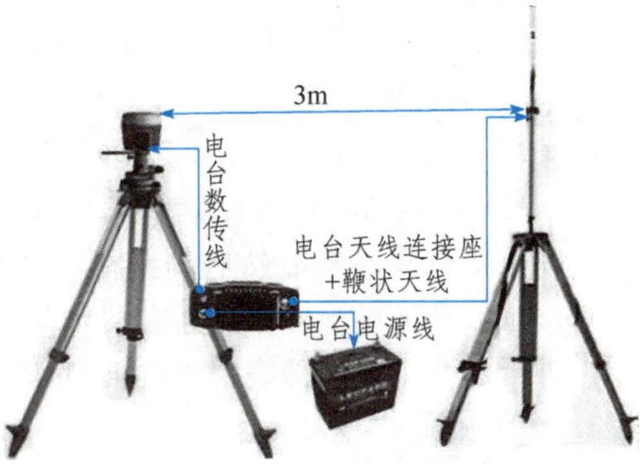

图9-16　GNSS电台外置天线

（3）GPRS天线。

GNSS接收机设计有SIM卡卡槽，用于接收移动信号，实现移动站与基准站之间的通信，使用SIM卡通信就需要安装GPRS天线（见图9-17），接口位于接收机底部。此外，移动站可以在手簿上安装SIM卡或连接WiFi以实现与基准站之间的通信，这样就不需要安装GPRS天线了。

3. 手簿

手簿与GNSS接收机连接之后，就可以通过手簿轻松操控主机进行各项配置，用于完成作业任务。图9-18所示是南方测绘的H6手簿，字母数字功能键为物理键盘，配备有5.0寸液晶触摸屏，操作系统为Android。

图9-17　GPRS天线

图9-18　南方测绘H6手簿

9.2.3 GNSS RTK 测量方法

采用 GNSS RTK 测量，首先要完成各项配置，包括手簿与 GNSS 接收机的连接、基准站与移动站设置、新建任务工程、坐标转换和高程拟合参数设置等。GNSS RTK 测量主要包括点测量、点放样和控制测量。点放样的成果可以直接导入手簿，方便作业，点测量和控制测量的成果也可以直接导出供进一步处理和使用。

1. 手簿与 GNSS 接收机的连接

手簿和 GNSS 接收机之间可以采用蓝牙触碰连接，或使用蓝牙管理器连接。

(1) 蓝牙触碰连接。

南方测绘 GNSS 接收机支持 NFC 蓝牙配对功能。将 H6 手簿背面（NFC 读取模块位于手簿背面）贴近 GNSS 接收机，手簿将自动完成蓝牙配对工作。

(2) 蓝牙管理器连接。

在手簿上打开工程之星软件，通过蓝牙管理器搜索并连接需要的 GNSS 接收机。

2. 基准站设置

如果没有可用的 CORS 网，需要架设基准站，可以架设在已知点上，也可以架设在未知点上。GNSS 接收机需要设置成基准站模式。如果基准站架设在已知点上，可以直接输入该已知点坐标作为基准站启动坐标；如果基准站架设在未知点上，可以通过“获取定位”直接读取基准站坐标作为基准站启动坐标。基准站的数据链有内置电台、接收机移动网络、外置电台、手机网络、接收机 WiFi 网络及星链模式等供选择使用。

3. 移动站设置

移动站架设好后需要对移动站进行设置，建立与基准站的数据交换链路，才能达到固定解状态。数据链可供选择的模式包括内置电台、接收机移动网络、外置电台、手机网络、接收机 WiFi 网络及星链模式。

选择接收机移动站网络数据链后，可直接进入数据链设置界面，进行相应的数据链参数设置。选择配置→仪器设置→移动站设置，可进行移动站设置。

(1) 内置电台模式 [见图 9-19 (a)]。

通道设置：与基站通道一致。

功率挡位：有高挡和低挡两种功率。

空中波特率：有 9 600 和 19 200 两种，通常使用 9 600。

协议：SOUTH，注意基站与移动站协议要一致。

设置完毕，等待移动站达到固定解，即可在手簿上看到高精度的坐标。

(a) 内置电台模式　(b) 接收机移动网络模式

图 9-19 移动站设置

(2) 接收机移动网络模式 [见图 9-19 (b)]。

选择服务器：net、net1、net2 为公司域名服务器，120.253.226.97 为移动高精度位置服务 IP，sdk. pnt. 10086. cn 为移动高精度位置服务域名。

模式：NTRIP（移动站模式）、EAGLE（网络/电台 1+1 模式）、TCPIP（网络连接模式）。对于 NTRIP 模式，如果有密码限制，一组账号和密码只能供任意的一台设备来使用，不能同时使用于两台或两台以上的 GNSS 接收机。如果采用专网专卡或者 CDMA 连接方式，APN 要根据实际情况进行设置。

接入点选择：可以手动输入接入点，也可以自动刷新接入点。获取到所有接入点以后，选择需要使用的接入点，点击“确定”，再点击“连接”，显示“登录成功”则说明连网成功。

连接成功以后，可以在主界面状态栏看到解状态以及主机搜星情况，当解状态为固定解时，即可开展测量工作。

4. 新建任务工程

工程之星是以工程文件的形式对测量任务进行管理，所有的软件操作都是在某个已定义的工程下完成的。每次进入工程之星软件，软件会自动加载最后一次使用工程之星时的工程文件。一般情况下，每次开始一个地区的测量施工前，都要新建一个与当前工程测量所匹配的工程文件。

新建工程后，需要设置坐标系统。我国目前采用的大地基准是 CGCS2000（2000 国家大地坐标系），对于大比例尺地形图测绘和工程测量来说，投影通常都采用高斯投影，中央子午线根据具体位置或当地坐标系的定义来设定，工程之星可以自动获取当前位置所在的 3 度带的中央子午线。如果基准站架设在已知点或接入 CORS 网，四参数、高程拟合参数等具体参数已知，可以在此直接输入。这些参数可以设置成保密格式文件并直接引入。实际作业通常都会利用已知的控制点来求取坐标转换和高程拟合参数。

5. 坐标转换和高程拟合参数求解

根据已知控制点求解坐标转换和高程拟合参数，要求控制点覆盖测区范围，并均匀分布。对于小范围（5km 以内）测区也可以采用单点校正。在进行四参数的计算时，至少需要两个控制点的两套不同坐标系坐标参与计算才能最低限度地满足控制要求。高程拟合时，如果使用三个点的高程进行计算，高程拟合参数类型为加权平均；如果使用四到六个点的高程，高程拟合参数类型为平面拟合；如果使用七个以上点的高程，高程拟合参数类型为曲面拟合。

在工程之星主界面，选择“输入”→“求转换参数”，根据提示依次添加所有的控制点并进行平滑测量，经计算后会显示转换误差，如果没有问题可直接应用。

6. 点测量

在工程之星主界面，选择“测量”→“点测量”，弹出“点测量”界面，如图 9－20（a）所示。在“点测量”界面下面有四个显示按钮，这些按钮的显示顺序和显示内容是可以根据需要来设置的，如图 9－20（b）所示。“点测量”界面下面的命令按钮功能如下：

保存：保存当前测量点坐标，如图 9－20（c）所示，可以输入点名。继续存点时，点名将自动累加。按手簿数字键“1”或点击“采集”，同样可以弹出坐标保存界面。点击“确定”或按回车键后，坐标将被保存。

偏移：输入偏距、高差和正北方位角，点击“确定”，保存的是偏移后的坐标。

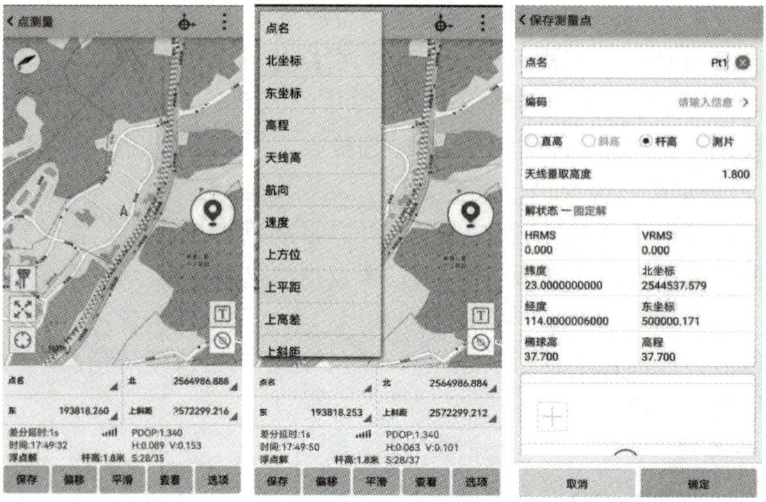

（a）“点测量”界面　（b）设置显示按钮　（c）保存测量点

图 9－20　点测量

平滑：点击“平滑”，选择平滑次数，点击“确定”，则该点的坐标是连续采集指定次数的坐标平均值。

查看：查看当前工程“坐标管理库”的点坐标，功能与“输入”里面的“坐标管理库”功能一样。

选项：点击“选项”，“一般存储模式”里面有个“快速存储”，可以即采即存；“常规存储”可以输入点名、编码和天线量取高度等信息。

7. 点放样

在工程之星主界面，选择“测量”→“点放样”，弹出“点放样”界面，如图 9－21（a）所示。点击“目标”，选择需要放样的点，也可点击右上角三个黑点图标，直接放样坐标管理库里的点。

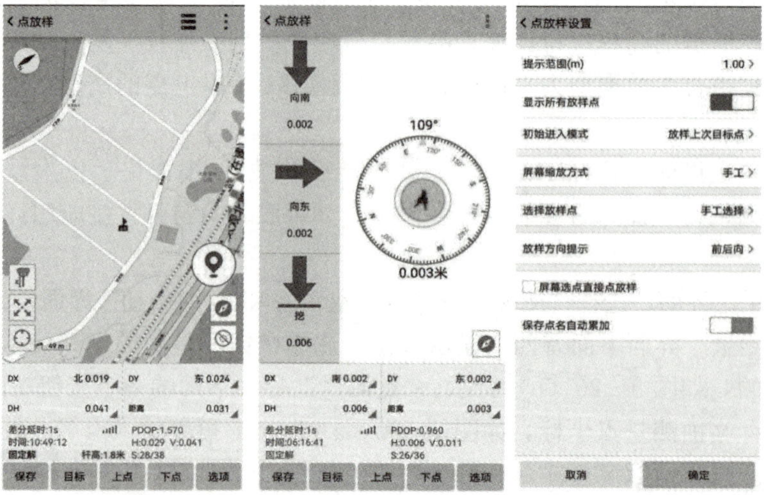

（a）“点放样”界面　（b）电子罗盘引导模式　（c）点放样设置

图 9－21　点放样

点击“点放样”界面右下角指南针图标，放样模式可切换为电子罗盘引导模式，如图9-21（b）所示。对于方向指示形式的设置，可在“点放样设置”内的“放样方向提示”中选择“前后向”或者“南北向”（此处选择“前后向”），如图9-21（c）所示。

点击“选项”，选择“提示范围”，选择1m，则当当前点移动到离目标点1m范围内时，系统会进行语音提示。在“点样”界面上，三方向也会提示往放样点移动多少距离。点击“上点”或“下点”可以快速选择点库中的其他点进行放样。

8. 控制测量

GNSS RTK测量可应用于一、二级导线和图根导线及图根高程测量。单基站RTK测量的作业半径不宜超过5km，CORS网RTK测量应在有效的覆盖范围内。为了提高精度，移动站宜用三脚架架设，天线高需从测点量测到测高片上沿，输入时选择测高片。

9. 文件导入和导出

测量完成后，可以把测量成果以不同的格式输出，如南方测绘的CASS交换格式。同时也可以导入控制点和待放样点的坐标成果，方便作业。

9.3 遥感技术在测绘中的应用

9.3.1 遥感的基本原理

1. 基本原理

人类通过大量实践，发现地球上每一物质都具有固有的性质，都会吸收、反射、透射及辐射电磁波，且不同物质对同一电磁波或同一物质对不同电磁波的吸收、反射、透射及辐射强度存在较明显的差异。物体的这种对电磁波固有的吸收、反射、透射及辐射的特性叫作光谱特征（Spectral Characteristics）。人们日常生活中所见的光，是由多种颜色构成的复色光，通过棱镜等分光后显现的是单色光。这些单色光按不同波长（或频率）依次排列形成的图案，就是光谱。地球上不同的元素及其化合物，由于物质组成和结构等不同，都有不同的光谱特征。这些独特的光谱特性，类似于人类指纹的功能，是遥感科学中用以识别和分析不同物体特征的一种重要的“身份证”。

任何物体都具有光谱特性，具体地说，它们都具有不同的吸收、反射、辐射光谱的性能。在同一光谱区各种物体反映的情况不同，同一物体对不同光谱的反映也有明显差别。即使是同一物体，在不同的时间和地点，由于太阳光照射角度不同，它们反射和吸收的光谱也各不相同。遥感技术就是根据这些原理，对物体进行识别与分析的。

2. 电磁波谱特征

电磁波是遥感技术的重要物理理论基础。自然界的任何物体本身都具有吸收、反射以及辐射电磁波的能力。把电磁波在真空中的波长或频率按递增或递减顺序排列，就构成了电磁波谱（见图9-22）。一般根据电磁波波长与频率的不同可以划分为γ（伽马）射线、X射线、紫外线、可见光、红外线、无线电波、短波、长波等类型。

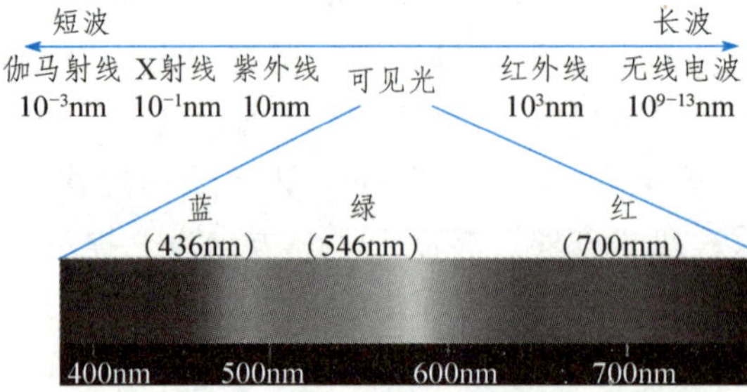

图 9-22　电磁波谱

遥感技术中常用的电磁波谱的主要特性如下：

(1) 紫外线。

紫外线是电磁波谱中波长范围为 0.01～0.38μm 辐射的总称，主要源于太阳辐射。由于大气层对紫外线的强烈吸收与散射作用，紫外遥感通常在 2 000m 高度以下的范围进行。大多数地物在该波段的反射较小，目前主要应用于测定碳酸盐的分布以及对油污的检测。

(2) 可见光。

可见光波长范围为 0.38～0.76μm，主要源于太阳辐射。尽管大气对其有一定的吸收与散射作用，它依然是遥感成像中使用的主要波段之一。大多数地物具有良好的亮度反差特性，不同地物的图像易于区分。为进一步探测地物间的细微差别，可将此波段细分为红、绿、蓝波段，以及仅有纳米波长差的百余个不同波段，分别对地物进行探测，这种分波段成像的方法一般称为多光谱遥感。利用可见光成像有摄影和扫描两种方式，其探测能力得到了极大提高。

(3) 红外线。

红外线根据其性质可分为近红外、中红外、远红外和超远红外。近红外主要源于太阳辐射，中红外主要源于太阳辐射及地物辐射，远红外和超远红外主要源于地物辐射。红外波段较宽，在此波段地物间不同的反射特性和发射特性可以得到较好的表现，因此该波段在遥感成像中有着重要作用。在整个红外波段中进行的遥感统称为红外遥感，按红外线内部波段的详细划分可分为近红外遥感和热红外遥感。中红外、远红外和超远红外三者是产生热感的主要原因，因此又称为热红外。热红外遥感最大的特点就是具有昼夜工作的能力。由于摄影胶片感光范围的限制，除了近红外波段可用于摄影成像，其他波段不能用于摄影成像，但整个红外波段都可用于扫描成像。

9.3.2 遥感的分辨率

遥感是获取空间地理信息的重要手段，不同的遥感平台和传感器获取的信息是不同的，主要体现在空间分辨率、光谱分辨率和时间分辨率的不同。

1. 空间分辨率

空间分辨率是指遥感传感器区分地面最小物体的能力，通常以像素的大小来衡量。这个分辨率直接影响到遥感图像上能够显示的地表细节的丰富程度。例如，我国发射的高分辨率多模综合成像卫星，是一颗最高分辨率为 0.5m 的敏捷智能遥感卫星，全色谱段空间分辨率为 0.5m，多光谱谱段空间分辨率为 2m。

空间分辨率与多个因素有关，包括传感器的轨道高度、相机的口径大小等。一般来说，离观测对象越近，空间分辨率就越高。在实际应用中，空间分辨率的选择取决于具体的研究或应用领域。例如，进行土地覆盖分类时，较高的空间分辨率可以提高分类的精度，但过高的空间分辨率也可能导致类别内部的光谱可变性增大，从而影响分类效果。

2. 光谱分辨率

光谱分辨率是指传感器或光谱仪器在接收目标辐射的光谱时，能分辨的最小波长间隔，有时也被称为波段宽度（Band Width）。它是遥感器的性能指标，反映了遥感器在波长方向上的记录宽度。

光谱分辨率越高，意味着仪器能够区分两个相邻波长的能力越强，从而能够更精确地分析样品的成分和结构。因此，光谱分辨率在天文学、大气监测、环境监测、化学分析、医学诊断和生物成像等领域都有广泛的应用。

在遥感成像系统中，光谱分辨率和空间分辨率常常是不可兼得的，因为高光谱成像系统的光谱带宽很窄，必须用较大的瞬时视场才能收集足够多的光量子。不过，细分光谱可以提高自动区分和识别目标性质和组成成分的能力，因此，光谱分辨率越高，遥感影像区分不同地物的能力越强。

3. 时间分辨率

对同一目标进行重复探测时，相邻两次探测的时间间隔，称为遥感图像的时间分辨率。它能提供地物动态变化的信息，可用来对地物的变化进行监测，也可以为某些专题要素的精确分类提供附加信息。时间分辨率包括两种情况：一种是传感器本身设计的时间分辨率，受卫星运行规律影响，不能改变；另一种是根据应用要求，人为设计的时间分辨率，它通常小于或等于卫星传感器本身的时间分辨率。

时间分辨率在遥感中意义重大。利用时间分辨率可以进行动态监测和预报，例如可以进行植被动态监测、土地利用动态监测等；还可以通过预测发现地物运动规律，总结出模型或公式为实践服务。通过时间分辨率可以进行自然历史变迁和动力学分析，例如可以观察到河口三角洲、城市变迁的趋势，并进一步研究这些变化的原因以及其背后动力学机制等。利用时间分辨率可以提高成像率和解像率，对历次获取的数据资料进行叠加分析，从而提高地物识别精度。

9.3.3 遥感技术在测绘中的应用

遥感技术在测绘中的应用主要有遥感图像融合、制作数字正射影像图、制作数字高程模型、遥感影像解译和遥感影像分类等。

1. 遥感图像融合

遥感图像融合是指将空间、时间、波谱上冗余或互补的多源遥感数据按照一定的规则（或算法）进行运算处理，获得比任何单一数据更精确、更丰富的信息，生成具有新的空间、波谱和时间特征的合成图像数据。通过融合遥感图像，既可以提高多光谱图像空间分辨率，又保留其多光谱特性。可以利用多光谱的影像合成彩色影像（光谱增强），也可以将高分辨率的全色影像和低分辨率的多光谱影像融合，生成高分辨率的彩色影像（空间增强）。

2. 制作数字正射影像图

卫星影像数据产品通常分为五级：

0 级产品：原始影像产品，直接从卫星上接收的分景影像产品，未作任何校正。

1 级产品：辐射校正产品，经辐射校正和 RPC 参数校正。

2 级产品：系统几何校正产品，经辐射校正后的系统几何校正产品。

3 级产品：几何精校正产品，在 2 级产品基础上用地面控制点进行的几何精校正产品。

4 级产品：正射影像产品，在 3 级产品基础上进行地形校正的产品。

5 级产品：融合镶嵌影像产品，在 4 级产品基础上进行融合镶嵌拼接的产品。

数字正射影像图（Digital Orthophoto Map，DOM）是对航空摄影或遥感影像进行辐射、几何和投影差纠正，再镶嵌拼接成一个整体，按一定图幅范围裁剪生成的数字影像集。它同时具有地图几何精度和影像特征。数字正射影像图属于 4 级产品，通常对外发布的遥感影像是 2 级产品。

要制作数字正射影像图，还需要进行几何精校正和地形起伏校正。几何校正需要使用地面控制点，地形起伏引起的投影差校正需要使用影像覆盖区域的 DEM 成果。遥感影像经几何校正后，可以生成一个与影像同名的通用坐标文件，如“*.tif”影像的坐标文件为“*.tfw”，“*.jpg”影像的坐标文件为“*.jgw”。

3. 制作数字高程模型

对于雷达遥感卫星，获取的数据就是地表的三维场景，如我国的 L 波段差分干涉 SAR（简称为 L-SAR）卫星。具有立体测图功能的遥感卫星，可以获取更加精细的数字三维表面模型，如我国的资源三号卫星，采用该卫星 2014 年 1 月至 2017 年 10 月的影像数据加工制作的资源三号卫星数字表面模型库，是目前国内分辨率最高、覆盖最全、时相最新的地表模型产品。

数字表面模型（Digital Surface Model，DSM）是表达地球表面及其上物体表面（如树冠、屋顶等）高低起伏形态的数据集，是地表及自然、人工地物空间信息的统一体，是反映地表信息的重要手段之一。一个标准且高精度的地形数据，是地表资源利用的重要科学依据。

数字高程模型（Digital Elevation Model，DEM）是用一组有序数值阵列形式表示地面高程的数据集，通过有限的地形高程数据实现对地面地形的数字化模拟。数字高程模型与数字表面模型的不同在于数字高程模型模拟的是地面起伏，不包括树冠和屋顶等地物表面，它是数字地形模型（Digital Terrain Model，DTM）的一个分支。

4. 遥感影像解译

遥感影像解译是指提取遥感影像中有用的信息，如道路、房屋、植被、水系等，实现栅格遥感影像纹理特征、光谱信息到矢量地形图要素地物类别、地物属性的转化，为地形图测绘或更新快速获取基础数据。传统的解译方式是目视解译，根据形状、大小、阴影、色调、颜色、纹理、图案、位置和布局判读地物，并手工采集地物的轮廓特征。随着计算机人工视觉技术发展，尤其是人工智能和深度学习技术的发展，计算机自动解译已被广泛应用在道路、房屋、植被、水系提取等方面。

5. 遥感影像分类

遥感图像的分类是指对遥感图像上关于地球表面及其环境的信息进行识别后分类，来识别图像信息中所对应的实际地物，从而进一步达到提取所需地物信息的目的。遥感图像传统分类方法是目前应用较多且发展较为成熟的分类方法。从分类前是否需要获得训练样区类别这一角度进行划分，可将遥感影像分类分为两大类，即监督分类和非监督分类。

监督分类又称为训练场地法，是以建立统计识别函数为理论基础，依据典型样本训练方法进行分类的技术。即根据已知训练样区提供的样本，通过选择合适的特征参数，求出特征参数作为决策规则，建立判别函数以对各分类影像进行的图像分类，是一种模式识别方法，要求训练样区具有典型性和代表性。若判别准则满足分类精度要求，则此准则成立；反之，需重新建立分类的决策规则，直至满足分类精度要求。常用算法有最大似然比分类、最小距离分类、支持向量机和随机森林等。

非监督分类是以不同影像地物在特征空间中类别特征的差别为依据的一种无先验（已知）类别标准的图像分类方法，是以集群为理论基础，通过计算机对图像进行聚类统计分析的方法。该方法根据待分类样本特征参数的统计特征，建立决策规则来进行分类。而不需事先知道地物类别特征。把各样本的空间分布按其相似性分割或合并成一群集，每一群集所代表的地物类别，需经实地调查或与已知类型的地物加以比较才能确定。常见算法有迭代自组织分类、K-均值聚类分类和 ISODATA 算法等。

9.4 无人机航测技术

9.4.1 摄影测量

1. 摄影测量的概念

摄影测量是利用光学或数码摄影机摄影得到的影像，以量测和解译像片为基础，研究和确定被摄物体的形状、大小、位置、性质和相互关系的一门科学和技术。其内容涉及被摄物体的影像获取方法、影像信息的记录和存储方法、基于单张或多张像片的信息提取方法、数据的处理与传输、产品的表达与应用等方面的理论、设备和技术。

2. 摄影测量的基本参数

（1）航摄像片倾角。

在摄影期间，摄影机轴发生了倾斜，摄影机轴与铅直方向的夹角称为航摄像片倾角（见图 9-23）。当 $\alpha=0$ 时为垂直摄影，是最理想的情形。但飞机受气流影响，不能完全置平，一般要求倾角不大于 2°，最大不超过 3°。对于倾斜摄影，倾斜相机所拍像片的倾角通常为 45°。

（2）航摄比例尺。

航摄比例尺是航摄像片上的线段长度 l 与相应实地水平距离 L 之比（见图 9-24）。由于像片倾斜和地面起伏的影响，一张航空像片上各部分的比例尺并不一致，通常只表示概略比值。在近似垂直摄影的情况下，航摄比例尺是航摄仪主距与相对航高之比，通常用分子为一的分数来表示。

$$\frac{1}{m}=\frac{l}{L}\approx\frac{f}{H} \tag{9-8}$$

式中，f 为摄影机主距；H 为相对于平均高程面的航摄高度，称为航高。

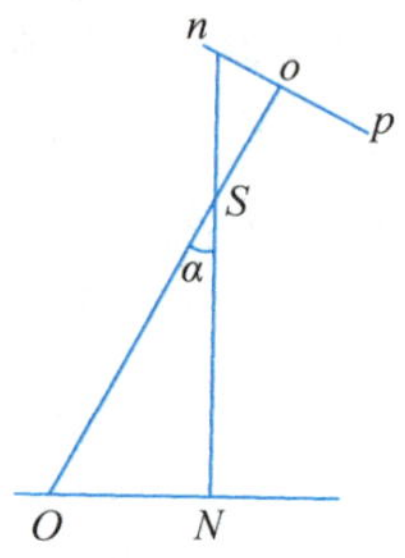

图 9-23　像片倾角

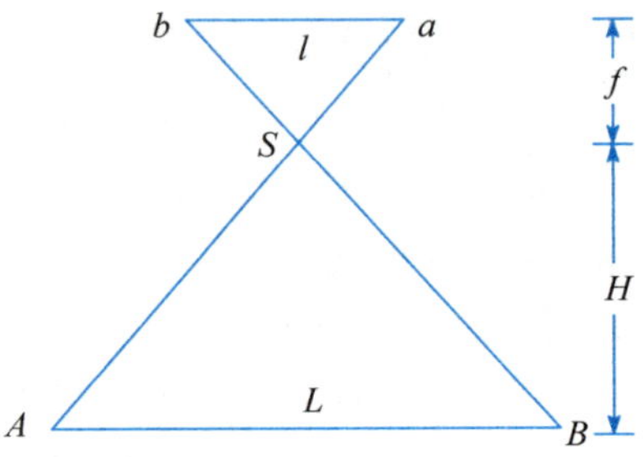

图 9-24　航摄比例尺

航摄比例尺越大，像片地面分辨率越高，有利于影像的解译，提高成图的精度。但航摄比例尺过大，则会增加航摄费用，增大后续处理的工作量，所以航摄比例尺要合理选择确定。由式（9-8）知，摄影机主距 f 和航摄比例尺（分母 m）确定后，航高就基本确定。

（3）像片重叠度。

像片重叠度是指飞机沿航线飞行摄影时，相邻像片之间或相邻航线之间所保持的影像重叠程度（见图 9-25）。前者称为航向重叠度，后者称为旁向重叠度。像片重叠度通常以像片重叠部分的长度与像幅长度之比的百分数表示。为满足航测成图的要求，通常规定：航向重叠度为 60%，最小不得小于 53%；旁向重叠度为 30%，最小不得小于 15%；当地形起伏较大时，还需要增加因地形影响的重叠百分数。

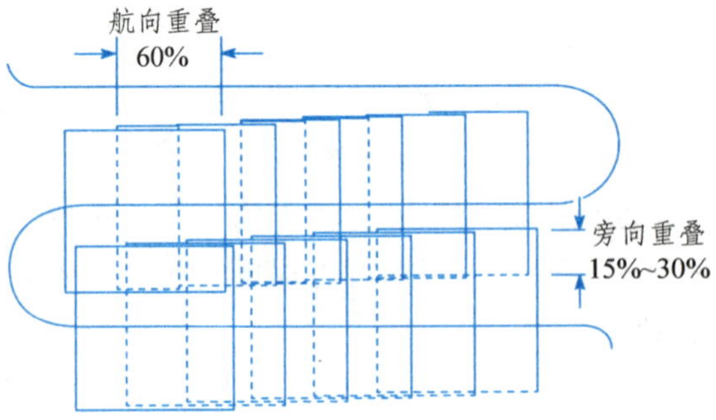

图 9-25　像片重叠度

（4）航线弯曲度。

航线弯曲是指由于气流影响导致摄影航线形成一条弯度不大的曲线（见图 9-26）。航线弯曲度是指一条航线上，实际航迹与航线首末端像主点连线的偏离程度，通常以最大弯

曲的矢距 δ 与航线长度 L 之比来表示。一般要求航线弯曲度不大于 3%。航线弯曲度过大，影响旁向重叠。如果出现摄影空洞，需要进行补摄。

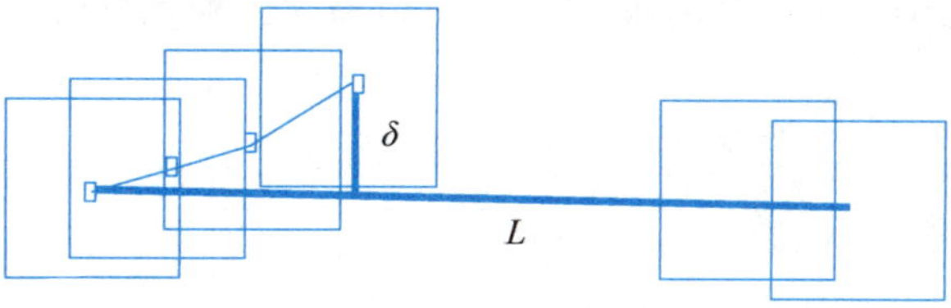

图 9-26 航线弯曲

（5）像片旋角。

相邻像片的主点连线与像幅沿航线方向的两框标连线间的夹角称为像片旋角（见图 9-27），用 K 表示。像片旋角是由于空中摄影时，摄影机定向不准产生的。若摄影机定向准确，所摄的像片镶嵌以后会排列整齐。像片旋角会使重叠度受到影响，一般要求 K 不超过 6°，最大不超过 8°。

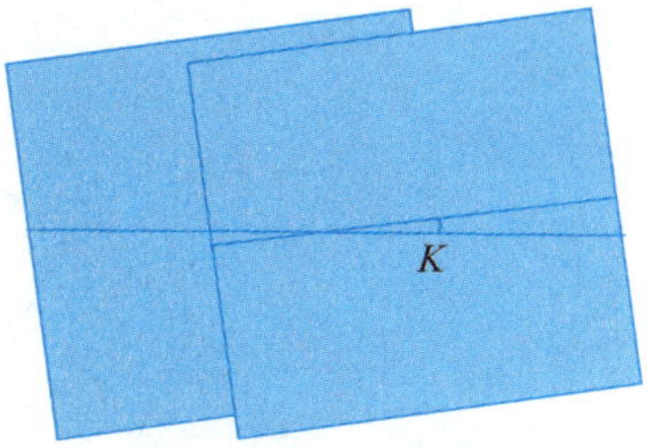

图 9-27 像片旋角

（6）内方位元素。

内方位元素是描述摄影中心与像片之间相关位置的参数，包括摄影中心到像片的垂距（主距）f 及像片主点在框标坐标系中的坐标（x_0，y_0），如图 9-28 所示。

（7）外方位元素。

外方位元素是描述相机在摄影瞬间的空间位置和姿态的参数，包括摄影中心在地面坐标系中的坐标（X_S，Y_S，Z_S），以及描述摄影光束空间姿态的三个角元素（ω，φ，κ），如图 9-29 所示（像片进行了反转）。外方位元素确定了整个投影光线束在空间的位置和姿态，对于从像片恢复场景中的物体位置有着直接的影响。

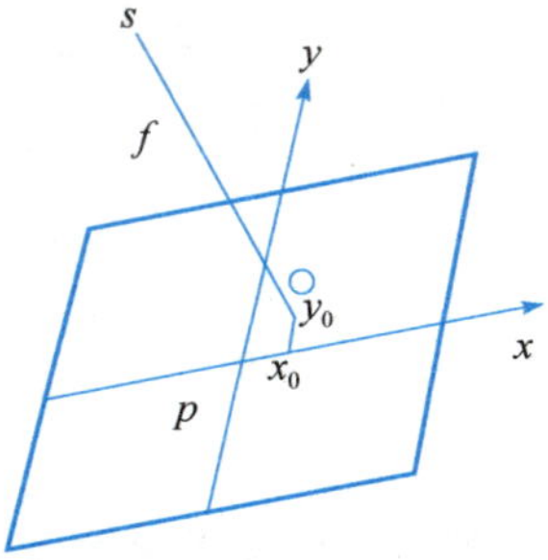

图 9-28 内方位元素

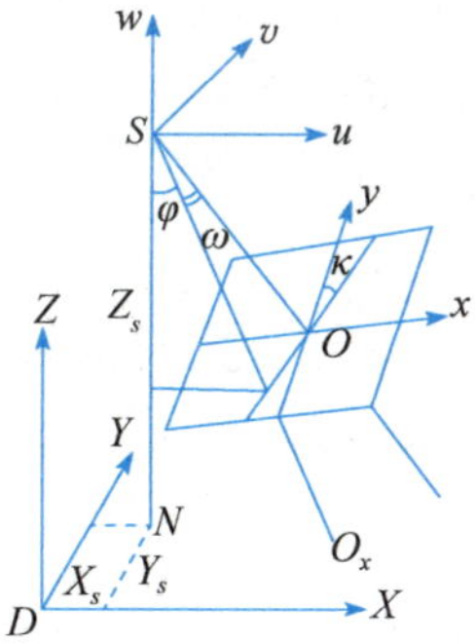

图 9-29 外方位元素

3. 摄影测量的基本原理

如图 9-30 所示，在飞机上搭载摄影相机，飞行途中分别在 S_1、S_2（摄影中心）处拍摄获得两张像片 P_1、P_2。摄影时刻摄影中心在地面坐标系中的坐标为（X_S，Y_S，Z_S），地面上一点 A，在 P_1 上的成像为 a_1（像片进行了反转），在 P_2 上的成像为 a_2。由中心投影原理可知，物点 A、摄影中心 S_1、像点 a_1 三点位于同一条直线上，同样物点 A、摄影

中心 S_2、像点 a_2 三点也位于同一条直线上。设像点在像方坐标系中的坐标为（x，y），物点在物方坐标系中的坐标为（X_A，Y_A，Z_A），投影中心在物方坐标系中的坐标为（X_S，Y_S，Z_S），摄影中心到像片的垂距（主距）为 f。根据共线条件，它们之间的关系如下：

$$\left.\begin{aligned} x&=-f\frac{a_1(X_A-X_S)+b_1(Y_A-Y_S)+c_1(Z_A-Z_S)}{a_3(X_A-X_S)+b_3(Y_A-Y_S)+c_3(Z_A-Z_S)} \\ y&=-f\frac{a_2(X_A-X_S)+b_2(Y_A-Y_S)+c_2(Z_A-Z_S)}{a_3(X_A-X_S)+b_3(Y_A-Y_S)+c_3(Z_A-Z_S)} \end{aligned}\right\} \tag{9-9}$$

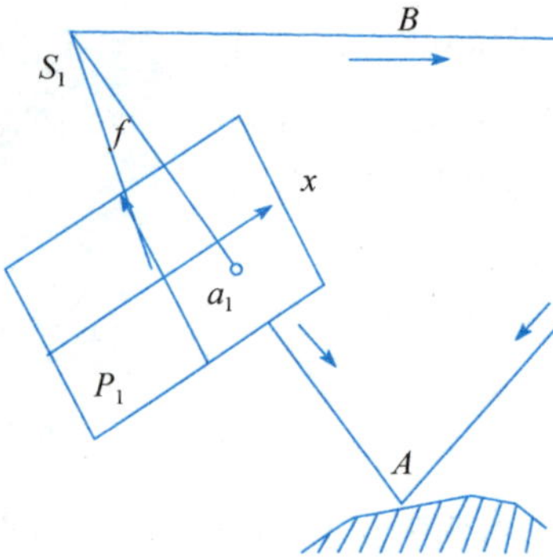

图 9-30　光线空间前方交会

式（9-9）称为共线方程式，是摄影测量中最基本最重要的公式。式中，a_i、b_i、c_i（$i=1$，2，3）为影像的三个外方位角元素（ω，φ，κ）组成的函数。

$$\left.\begin{aligned} a_1&=\cos\varphi\cos\kappa-\sin\varphi\sin\omega\sin\kappa \\ a_2&=-\cos\varphi\sin\kappa-\sin\varphi\sin\omega\cos\kappa \\ a_3&=-\sin\varphi\cos\omega \\ b_1&=\cos\omega\sin\kappa \\ b_2&=\cos\omega\cos\kappa \\ b_3&=-\sin\omega \\ c_1&=\sin\varphi\cos\kappa+\cos\varphi\sin\omega\sin\kappa \\ c_2&=-\sin\varphi\sin\kappa+\cos\varphi\sin\omega\cos\kappa \\ c_3&=\cos\varphi\cos\omega \end{aligned}\right\} \tag{9-10}$$

由图 9-30 和式（9-9）可知，若已知像片的内、外方位元素及地面点坐标，利用共线方程计算相应的像点坐标；若已知像点坐标及像片的内、外方位元素，还无法计算地面点的三维坐标，只有同时知道地面点的高程，才能确定地面点的平面位置。如图 9-30 所示，当相邻两张像片（称为像对）的内、外方位元素和同一地物的像点（称为同名像点）坐标已知时，就可以确定像点对应的地面点的三维坐标，称为光线空间前方交会。如图 9-31 所示，若已知像片的内方位元素以及至少三个地面点坐标并量测出相应的像点坐标，则可根据式（9-9）列出至少六个方程式，解求出像片六个外方位元素，称为光线空间后方交会。

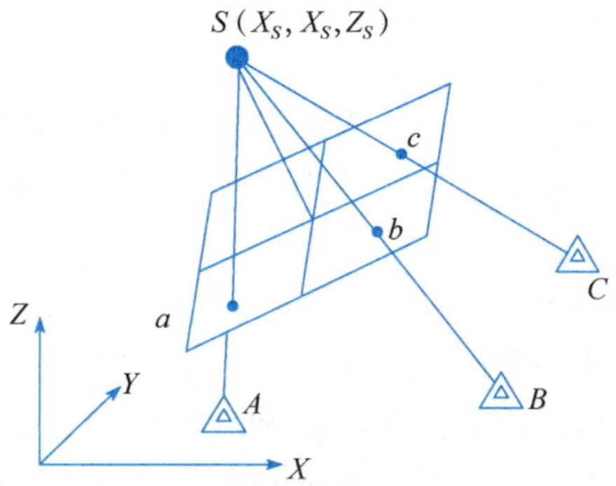

图 9-31 光线空间后方交会

先利用少量的地面控制点，通过光线空间后方交会确定像片的外方位元素，再利用像对的光线空间前方交会就可以确定像片上任一点对应的地面点三维坐标，这就是摄影测量的基本原理。

9.4.2 无人机和微型相机的基本构造

本节以大疆的 DJI MAVIC 3E/3T 为例，介绍无人机和微型相机的基本构造。

1. 无人机

无人机常见的种类有旋翼无人机、固定翼无人机和垂直起降固定翼无人机，如图 9-32 所示。旋翼无人机能够垂直起降和空中悬停，其结构简单，操作简便，安全稳定性好，性价比很高。但是旋翼无人机飞行速度慢，续航能力差，这使得飞行距离和范围受到了很大的限制。固定翼无人机具有飞行速度快、飞行距离长、飞行高度高的优点，每架次可飞行 1 小时以上，飞行距离可达百公里。固定翼无人机的缺点是操作难度较大、上手难，一般需要专业培训、成本较高，起降需要比较大的场地，只能按照固定航线飞行，不够灵活，不能悬停连续获取某处影像，因此适用范围较窄。垂直起降固定翼无人机是近些年出现的新型无人机，可以垂直起飞和降落或在无跑道情况下正常起飞和降落。垂直起降固定翼无人机结合了旋翼无人机和固定翼无人机两者的优势，既能高速巡航又能原地垂直起降，具有对起降场地要求低、机动性好、巡航速度快和续航时间长等优势。

(a) 旋翼无人机　(b) 固定翼无人机　(c) 垂直起降固定翼无人机

图 9-32 无人机

无人机通常由机体、飞行控制系统、电子式调速器、螺旋桨、动力电池、无刷电机、地面控制终端和遥控器等模块组成。其核心模块是飞行控制系统，由主控器、惯性测量单元（IMU）、全球定位卫星系统（GNSS）、电源管理模块、黑匣子数据记录系统、指示灯和电台等部件构成。

2. 微型相机

微型相机按镜头数量可分为单镜头、双镜头、三镜头、四镜头和五镜头等；按传感器种类可分为可见光相机、红外相机、多光谱相机和激光雷达相机等；按照画幅的大小可分为半画幅相机和全画幅相机。

3. DJI MAVIC 3E/3T 无人机

DJI MAVIC 3E 是一款入门级的航摄无人机，小巧轻便，可以实现正射和倾斜两种摄影模式，通过后期处理，可以制作正射影像图和三维模型。DJI MAVIC 3T 与 3E 的区别在于相机的不同，DJI MAVIC 3T 搭载了红外相机，适用于巡检。

（1）飞行器。

飞行器主要由飞行控制系统、通信系统、视觉系统、动力系统、智能飞行电池等组成，图 9-33 所示为 DJI MAVIC 3E/3T 飞行器各部件名称。

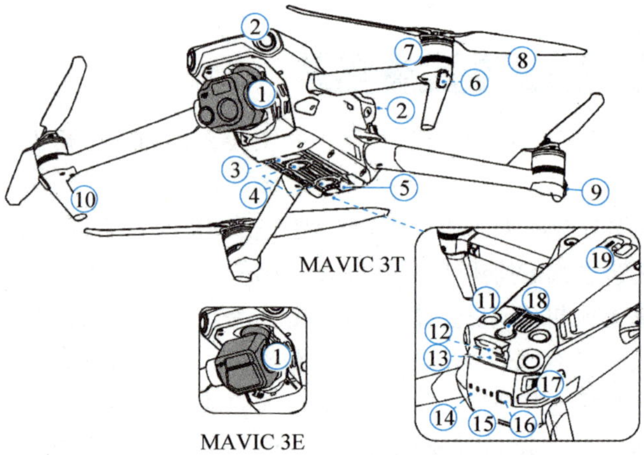

图 9-33　DJI MAVIC 3E/3T 飞行器

1—一体式云台相机；2—水平全向视觉系统；3—补光灯；4—下视视觉系统；5—红外传感系统；6—机头指示灯；7—电机；8—螺旋桨；9—飞行器状态指示灯；10—脚架（内含天线）；11—上视视觉系统；12—充电/调参接口（USB-C）；13—相机 microSD 卡槽；14—电池电量指示灯；15—智能飞行电池；16—电池开关；17—电池卡扣；18—夜航灯；19—PSDK 接口

（2）遥控器。

遥控器采用 O3 行业版高清图传技术，工作在 5.8GHz 和 2.4GHz 两个通信频段，并可智能切换，支持实时传输 1 080p 30fps 高清画面；配合功能按键，可在最大 15km 通信距离内完成飞行器与相机的操作及设置，内置 5.5 英寸 1 920×1 080p 高亮触摸屏；采用 Android10 系统，内置 GPS+GLONASS+Galileo 三模卫星定位模块，具备蓝牙功能；支持通过 WiFi 连接互联网；内置麦克风和扬声器，可播放 H.264 4K/120fps 及 H.265 4K/120fps 视频素材，支持通过 Mini HDMI 接口扩展显示；内部存储容量为 64GB，支持使用 microSD 卡扩展存储容量，将所需文件及拍摄图像保存至 microSD 卡后可方便导入电脑等其他设备。

遥控器摇杆可拆卸，电池容量为 5 000mA·h，能量为 36W·h，最长工作时间约为 3h。图 9-34 所示为遥控器各组成部件。

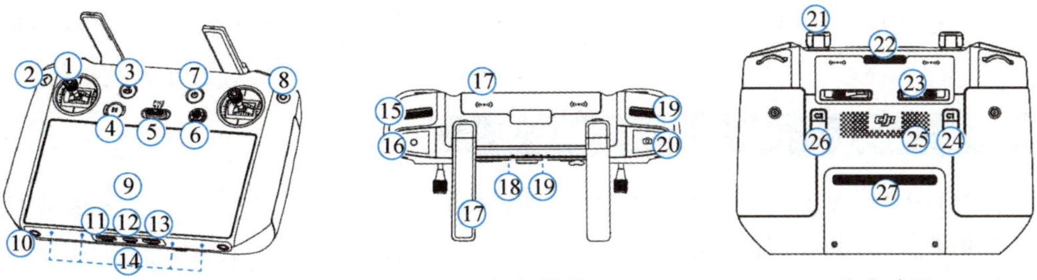

图 9-34 遥控器

1—摇杆；2—返回按键/系统功能按键；3—智能返航按键；4—急停按键；5—飞行挡位切换开关；6—五维按键；7—电源按键；8—确认按键；9—触摸显示屏；10—M4 螺纹孔；11—microSD 卡槽；12—USB-C 接口；13—Mini HDMI 接口；14—麦克风；15—云台俯仰控制拨轮；16—录像按键；17—天线；18—状态指示灯；19—电量指示灯；20—对焦/拍照按键；21—相机设置拨轮；22—出风口；23—摇杆收纳槽；24—自定义功能按键 C1；25—扬声器；26—自定义功能按键 C2；27—入风口

(3) 相机。

DJI MAVIC 3E/3T 搭载的相机如图 9-35 所示。

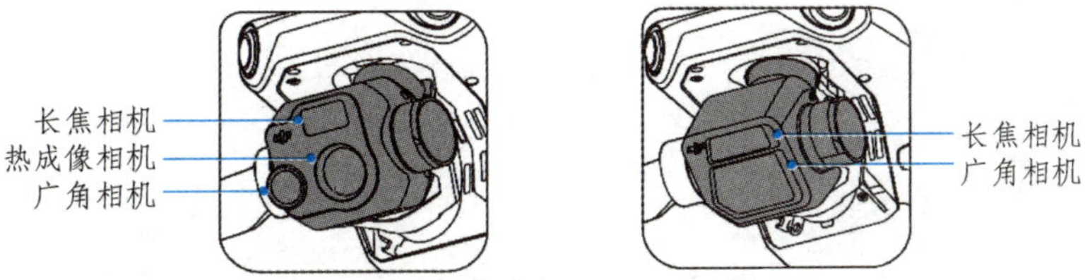

图 9-35 DJI MAVIC 3E/3T 相机

DJI MAVIC 3E/3T 均搭载长焦及广角相机，可在高倍率变焦画面与广角画面之间快速切换，方便使用者在广角画面搜寻到目标物体后，快速切换至高倍率变焦画面进行细节观察。DJI MAVIC 3T 在此基础上，还搭载长波红外热成像相机机芯，可拍摄热成像影像。

1) MAVIC 3E 相机：MAVIC 3E 广角相机采用 4/3in CMOS，有效像素 2 000 万，等效焦距为 24 mm，支持机械快门，避免果冻效应，可实现最快 0.7s 间隔连拍。像元大小为 3.3μm，具有智能低光模式，提升低光环境下的拍摄效果。长焦相机采用 1/2in CMOS，有效像素 1 200 万，等效焦距为 162mm，镜头光圈为 f/4.4，焦点范围为 3m 至无穷远，可捕捉最高 56 倍变焦影像。

2) MAVIC 3T 相机：MAVIC 3T 广角相机采用 1/2 英寸 CMOS，有效像素 4 800 万，等效焦距为 24mm，镜头光圈为 f/2.8，焦点范围为 1m 至无穷远。MAVIC 3T 长焦相机与 MAVIC 3E 长焦相机相同。热成像相机分辨率高达 640×512，搭配长焦相机可实现 28 倍联动变焦及连续变焦。

(4) RTK 模块。

DJI MAVIC 3E/3T 飞行器顶部提供 PSDK 扩展接口，可用于安装 RTK 模块（见图 9-36），能够在复杂环境下跟踪可见卫星的双频多模信号，为定位提供更高的精度和更可靠的数据，提升了强磁环境下的抗干扰能力，保障飞行作业

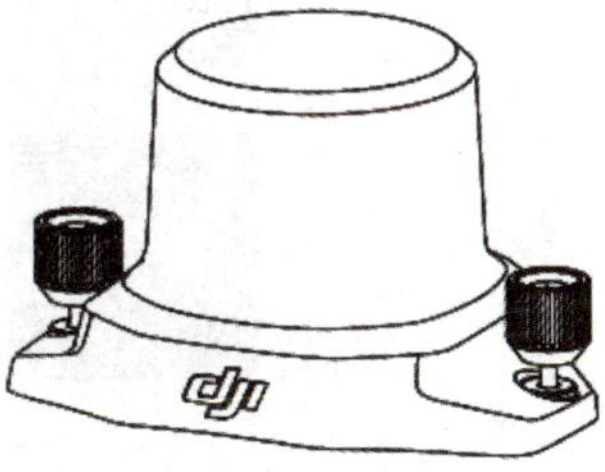

图 9-36 RTK 模块

的可靠性。配合 DJI D-RTK 2 高精度 GNSS 移动站或网络 RTK 服务，可获得高精度准确定位。

9.4.3 无人机航测和三维建模的基本方法

本节以 DJI MAVIC 3E 为例，介绍无人机航测和三维建模的基本方法，其基本流程包括遥控器准备、飞行器准备、航线规划、像控点布设与测量、航空摄影、空中三角测量及加密（空三）、三维场景重建和模型检测等。

1. 遥控器准备

首次使用时，需要给遥控器充电以唤醒电池，并进行注册以激活遥控器。使用时需要将摇杆收纳槽中的摇杆取出并安装到遥控器上，然后展开天线。使用过程中遥控器的天线平面应对准飞行器（见图 9-37），以保持最佳的通信状态。短按一次电源按键，再长按 2s 可以打开或关闭遥控器，打开遥控器后设置 WiFi 以连接网络。遥控器与飞行器需要完成对频才能使用，套装购买的已对完频，可直接使用。

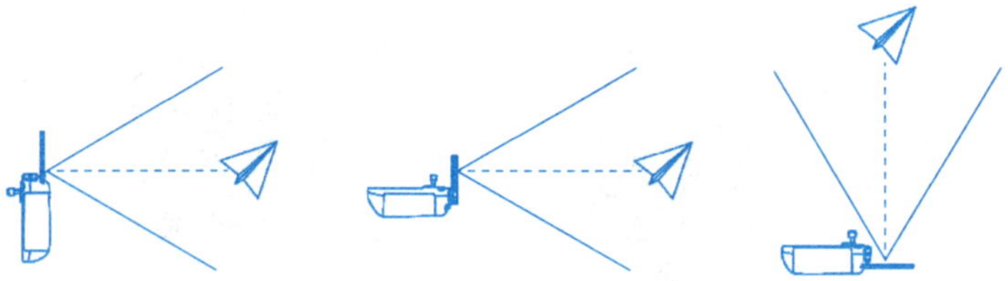

图 9-37　遥控器天线的朝向

2. 飞行器准备

首次使用时，需要给飞行器充电以唤醒电池，并连接遥控器后进行注册激活。使用前需要先展开机臂，卸下云台相机保护罩。安装桨叶时，需要注意有 A、B 桨叶和 A、B 电机之分，需要对应安装（见图 9-38）。A、B 电机的旋转方向是相反的，起到平衡作用。短按电池开关一次，再长按电池开关 2s 以上，即可开启/关闭智能飞行电池。电池开启时，电池电量指示灯显示当前电池电量；电池关闭后，指示灯均熄灭。正式作业前，要按照 DJI Pilot 2 软件的操作提示进行全面的安全检查，如失控行为（建议设置为返航）、摇杆模式、返航高度和避障距离等飞行安全相关参数，以确保参数设置符合自身需求，保证飞行安全，并进行试飞，以确认遥控器操控和云台相机正常工作。通常飞行高度应控制在

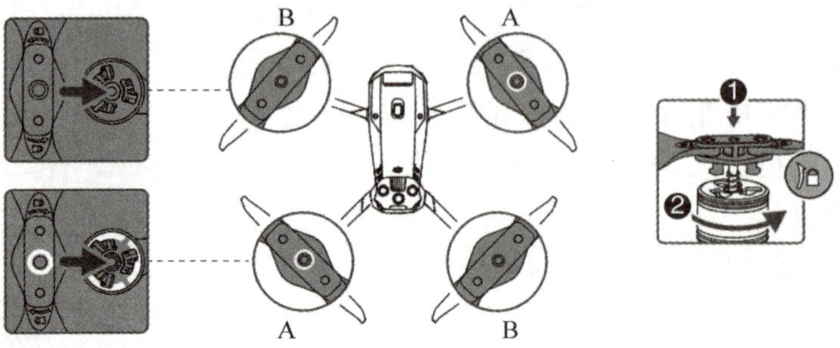

图 9-38　飞行器桨叶安装

120m 以内。特殊任务应严格按照安全规范要求进行飞行作业，执行航摄任务需要去管辖军区、空军和机场塔台办理相关手续，作业过程中要服从机场塔台调度，必要时还需要到当地公安部门备案。

为了控制无人机在机场、核电站和军事设施等限飞区的不当飞行，DJI MAVIC 3E 无人机设有 GEO 地理围栏系统。系统默认开启飞行限制功能，并在可能引起安全问题的区域内限制无人机起飞或飞行。大疆官方网站上公布了全球已被飞行限制功能覆盖的限飞区域列表，如需要在限飞区内执行飞行任务，GEO 地理围栏系统也可实现限飞区解禁功能，可根据飞行区域的限制程度，采取相应的方式完成解禁申请。

3. 航线规划

航线规划在遥控器中的 DJI Piolt 2 软件中完成，对于航摄任务，提供了面状航线、带状航线和斜面航线设计方法。带状航线针对河流、管道等带状区域进行正射影像的数据采集，通过规划带状区域的中心线，并沿此线向外扩展生成测绘区域。斜面航线支持对单个空间立面/斜面进行数据采集，主要用于建筑外立面，以及斜坡、边坡的建模与巡检。面状航线适用于成片区域的摄影，飞行器可在规划的区域内，根据设置的航线参数，自动沿着弓字形航线完成对地的数据采集。

面状航线可进行正射和倾斜两种方式的摄影。要进行倾斜摄影可采用独立 5 航线分镜头拍摄和正交 2 航线智能摆动拍摄。独立 5 航线分镜头拍摄是在测绘区域内生成 5 条弓字形航线，分别控制云台在 5 个不同的方向上采集正射和倾斜的影像，主要用于制作实景三维模型。智能摆动拍摄是一种创新性倾斜采集解决方案，需要在倾斜采集的参数设置中开启该功能。通过自动控制负载进行多角度拍摄，飞行器仅需飞行两条相互垂直的弓字形航线即可采集 3D 重建所需的正射和倾斜照片，大幅提升飞行器作业效率；且在测区边缘只拍摄与测区重建相关的照片，从而精简拍照数量，提升后处理效率。

在山区等高程差较大的区域采集数据时，可使用仿地飞行，飞行器将跟随地形变化调整飞行高度，确保飞行器与地面的相对高度保持不变，从而使各区域采集照片的 GSD（照片像素的实际大小）保持一致，提升测绘数据的精确性，同时确保飞行安全。仿地飞行需要数字表面模型（DSM）的支持，可采用实时仿地模式，即实时采集获取地表的起伏数据，对适用场景有一定的限制，需谨慎使用。

4. 像控点布设与测量

（1）像控点的点位选取。

像控点的质量主要取决于点位质量和测量精度。就目前的测绘技术来说，基于网络基准站和似大地水准面精化的 RTK 测量，平面和高程精度都在 5cm 以内，完全能够满足像控点的测量要求。因此在现有技术条件下，像控的质量主要取决于像控点的点位质量。像控点的点位质量影响因素很多，如与设计点位间的距离、遮挡情况、点位特征和刺点精度等。实际工作中找到一个理想的点位并不容易。选点困难的地区，航拍前要布设像控点标志。像控可以在航拍前进行，也可以利用航拍获取的照片先在内业选点再到外业采集坐标和高程。选择在航拍前进行像控，选点需要考虑点位被遮挡、被移动或被破坏的可能性，尽量选在反差大的地物或标志特征处，黑色、白色、蓝色和红色地物成像特征相对醒目，黄色地物成像特征相对模糊，锐角顶点比钝角顶点成像更加清晰。如果平台角点的三面材质相同，则其因成像特征不明显不宜选做像控点。如果现场还有与选择的像控点相似的地物，在像控点标志中一定要标明选中的点位与相邻地物的相对关系，便于空三刺点识别，避免刺错位置。如果像控采用先在内业利用航片选好点位再到外业采集坐标和高程的方式进行，需要注意点位的可靠性。内业选择的点位可能是稳定性差或活动性的地物，外业要判断甄别采用。像控点的点位选取是基础性的工作，只有保证选点质量和测绘精度，才能保证像控的精度和可靠性。

（2）像控点的布设方案。

最经济的方案是在保证精度和可靠性要求的前提下，布测最少数量的像控点。为了保证最终成果的精度和可靠性，传统的摄影测量都有相应的规范。但是随着摄影以及影像处理技术的发展，尤其是高精度惯导和 RTK 技术的应用，以及倾斜摄影和影像自动匹配技术的发展，实践表明，现有规范过于严苛，不利于测绘效率的提升和成本的节约。有成功案例表明，带有高精度 POS 数据（高精度惯导和 RTK 测量的外方位元素）的倾斜摄影，每平方千米布设 5 个像控点和 4 个检查点，可以满足 1∶500 比例尺地形图测绘的精度要求。

5. 航空摄影

执行航线任务前，需要进行飞前检查，同时需要检查航线任务的基本参数信息。飞行器的检查内容包括健康信息、飞行挡位、智能飞行电池电量、遥控器电池电量、返航点状态、RTK 状态以及相机 microSD 卡存储信息。同时确认返航高度、失控动作、限高和限远，并刷新返航点，选择摇杆模式，设置电量报警阈值，检查避障行为、避障开关和避障距离设置是否合适。航摄过程中要实时监测飞行器的状态，出现状况应及时按照预案进行处理。飞行器出现故障或事故时有发生，为分摊风险通常需要购买第三者责任险。每架次航飞结束后，要及时检查桨叶状态和采集的数据情况，发现问题及时处理。

6. 空中三角测量及加密（空三）

空三是整个无人机航测的关键环节，对最终成果的质量起着决定作用。为了方便计算，通常一个测区需要划分为若干个空三加密区。对于倾斜摄影来说，为了保证场景纹理完整及接边需要，空三加密区之间的重叠度不应低于 1 倍航高的间距。空三测量可以采用“大疆智图”软件进行，支持集群处理运算，自动化程度和效率都很高。

空三结束后，会输出空三报告，主要检查重投影误差 RMS、像控点和检查点残差。重投影误差 RMS 是评价空三内符合精度的指标，是判断最终成果精度高低的必要条件，通常要求小于 1pixel。像控点和检查点残差是评价空三外符合精度的指标，根据规范要求，用于测绘 1∶500 比例尺地形图。按平地地形，像控点（基本定向点）精度应满足平面限差 0.3m、高程限差 0.26m 的要求，检查点精度应满足平面限差 0.5m、高程限差 0.4m 的要求。

像控在外业测量过程中，经常会出现仪器高输错的情况。如在测量地面和房角等标志时，需要频繁更换仪器高参数，容易因输错仪器高导致成果错误。如果像控点周边有很多相似的地物，还存在内业刺点，出现展错位置的情况。像控的密度越大，在空三约束解算时这种误差越容易被发现；像控的密度较小，在空三约束解算时像控点的粗差容易被分配掉而不易发现，如果后续不进行检测，光从空三约束的平差报告来分析，这种粗差是很难被发现的。也就是说像控点的密度越大，空三成果的可靠性就越高，但是像控的工作量就会增加，从而增加成本投入。那么如何识别和探测像控点的粗差呢？倾斜摄影自动空三的非约束精度是很高的，在约束平差时，先选择位于边缘的 3～4 个像控点作为约束点、其他点作为检查点进行约束平差，如果平差结果中检查点的平面和高程中误差没有明显的异常情况，表明像控点存在粗差的可能性很小；如果存在个别的检查点误差过大，可以将这些点继续作为检查点、其余点作为像控点再次进行约束平差，如果这些点的误差仍然很大，大概率表明这些点存在粗差，不能使用。如果检查点的误差普遍过大，表明选择的约束点存在粗差的可能性很大，需要更换约束点重新进行探测。此外，在最终生成的三维模型中，如果像控点附近存在模型扭曲的情况，大概率表明该像控点存在粗差。

7. 三维场景重建

三维场景重建的运算量巨大，“大疆智图”软件支持集群运算处理。集群重建是指利用多台计算机同时处理一个任务，处理效率成倍提升。集群重建的基本流程是：子节点打开集群计算引擎→主节点做集群控制管理，勾选参与计算的节点→重建时计算模式选择集群重建→按照常规的二/三维重建开展重建任务。

主节点是运行大疆智图集群版桌面端的设备，可进行集群重建设置、选择子节点和查看重建任务状态等。主节点作为整个重建任务的调度平台，重建相关的任务管理均在主节点上完成。子节点在局域网中搭建了集群计算引擎，可由主节点为其分配重建任务的其他设备。

8. 模型检测

模型重建完成之后，还需要检查模型的质量和精度。如果存在模型变形和精度超限的情况，还需要分析原因。通常像控点成果或刺点出错的可能性较大，排除错误后需要重新进行空三约束解算和模型重建。

阐述测量小故事

项目实训：GNSS RTK 坐标测量

实训目标

掌握 GNSS RTK 使用的基本方法和应用特点，熟练操作 GNSS RTK。

实训器材

每组 GNSS 接收机 1 台、手簿、记录设备、数据传输设备。

实训内容

(1) 配置 GNSS RTK。

(2) 进行 GNSS RTK 坐标测量。

实训步骤

1. 已知控制点和 GNSS 基准站准备

(1) GNSS RTK 作业是基准站加移动站的动态差分测量模式，基准站通常是 24h 不间断运行的，实际工作中有国家 CORS 网、省 CORS 网、城市 CORS 网可供使用，有的学校也建有校园基准站，也可以临时架设基准站。接入已有的 CORS 网，需要获取该 CORS 网的 IP 地址、端口、用户名和密码、接入点和 APN 等参数。

(2) GNSS RTK 直接测量的成果往往不是目标坐标系下的成果，需要利用目标坐标系下的控制点求取坐标转换和高程拟合参数进行转换，转换后可以获得需要的坐标和高程成果。小范围测区可以采用单点校正，更大范围的测区需要 2～3 个甚至更多的控制点来求取转换参数。

2. 手簿与 GNSS 接收机连接

(1) 手簿通过 WiFi 连接互联网。

(2) 首次使用时，手簿需要通过蓝牙连接 GNSS 接收机。如之前已成功连接，打开 GNSS 接收机和手簿电源后会自动连接。

3. 移动站与基准站连接

(1) 对于南方测绘 GNSS，在手簿中打开“工程之星”，在数据链中配置基准站信息。如非首次使用，可以不用设置。

(2) 当移动站坐标采集成果为固定解时，说明移动站连接基准站成功。若提示浮点解，说明 GNSS 信号不佳，调整移动站位置直至出现固定解即可；若提示单点解，说明移动站未成功连接基准站，需要查看手簿是否联网或参数配置是否正确。

4. 新建工程

在“工程之星”中新建工程，设置椭球、中央子午线等工程坐标系信息。如有可用的坐标转换和高程拟合参数，可以在此引入。

5. 坐标转换和高程拟合参数求解设置

(1) 在“工程之星”主界面点击“输入”，选择菜单中的“求转换参数”，根据提示完成坐标转换和高程拟合参数的求解和设置。

（2）坐标转换和高程拟合参数设置完成后，需要利用已知点检测是否正确，误差不能超过 5cm。如果超限可能是求解过程中出错、输错坐标或使用的已知点存在问题。

6. 坐标测量

GNSS RTK 处于固定解状态，且检测精度合格后就可以进行坐标测量，采集时只需在需要测量坐标的点位立好仪器，保持 1s 以上采集数据即可，需要注意不足 1s 采集的数据可能不是当前位置的坐标，因为 GNSS RTK 1s 差分一次，不足 1s 采集的是仪器上一秒所处的位置。

注意事项

（1）GNSS 接收机为精密贵重仪器，实习时应严格遵守仪器使用规则，操作时需小心谨慎。

（2）打开电源开关后打开电子手簿，确认所有部件电源接通。

（3）用流动站系统进行测量定位和数据采集之前必须完成初始化过程。

（4）开机后需检查有关指示灯是否正常，接收机开始记录数据后需注意查看观测卫星数量、实时定位结果及变化等信息。

（5）一个观测时间段中，不允许关机、重启、改变接收机高度角等设置信息，正常测量时间应大于 20min。

实训成果

填写数据采集记录表

RTK 数据采集记录表

项目名称：________________

测量日期：________________

天气状况：________________

仪器型号：________________

基准站 ID：________________

坐标系：________________

投影参数：________________

点号	东坐标（*X*）	北坐标（*Y*）	高程（*H*）	采集时间	精度因子（PDOP）	固定解/浮动解	备注
PT01							
PT02							
……							

技能检测

一、填空题

1. 全站仪是一种配有__________、__________、__________、计算单元的仪器，具有同时测量水平角、竖直角和距离的功能，通过运算可以获得目标点相对测站点的坐标增量和高差，进而获得目标点的__________和__________。

2. 只要测得测站点到目标点的__________和__________，并量取测量时的__________和__________，即可获得目标点相对测站点的高差。

3. GNSS 绝对定位需要同时观测待定点与至少__________颗卫星之间的距离，才能进行定位解算。GNSS 相对定位应用__________台接收机，分别作为基准站和移动站，通过差分计算来消除公共误差，如大气、卫星轨道、时钟等误差。

4. 遥感的分辨率有__________、__________和__________。

5. 描述物点、摄影中心、像点三点位于同一条直线关系的方程称为__________。先利用少量的地面控制点，通过光线__________确定像片的外方位元素，再利用像对的光线__________就可以确定像片上任一点对应的地面点三维坐标，这就是摄影测量的基本原理。

二、选择题

1. 全站仪建站至少需要（　　）个控制点。

A. 1　　B. 2

C. 3　　D. 4

2. 全站仪的功能有（　　）。

A. 角度测量　　B. 距离测量

C. 坐标测量　　D. 坐标放样

3. 目前投入使用的 GNSS 主要有（　　）。

A. BDS　　B. GPS

C. GLONASS　　D. Galileo

4. GNSS 接收机的天线主要有（　　）。

A. GNSS 信号接收天线　　B. UHF 电台天线

C. GPRS 天线　　D. 蓝牙天线

5. 提取遥感影像中有用的道路、房屋、植被、水系等信息的处理称为（　　）。

A. 光谱融合　　B. 影像解译

C. 光谱增强　　D. 辐射校正

6. 测绘 4 级产品有 DOM、DEM、DLG、DRG 等，其中 DOM 是指（　　）。

A. 数字正射影像图　　B. 数字高程模型

C. 数字线划图　　D. 数字栅格图

7. 描述相机在摄影瞬间的空间位置和姿态的参数称为（　　）。

A. 像片倾角　　B. 像片旋角

C. 内方位元素　　D. 外方位元素

8. 航摄中决定像点地面大小的因素是（　　）。

A. 像片重叠度　　B. 飞行速度

C. 航高　　D. 测区大小

参考文献

[1] 喻艳梅，陈伟池，卢滔，等. 建筑工程测量. 沈阳：东北大学出版社，2020.
[2] 曹文萍，胡斌，赵真. 建筑工程测量. 北京：高等教育出版社，2023.
[3] 马明舟. 建筑工程测量. 哈尔滨：哈尔滨工业大学出版社，2020.
[4] 赵雪云，李峰. 工程测量. 北京：中国电力出版社，2022.